ARM Cortex－A8 嵌入式原理与系统设计

王青云　梁瑞宇　冯月芹　等编著

机 械 工 业 出 版 社

本书以 Cortex-A8 嵌入式微处理器和嵌入式操作系统（Windows CE 操作系统与 Android 操作系统）为背景，详细介绍了嵌入式系统的最新发展情况以及其应用所涉及各个分支的相关知识，并通过实例对其应用方法进行了深入浅出的说明。

本书共 13 章，内容主要包括嵌入式系统绪论、ARM Cortex-A8 体系结构、S5PV210 微处理器引脚及各部件编程、通信接口、人机交互、Windows CE 以及 Android 操作系统移植与开发等。本书理论与实践并重，通过实例介绍了应用程序的开发、源码结构和在模拟器以及真实硬件平台上的调试方法。

本书主要面向计算机、自动化和电子信息工程等学科相关专业的高年级本、专科学生和研究生，也可以作为从事嵌入式系统研发人员的技术参考书。

为配合教学，本书配套授课用电子课件、习题解答、实验指导等教学资源，需要的教师可登录机工教育（www.cmpedu.com）免费注册，审核通过后下载，或联系编辑索取微信：15910938545，电话：010-88379739）。

图书在版编目（CIP）数据

ARM Cortex-A8 嵌入式原理与系统设计/王青云等编著．—北京：机械工业出版社，2014.8（2023.8 重印）

ISBN 978-7-111-47515-6

Ⅰ.①A…　Ⅱ.①王…　②梁…　Ⅲ.①微处理器-系统设计　Ⅳ.①TP332

中国版本图书馆 CIP 数据核字（2014）第 169985 号

机械工业出版社（北京市百万庄大街 22 号　邮政编码 100037）
责任编辑：李馨馨　韩　静
责任校对：张艳霞
责任印制：郜　敏
北京富资园科技发展有限公司印刷
2023 年 8 月第 1 版 · 第 9 次印刷
184mm×260mm · 19 印张 · 468 千字
标准书号：ISBN 978-7-111-47515-6
定价：69.00 元

电话服务
客服电话：010-88361066
010-88379833
010-68326294

网络服务
机　工　官　网：www.cmpbook.com
机　工　官　博：weibo.com/cmp1952
金　　书　　网：www.golden-book.com
机工教育服务网：www.cmpedu.com

前　言

嵌入式系统是以应用为中心、以计算机技术为基础，软件硬件可裁减，适用于对功能、可靠性、功耗等综合性要求严格的专用计算机应用系统。IEEE（Institute of Electrical and Electronics Engineers，美国电气和电子工程师协会）把嵌入式系统定义为“用于控制、监视或者辅助操作机器和设备的装置”。嵌入式系统是当今计算机技术的重要组成部分，是数字化技术发展的一个重要方向。自嵌入式系统问世以来，其应用之广、发展之快、普及之迅速，使得嵌入式系统应用已经深入到从国防科技、工业设计、医疗设备到个人生活等众多领域。几十年来，嵌入式系统为社会的进步做出了巨大贡献，以致有些学者断言，嵌入式技术将成为“后 PC”时代的主宰。因此，掌握嵌入式系统的基本概念、基本理论和基本分析方法显得十分重要。

通常，整个嵌入式系统由 4 部分组成：嵌入式处理器、嵌入式外围设备、嵌入式操作系统和嵌入式应用软件。经过几十年的迅猛发展，嵌入式系统的硬件与软件形式和功能都发生了很大的变化。以往的相关教材已经不能涵盖这些最新变化的内容，所以需要有一本能够包含嵌入式系统最新发展内容的教材，来适应这种嵌入式系统技术的发展。本书根据作者多年嵌入式系统教学及科研实践的体会，跟踪嵌入式系统技术的发展动态，并参考近几年来的相关文献，以最新的嵌入式处理器（Cortex – A8 微处理器）和嵌入式操作系统（Windows CE 操作系统和 Android 系统）为背景，详细介绍了嵌入式系统的最新发展情况以及其应用所涉及各个分支的相关知识，并通过实例对其应用方法进行了深入浅出的说明。

本书共 13 章，各章节的主要内容如下。第 1 章绪论，对嵌入式系统进行了概述，并介绍了嵌入式处理器和嵌入式操作系统以及嵌入式系统的工程设计方法。第 2 章 ARM Cortex – A8 体系结构，首先介绍了 ARM 微处理器以及 ARM 内核的基本版本 V1 ~ V7，然后详细介绍了三星 S5PV210 的主要特性和基本架构，最后介绍了支持 Cortex – A8 微处理器内核的开发环境 RVDS 和 Eclipse for ARM。第 3 章 Cortex – A8 处理器编程模型，对 Cortex – A8 处理器的寻址方式、存储器组织、异常处理以及 Cortex – A8 处理器的汇编语言的指令集进行了介绍。第 4 章 GPIO 编程，介绍了 S5PV210 微处理器的硬件资源和外部接口以及 GPIO 引脚的功能、常用寄存器和使用方法，并通过实例介绍了 GPIO 引脚的读写操作。第 5 章存储器管理，对嵌入式系统的存储器管理机制进行了介绍。第 6 章异常与中断处理，对 S5PV210 微处理器的异常与中断处理机制进行了介绍。第 7 章定时器，介绍了 S5PV210 微处理器的定时器。第 8 章 A – D 转换器，介绍了嵌入式系统的模 – 数转换方法。第 9 章 DMA 控制器，首先介绍了 S5PV210 微处理器所使用的 DMA 控制器的工作原理，然后介绍了 PL330 DMA 控制器指令集，接着介绍了 DMA 相关的中断和寄存器，最后以实例说明了 S5PV210 微处理器的

DMA 编程及使用方法。第 10 章 S5PV210 通信接口，介绍了常用的 UART、SPI 和 I^2C 这 3 种通信接口技术。第 11 章人机交互接口，介绍了 S5PV210 微处理器的人机交互接口中的 LCD 液晶屏接口和 Keypad 矩阵键盘接口。第 12 章 Windows CE 操作系统移植与开发，介绍了 Microsoft Windows CE 嵌入式操作系统的特点、开发流程以及 Windows CE 操作系统的移植、定制与硬件驱动程序开发。第 13 章 Android 系统移植与开发，介绍了 Android 操作系统，包括 Android 操作系统的基本架构、源码结构、移植方法以及 Android 应用程序的开发环境，并通过实例介绍了应用程序的开发、源码结构和在模拟器以及真实硬件平台上的调试方法。

本书注重理论紧密联系实际，不仅有基础理论，而且还有基本原理和实际系统应用，可读性好，可教性高。全书结构按照循序渐进的教学思想写作，内容全面生动、深入浅出，引导学生从掌握基本原理到领会具体应用技术、系统全面地学习嵌入式系统与应用的重要环节。本书主要面向计算机、自动化和电子信息工程等学科有关专业的高年级学生和研究生，也可以作为从事嵌入式系统研发人员的技术参考书。

本书主要由王青云、梁瑞宇和冯月芹编著，东南大学赵力教授主审了全书，并提出很多宝贵意见，在此表示诚挚的感谢！本书第 1 章和第 4 章由王青云编写，第 2 章、第 5 章和第 6 章由梁瑞宇编写，第 3 章、第 7 章和第 8 章由冯月芹编写，袁璟在书中承担了第 9 章和第 10 章的编写任务，奚吉在书中承担了第 11 章至第 13 章的编写任务。全书由王青云统稿。

由于编者水平有限，书中难免存在疏漏和不足之处，敬请读者批评指正。

编者

2014 年 3 月 28 日

目　录

第1章　绪　　论

1.1　嵌入式系统概述

1.1.1　嵌入式系统的定义

嵌入式系统是以应用为中心、以计算机技术为基础、软/硬件可剪裁、适用于对系统功能、可靠性、成本、体积、功耗等有严格要求的专用计算机系统。这个定义主要包含两个信息：一是嵌入式系统是专用计算机系统，因此必须要有处理器，具备计算机系统的基本特征；二是嵌入式系统的功能是有严格要求并按照指定的应用而设计的。广义上讲，凡是带有微处理器的专用软/硬件系统都可称为嵌入式系统，如各类单片机和 DSP 系统。这些系统在完成较为单一的专业功能时具有简洁高效的特点。但由于它们没有操作系统管理，系统硬件和软件的能力有限，在实现复杂的多任务功能时往往困难重重，甚至无法实现。现在的嵌入式系统往往结合嵌入式操作系统软件，使得复杂的多任务功能得以实现。从狭义上讲，那些使用嵌入式微处理器构成独立系统、具有自己的操作系统、具有特定功能、用于特定场合的专用软/硬件系统称为嵌入式系统。

1.1.2　嵌入式系统的应用领域及主要产品

生活中，嵌入式系统无处不在，小到一个简单的单片机控制系统，大到复杂的航天工程，随处都可以看见嵌入式系统的身影。嵌入式系统的应用领域有交通管理、工控设备、智能仪器、汽车电子、环境监测、电子商务、医疗仪器、移动计算、网络设备、通信设备、军事电子、机器人、智能玩具、信息家电等。下面列出一些主要的产品。

- 网络设备：交换机、路由器、Modem 等。
- 消费电子：手机、MP3、PDA、可视电话、电视机顶盒、数字电视、数码照相机、数码摄像机、信息家电等。
- 办公设备：打印机、传真机、扫描仪等。
- 汽车电子：ABS（防死锁制动系统）、供油喷射控制系统、车载 GPS 等。
- 工业控制：各种自动控制设备。

经过几十年的发展，嵌入式系统已经在很大程度上改变了人们的生活、工作和娱乐方式。嵌入式系统在工业自动化、国防、运输和航天等很多产业中得到了广泛的应用，并逐步改变着这些产业。例如，神州飞船、长征火箭、导弹的制导系统、高档汽车中遍布嵌入式系统；在日常生活中，几乎所有带有一点“智能”的家电，如全自动洗衣机、电脑电饭煲等，也都拥有自己的嵌入式系统。

图 1-1 ~ 图 1-5 给出了嵌入式系统在各个领域中的产品示例。

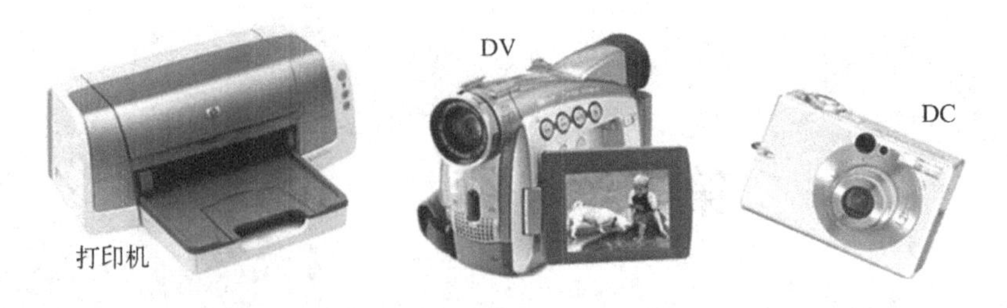

图 1-1　多媒体设备

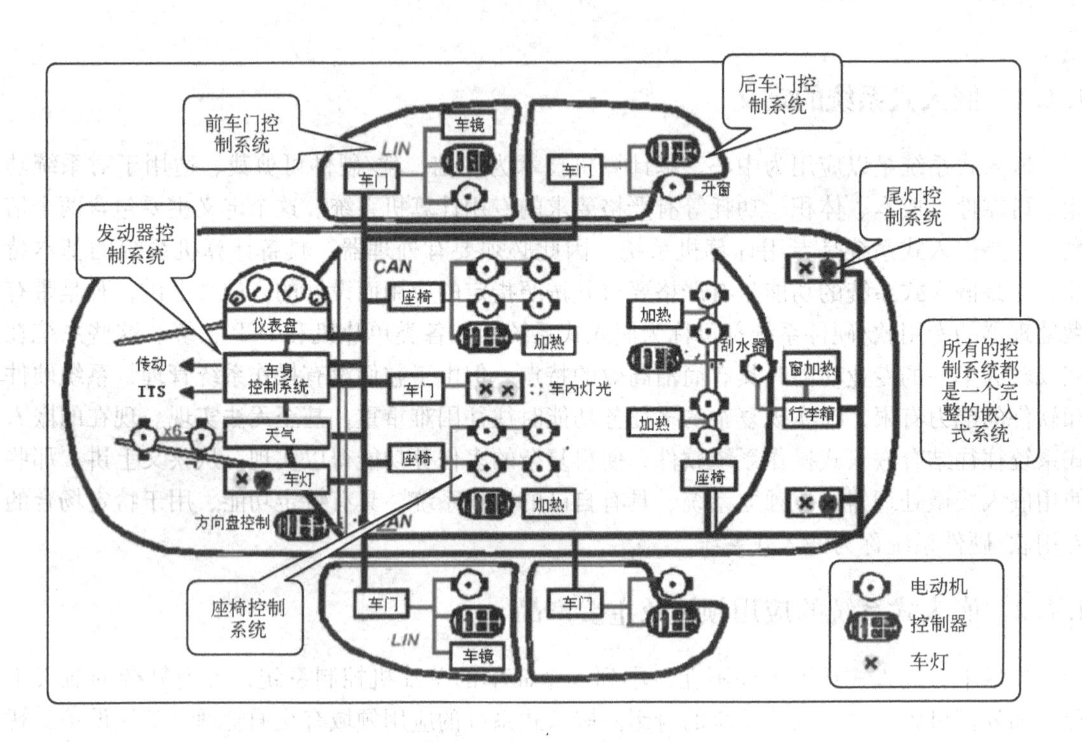

图 1-2　汽车控制系统

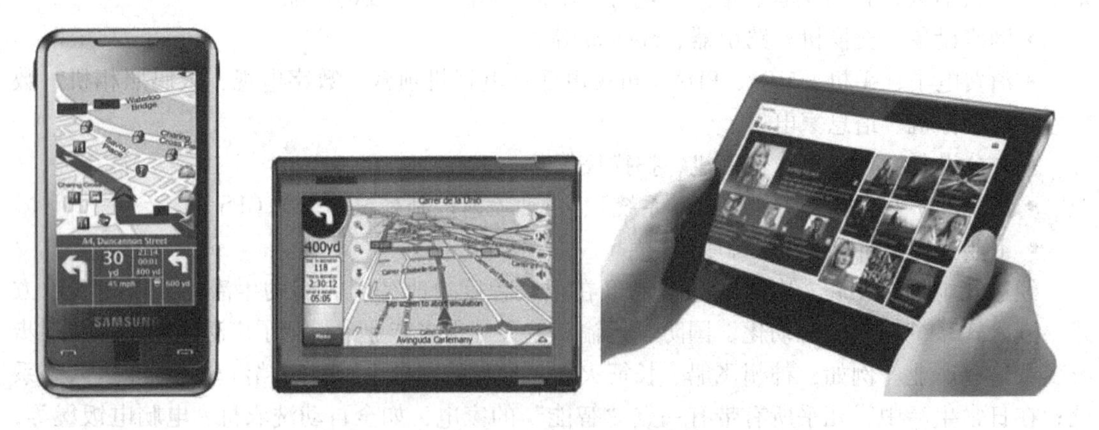

图 1-3　智能手机、导航仪和平板电脑

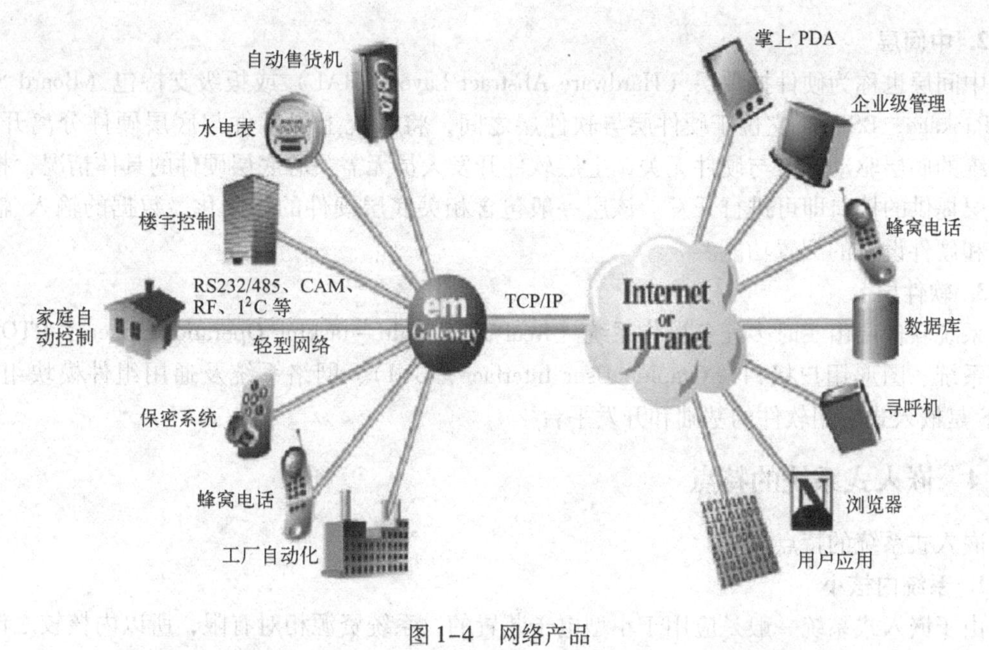

图 1-4　网络产品

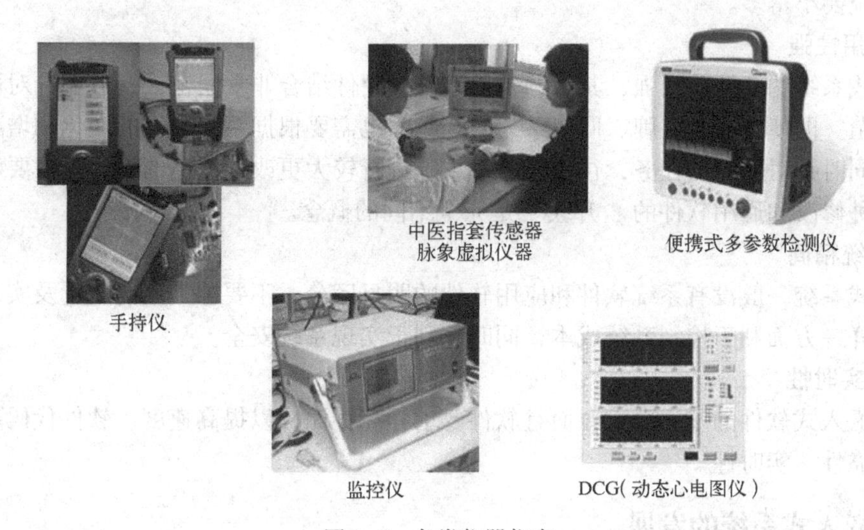

图 1-5　各类仪器仪表

由此可见，嵌入式产品已经悄无声息地渗入到人们生活的各个角落中，给人们的生活带来了很大的便利，信息时代、数字时代使得嵌入式产品获得了巨大的发展契机，为嵌入式市场展现了美好的前景，我们有理由相信未来嵌入式系统必将能得到更好的发展。

1.1.3　嵌入式系统的组成

嵌入式系统一般由硬件层、中间层和软件层组成。

1. 硬件层

硬件层包括嵌入式微处理器、存储器、通用设备接口和 I/O 接口。在一片嵌入式处理器的基础上添加电源电路、时钟电路和存储器电路，就构成了一个嵌入式核心控制模块。其中操作系统和应用程序都可以固化在 ROM 中。

2. 中间层

中间层也称为硬件抽象层（Hardware Abstract Layer，HAL）或板级支持包（Board Support Package，BSP），它位于硬件层与软件层之间，将系统上层软件与底层硬件分离开来，使系统的底层驱动程序与硬件无关，上层软件开发人员无需关心底层硬件的具体情况，根据BSP层提供的接口即可进行开发。该层一般包含相关底层硬件的初始化、数据的输入/输出操作和硬件设备的配置功能。

3. 软件层

系统软件层由实时多任务操作系统（Real Time multi - tasking Operation System，RTOS）、文件系统、图形用户接口（Graphic User Interface，GUI）、网络系统及通用组件模块组成。RTOS是嵌入式应用软件的基础和开发平台。

1.1.4 嵌入式系统的特点

嵌入式系统的特点如下。

1. 系统内核小

由于嵌入式系统一般是应用于小型电子装置的，系统资源相对有限，所以内核较之传统的操作系统要小得多。

2. 专用性强

嵌入式系统的个性化很强，其中的软件系统和硬件结合非常紧密，一般要针对硬件进行系统的移植。即使在同一品牌、同一系列的产品中也需要根据系统硬件的变化和增减不断进行修改。同时针对不同的任务，往往需要对系统进行较大更改，程序的编译下载要和系统相结合，这种修改和通用软件的“升级”是完全不同的概念。

3. 系统精简

嵌入式系统一般没有系统软件和应用软件的明显区分，不要求其功能设计及实现上过于复杂，这样一方面利于控制系统成本，同时也利于实现系统安全。

4. 高实时性

这是嵌入式软件的基本要求，而且软件要求固态存储，以提高速度。软件代码要求高质量和高可靠性、实时性。

1.1.5 嵌入式系统的发展

信息时代、数字时代使得嵌入式产品获得了巨大的发展契机，为嵌入式市场展现了美好的前景，同时也对嵌入式生产厂商提出了新的挑战，从中我们可以看出未来嵌入式系统的几大发展趋势。

1. 系统工程化

嵌入式开发是一项系统工程，因此不仅要求嵌入式系统厂商提供嵌入式软、硬件系统，同时还需要提供强大的硬件开发工具和软件包支持。目前很多厂商已经充分考虑到这一点，无论是消费类嵌入式产品还是工业嵌入式产品，开发工具和软件支持至关重要。当前的智能手机平台就能充分体现这一点，iPhone的成功很大程度上是苹果应用商店模式的成功，数十万的应用支持成为了iPhone受欢迎的主要原因之一。在专用领域，强大的硬件开发工具一方面有助于相关硬件和平台的普及，也可以极大地缩短产品的开发周期，降低开发难度。例如，三星公司在推广 ARM7、ARM9 芯片的同时还提供开发板和板级支持包（BSP），而 Windows CE 在主推系统时也提供 Embedded VC ++ 作为开发工具，还有 Vxworks 的 Tonado 开发环境、DeltaOS 的 Limda 编译环境等都是这一趋势的典型体现。当然，这也是市场竞争的结果。

2. 开源化

随着嵌入式 Linux 系统的产生，越来越多的嵌入式产品采用开源嵌入式操作系统。由于 Linux 系统本身具备的特点，使得开源嵌入式操作系统很容易推广并且得到不断的完善。相信不久的将来，开源的、完善的嵌入式操作系统会在嵌入式系统应用中占据更重要的地位。

3. 功能多样化

网络化、信息化的要求随着因特网技术的成熟和带宽的增大而日益提高，使得以往单一功能的设备如电话、手机、冰箱、打印机等功能不再单一，结构更加复杂。这就要求芯片设计厂商在芯片上集成更多的功能，为了满足应用功能的升级，设计师们一方面采用更强大的嵌入式处理器如 32 位、64 位 RISC 芯片或信号处理器 DSP 增强处理能力，同时增加功能接口（如 USB），扩展总线类型（如 CAN BUS），加强对多媒体、图形等的处理，逐步实施片上系统（SOC）的概念。软件方面采用实时多任务编程技术和交叉开发工具技术来控制功能复杂性，简化应用程序设计、保障软件质量和缩短开发周期。

4. 节能化

未来的嵌入式产品是软、硬件紧密结合的设备，为了降低功耗和成本，需要设计者尽量精简系统内核，只保留和系统功能紧密相关的软、硬件，利用最低的资源实现最适当的功能，这就要求设计者选用最佳的编程模型和不断改进算法，优化编译器性能。因此，既要求软件人员具有丰富的硬件知识，又需要发展先进嵌入式软件技术，如 Java、Web 和 WAP 等。

5. 人性化

良好的用户体验是任何一款产品最为重要的要求，早期的嵌入式系统由于功能简单、性能较低，人机交互功能较为薄弱，一般用于专业性较强的工业控制领域。随着嵌入式系统的发展，嵌入式系统的人机交互功能越来越强大，多媒体人机界面逐渐成为嵌入式系统的主要人机交互方式。也正是人机交互方式的改进使得嵌入式系统能够应用于更多的领域。如今，用户基本不需要任何培训就能够很自然地使用手机、取款机、购票机等，这些都得益于强大的多媒体人机界面。

6. 网络化

未来的嵌入式设备为了适应网络发展的要求，必然要求硬件上提供各种网络通信接口。传统的单片机对于网络支持不足，而新一代的嵌入式处理器已经开始内嵌网络接口，除了支持 TCP/IP，还有的支持 IEEE 1394、USB、CAN、Bluetooth 或 IrDA 通信接口中的一种或者几种，同时也提供相应的通信组网协议软件和物理层驱动软件。软件方面，系统内核支持网络模块，甚至可以在设备上嵌入 Web 浏览器，真正实现随时随地用各种设备上网。

1.2 嵌入式处理器

嵌入式处理器是嵌入式系统的核心，是控制、辅助系统运行的硬件单元。嵌入式处理器涵盖范围极其广阔，从最初的 4 位处理器，到目前仍在大规模应用的 8 位单片机，再到最新的受到广泛青睐的32位、64位嵌入式CPU都包括在内。

世界上具有嵌入式功能特点的处理器已经超过1000种，流行体系结构包括MCU、MPU等30多个系列。鉴于嵌入式系统广阔的发展前景，很多半导体制造商都大规模生产嵌入式处理器，并且公司自主设计处理器也已经成为了未来嵌入式领域的一大趋势，其中从单片机、DSP到FPGA有着各式各样的品种，速度越来越快，性能越来越强，价格也越来越低。根据其现状，嵌入式处理器可以分为嵌入式微处理器、嵌入式微控制器、嵌入式DSP处理器和嵌入式片上系统。下面将详细叙述这4种嵌入式处理器。

1.2.1 嵌入式微处理器

嵌入式微处理器是由通用计算机中的CPU演变而来的。它的特征是具有32位以上的处理器，具有较高的性能，当然其价格也相应较高。但与计算机处理器不同的是，在实际嵌入式应用中，只保留和嵌入式应用紧密相关的功能硬件，去除其他的冗余功能部分，这样就可以在应用中以最低的功耗和资源实现嵌入式应用的特殊要求；将微处理器装配在专门设计的电路板上，这样可以大幅度减小系统体积和功耗。为了满足嵌入式应用的特殊要求，嵌入式微处理器虽然在功能上和标准微处理器基本是一样的，但在工作温度、抗电磁干扰、可靠性等方面一般都做了各种增强。和工业控制计算机相比，嵌入式微处理器具有体积小、重量轻、成本低、可靠性高的优点，但是在电路板上必须包括ROM、RAM、总线接口、各种外设等器件，从而降低了系统的可靠性，技术保密性也较差。嵌入式微处理器及其存储器、总线、外设等安装在一块电路板上，称为单板计算机。如STD-BUS、PC104等。目前主要的嵌入式微处理器类型有Am186/88、386EX、SC-400、Power PC、68000、MIPS系列等。

嵌入式微处理器的体系结构可以采用冯·诺依曼体系或哈佛体系结构，冯·诺依曼（Von Neumann）结构也称普林斯顿结构，是一种将程序指令存储器和数据存储器并在一起的存储器结构。冯·诺依曼结构的计算机其程序和数据共用一个存储空间，程序指令存储地址和数据存储地址指向同一个存储器的不同物理位置；采用单一的地址及数据总线，程序指令和数据的宽度相同。哈佛（Harvard）结构是一种将程序指令存储和数据存储分开的存储器结构。哈佛结构是一种并行体系结构，它的主要特点是将程序和数据存储在不同的存储空间中，即程序存储器和数据存储器是两个相互独立的存储器，每个存储器独立编址、独立访问。指令系统可以选用精简指令系统（Reduced Instruction Set Computer，RISC）和复杂指令系统（Complex Instruction Set Computer，CISC）。RISC计算机在通道中只包含最有用的指令，确保数据通道快速执行每一条指令，从而提高了执行效率，并使CPU硬件结构设计变得更为简单。

嵌入式微处理器有各种不同的体系，即使在同一体系中也可能具有不同的时钟频率和数据总线宽度，或集成了不同的外设和接口。据不完全统计，全世界的嵌入式微处理器已经超过1000多种，体系结构也有很多种类。但与全球PC市场不同的是，没有一种嵌入式微处理器可以主导市场，仅以32位的产品而言，就有100种以上的嵌入式微处理器。嵌入式微处理器的选择是根据具体的应用而决定的。

1.2.2 嵌入式微控制器

嵌入式微控制器（Embedded Microcontroller Unit，EMCU）的典型代表是单片机，单片机从诞生之日起，就被称为嵌入式微控制器。它体积小，结构紧凑，可作为一个部件埋藏于所控制的装置中，主要完成信号控制的功能。单片机将整个计算机系统集成到一块芯片中，目前在嵌入式设备中仍然有着极其广泛的应用。和嵌入式微处理器相比，微控制器的最大特点是单片化，体积大大减小，从而使功耗和成本下降、可靠性提高。

嵌入式微控制器一般以某一种微处理器内核为核心，芯片内部集成 Flash、RAM、EEPROM、总线、总线逻辑、定时/计数器、WatchDog、I/O、串行口等各种必要功能模块。

MCU 目前的品种和数量最多。比较有代表性的通用系列包括 8051、P51XA、MCS-251、MCS-96/196/296、C166/167、MC68HC05/11/12/16、68300 等。另外，还有许多半通用系列，如支持 USB 接口的 MCU 8XC930/931、C540、C541；支持 I^2C、CAN-Bus、LCD 及众多专用的 MCU 和兼容系列。目前 MCU 占嵌入式系统约 70% 市场，应用范围遍及航空航天、医疗、通信、楼宇自动化、网络通信等各个领域。

1.2.3 嵌入式 DSP 处理器

DSP 处理器是专门用于信号处理方面的处理器。DSP 处理器对系统结构和指令进行了特殊设计，使其适合于执行 DSP 算法。DSP 核心代码使用汇编语言，有较高的执行效率，指令执行速度也较快。在数字滤波、语音处理和编码解码、谱分析等方面有着广泛的应用。

DSP 的理论算法在 20 世纪 70 年代就已经出现，但是由于专门的 DSP 处理器还未出现，所以这种理论算法只能通过 MPU 等元件实现。MPU 较低的处理速度无法满足 DSP 的算法要求，其应用领域仅局限于一些尖端的高科技领域。随着大规模集成电路技术的发展，1982 年世界上诞生了首枚 DSP 芯片，其运算速度比 MPU 快了几十倍，在语音合成和编码解码器中得到了广泛应用。至 80 年代中期，随着 CMOS 技术的进步与发展，第二代基于 CMOS 工艺的 DSP 芯片应运而生，其存储容量和运算速度都得到成倍提高，成为语音处理、图像硬件处理技术的基础。到 80 年代后期，DSP 的运算速度进一步提高，应用领域也从上述范围扩大到了通信和计算机方面。90 年代后，DSP 发展到了第五代产品，集成度更高，使用范围也更加广阔。

嵌入式 DSP 处理器比较有代表性的产品是 Texas Instruments 公司的 TMS320 系列和 Motorola 公司的 DSP56000 系列。TMS320 系列处理器包括用于控制的 C2000 系列、用于移动通信的 C5000 系列，以及性能更高的 C6000 和 C8000 系列。DSP56000 目前已经发展成为 DSP56000、DSP56100、DSP56200 和 DSP56300 等几个不同系列的处理器。另外，Philips 公司近年也推出了基于可重置嵌入式 DSP 结构，采用低成本、低功耗技术制造的 R. E. A. L DSP 处理器，特点是具备双 Harvard 结构和双乘/累加单元，应用目标是大批量消费类产品。

1.2.4 嵌入式片上系统

随着电子设计自动化（EDA）的推广和超大规模集成电路（VLSI）设计的普及，以及半导体工艺的迅速发展，在一个硅片上实现多个更为复杂的系统的时代已来临。这种结合了许多功能模块，将整个系统做在一个芯片上的产品称为片上系统（System on Chip，SOC）。各种通用处理器内核将作为 SOC 设计公司的标准库，和许多其他嵌入式系统外设一样，成为 VLSI 设计中一种标准的器件，用标准的 VHDL 等语言描述，存储在器件库中。用户只需定义出其整个应用系统，仿真通过后就可以将设计图交给半导体工厂制作样品。这样除个别无法集成的器件以外，整个嵌入式系统大部分均可集成到一块或几块芯片中去，应用系统电路板将变得很简洁，对于减小体积和功耗、提高可靠性非常有利。

SOC 可以分为通用和专用两类。通用系列 SOC 的代表性产品包括 Siemens 公司的 TriCore、Motorola 公司的 M-Core、某些 ARM 系列器件、Echelon 和 Motorola 公司联合研制的 Neuron 芯片等。专用 SOC 一般专用于某个或某类系统中，不为一般用户所知。一个有代表性的产品是 Philips 公司的 SmartXA，它将 XA 单片机内核和支持超过 2048 位复杂 RSA 算法的 CCU 单元制作在一块硅片上，形成一个可加载 Java 或 C 语言的专用 SOC，可用于公众互联网（如 Internet）安全方面。

1.3 嵌入式操作系统

1.3.1 嵌入式操作系统概述

嵌入式操作系统（Embedded Operating System，EOS）是指用于嵌入式系统的操作系统。嵌入式操作系统是一种用途广泛的系统软件，通常包括与硬件相关的底层驱动软件、系统内核、设备驱动接口、通信协议、图形界面、标准化浏览器等。嵌入式操作系统负责嵌入式系统的全部软/硬件资源的分配、任务调度，控制、协调并发活动。它必须体现其所在系统的特征，能够通过装卸某些模块来达到系统所要求的功能。目前在嵌入式领域广泛使用的操作系统有嵌入式 Linux、Windows Embedded、VxWorks 等，以及应用在智能手机和平板电脑中的 Android、iOS 等。

传统的嵌入式系统以前后台方式工作，一般主程序是一个无限循环程序，在后台按照一定的执行顺序调用不同的子程序模块来实现应用需求，中断服务子程序则在前台处理响应时间要求高的突发事件。系统功能的增强和用户需求的增加，给任务调度和共享资源的管理带来了很高的复杂性，使得开发和排错的难度越来越大，甚至在某些情况下难以满足应用需求。嵌入式操作系统可以将复杂的应用分解成多个任务，这些任务在系统内部分时运行，任务之间以优先级作为切换的依据，由操作系统按照一定的机制进行调度，大大降低了用户功能实现的复杂度。

1.3.2 嵌入式操作系统的特点

1. 系统内核小

由于嵌入式系统一般是应用于小型电子装置的，系统资源相对有限，所以内核较之传统的操作系统要小得多。比如 Enea 公司的 OSE 分布式系统，内核只有 5 KB。

2. 专用性强

嵌入式系统的个性化很强，其中嵌入式操作系统的调度机制和硬件的结合非常紧密，一般要针对硬件进行系统的移植，即使在同一品牌、同一系列的产品中也需要根据系统硬件的变化和增减不断进行修改。同时针对不同的任务，往往需要对系统进行较大更改，程序的编译下载要和系统相结合，这种修改和通用软件的“升级”完全是两个概念。

3. 系统精简

嵌入式系统一般没有系统软件和应用软件的明显区分，不要求其功能设计及实现过于复杂，这样一方面利于控制系统成本，同时也利于实现系统安全。

4. 高实时性

高实时性的系统软件（OS）是嵌入式软件的基本要求。软件要求固态存储，以提高速度。软件代码要求高质量和高可靠性。

5. 多任务的操作系统

嵌入式软件开发要想走向标准化，就必须使用多任务的操作系统。嵌入式系统的应用程序可以没有操作系统而直接在芯片上运行。但是为了合理地调度多任务，有效地利用系统资源、系统函数以及和专家库函数接口，用户必须自行选配 RTOS 开发平台，这样才能保证程序执行的实时性、可靠性，并减少开发时间，保障软件质量。

6. 需要开发工具和环境

嵌入式系统开发需要开发工具和环境。由于其本身不具备自举开发能力，即使设计完成以后用户通常也是不能对其中的程序功能进行修改的，因此必须有一套开发工具和环境才能进行开发，这些工具和环境一般是基于通用计算机上的软/硬件设备以及各种逻辑分析仪、混合信号示波器等。开发时往往有主机和目标机的概念，主机用于程序的开发，目标机作为最后的执行机，开发时需要交替结合进行。

1.3.3 嵌入式实时操作系统

各种嵌入式系统的应用环境不同，就会产生不同特色的嵌入式操作系统，不论是哪一种特殊功能或是需求，嵌入式操作系统都会有一个核心和一些系统服务。嵌入式操作系统必须具备许多系统函数库，来支持各种需求的应用程序，包括文件系统、中断服务、内存配置、时间服务、存取服务、任务控制服务等。有些嵌入式操作系统也会具备各种不同的通信协议及用户接口函数库，以便为用户提供更多元化的服务。嵌入式操作系统大致又可分为“实时”和“通用”两种。

1. 实时操作系统

实时操作系统（Real - Time Operating System，RTOS）并不是指它是一种速度很快的操作系统，而是指操作系统必须在限定的时间内，对过程调用产生正确的响应。正因为如此，实时操作系统对于时间调度和稳定度有非常严格的要求，不容许发生太大的误差。嵌入式实时操作系统（Real Time Embedded Operating System）是一种实时的、支持嵌入式系统应用的操作系统软件，它是嵌入式系统（包括硬件、软件系统）极为重要的组成部分，通常包括与硬件相关的底层驱动软件、系统内核、设备驱动接口、通信协议、图形界面、标准化浏览器等。目前，嵌入式实时操作系统的品种较多，其中较为流行的有：VxWorks、Windows CE、Palm OS、Real Time Linux、pSOS、PowerTV 以及 Microware 公司的 OS - 9。与通用操作系统相比较，嵌入式实时操作系统在系统实时高效性、硬件的相关依赖性、软件固态化以及应用的专用性等方面具有较为突出的特点。

IEEE 的实时 UNIX 分委会认为实时操作系统应具备以下特点：

- 异步的事件响应。
- 切换时间和中断延迟时间确定。
- 优先级中断和调度。
- 抢占式调度。
- 内存锁定。
- 连续文件。
- 同步。

2. 常用嵌入式实时操作系统

（1）uCLinux

uCLinux 是一个完全符合 GNU/GPL 公约的操作系统，完全开放代码。uCLinux 从 Linux 2.0/2.4 内核派生而来，沿袭了主流 Linux 的绝大部分特性。它专门针对没有 MMU 的 CPU，并且为嵌入式系统做了许多小型化的工作，适用于没有虚拟内存或内存管理单元（MMU）的处理器，如 ARM7TDMI。它通常用于具有很少内存或 Flash 的嵌入式系统，保留了 Linux 的大部分优点：稳定且良好的移植性、优秀的网络功能、完备的对各种文件系统的支持、标准丰富的 API 等。

（2）Android

Android 系统是 Google 公司在 2007 年 11 月 5 日公布的基于 Linux 平台的开源智能手机操作系统。该平台由操作系统、中间件、用户界面和应用软件组成，号称是首个为移动终端打造的真正开放和完整的移动软件。Android 运行于 Linux kernel 之上，但并不是 GNU/Linux。Android 的 Linux kernel 控制包括安全（Security）、存储器管理（Memory Management）、程序管理（Process Management）、网络堆栈（Network Stack）、驱动程序模型（Driver Model）等。Android 的主要特点有：良好的平台开放性、可以实现个性化应用设定和与 Google 应用的无缝结合。

（3）Windows CE

Windows CE 与 Windows 系列有较好的兼容性，这无疑是 Windows CE 推广的一大优势。Windows CE 为建立针对掌上设备、无线设备的动态应用程序和服务提供了一种功能丰富的操作系统平台，能在多种处理器体系结构上运行，并且通常适用于那些对内存占用空间具有一定限制的设备。它是从整体上为有限资源的平台设计的多线程、完整优先权、多任务的操作系统。它的模块化设计允许它对从掌上电脑到专用的工业控制器的用户电子设备进行定制。操作系统的基本内核需要至少 200 KB 的 ROM。由于嵌入式产品在体积、成本等方面有较严格的要求，所以处理器部分占用空间应尽可能小。系统的可用内存和外存数量也要受限制，而嵌入式操作系统就运行在有限的内存（一般在 ROM 或快闪存储器）中，因此就对操作系统的规模、效率等提出了较高的要求。从技术角度上讲，Windows CE 作为嵌入式操作系统有很多的缺陷：没有开放源代码，使应用开发人员很难实现产品的定制；在效率、功耗方面的表现并不出色，而且和 Windows 一样占用过多的系统内存，应用程序庞大；版权许可费也是厂商不得不考虑的因素。

（4）VxWorks

VxWorks 是目前嵌入式系统领域中使用最广泛、市场占有率最高的系统。它支持多种处理器，如 x86、i960、Sun Sparc、Motorola MC68xxx、MIPS RX000、POWER PC 等。VxWorks

是 Wind River System 公司开发的具有工业领导地位的高性能实时操作系统，具有先进的网络功能。VxWorks 的开放式结构和对工业标准的支持，使得开发人员易于设计高效的嵌入式系统，并可以很小的工作量移植到其他不同的处理器上。VxWorks 的特点是具有良好的可靠性、卓越的实时性、高效的可裁剪性。VxWorks 板级支持包（BSP）包含了开发人员需要在特定的目标机上运行 VxWorks 所需要的特定目标机的软件接口、驱动程序以及从主机通过网络引导 VxWorks 的 Boot Rom。

（5）Nucleus

Nucleus 操作系统是由 Advanced Technology Inc 开发的。Nucleus PLUS 是为实时嵌入式应用而设计的一个抢占式多任务操作系统内核，其95%的代码是用 ANSI C 写成的，因此，非常便于移植并能够支持大多数类型的处理器。从实现角度来看，Nucleus PLUS 是一组 C 函数库，应用程序代码与核心函数库连接在一起，生成一个目标代码，下载到目标板的 RAM 中或直接烧录到目标板的 ROM 中执行。在典型的目标环境中，Nucleus PLUS 核心代码一般不超过 20 KB。Nucleus PLUS 采用了软件组件的方法，每个组件具有单一而明确的目的，通常由几个 C 语言及汇编语言模块构成，提供清晰的外部接口，对组件的引用就是通过这些接口完成的。Nucleus PLUS 的组件包括任务控制、内存管理、任务间通信、任务的同步与互斥、中断管理、定时器及 I/O 驱动等。

（6）uC/OS II

源码开放（C 代码）的免费嵌入式系统 uC/OS II 简单易学，提供了嵌入式系统的基本功能，其核心代码短小精悍，如果针对硬件进行优化，还可以获得更高的执行效率。当然，uC/OS II 相对于商用嵌入式系统来说还是过于简单，而且存在开发调试困难的问题。uC/OS II 的主要特点包括：公开源代码、可移植性很强（采用 ANSI C 编写）、可固化、可裁剪、占先式、多任务、系统任务、中断管理、稳定性和可靠性都很强。

（7）QNX

QNX 是由 QNX 软件系统有限公司开发的一套实时操作系统，它是一个实时的、可扩展的操作系统，部分遵循了 POSIX 相关标准，可以提供一个很小的微核及一些可选择的配合进程。其内核仅提供4 种服务：进程调度、进程间通信、底层网络通信和中断处理。其进程在独立的空间中运行，所有其他操作系统服务都实现为协作的用户进程，因此 QNX 内核非常小巧，大约几千字节，而且运行速度极快。这个灵活的结构可以使用户根据实际的需求，将系统配置为微小的嵌入式系统或者包括几百个处理器的超级虚拟机系统。

POSIX（Portable Operating System Interface）表示可移植操作系统接口。不过 QNX 目前的市场占有量不是很大，而且大家对它的熟悉程度也不够，而且 QNX 对于 GUI 系统的支持不是很好。

（8）Palm OS

3Com 公司的 Palm OS 在 PDA 市场上占有很大的份额，它有开放的操作系统 API 接口，开发商可以根据需要自行开发所需要的应用程序。目前大约有 3500 个应用程序可以在 Palm 上运行，这使得 Palm 的功能得以不断增多。这些软件包括计算器、各种游戏、电子宠物、GIS 等。

1.4 嵌入式系统工程设计

当前，嵌入式开发已经逐步规范化，在遵循一般工程开发流程的基础上，嵌入式开发有其自身的一些特点，嵌入式系统的开发可以看做是一个项目的实施。在项目的实施过程中也就是嵌入式系统工程的设计中，开发人员一般要解决一系列问题，才可以使项目的开发思路清晰，控制项目的进度，提高工作的效率，保证产品顺利地完成。这几个问题可以归结为嵌入式系统设计的要点，下面将详细介绍。

1. 应用需求是什么？

这是项目开发首要解决的问题，这是因为嵌入式系统往往需要嵌入到其他产品中而不能独立工作，不了解需求而做成的产品往往是失败的。需求一般由用户提出，需要确定设计任务和目标，并制定说明规格文档，作为下一步设计的指导和验收标准。这个问题的解决往往要与用户反复交流，以明确系统功能需求、性能需求，以及环境、可靠性、成本、功耗、资源等其他需求。

2. 需要多少硬件？

作为嵌入式系统的基本组成，硬件的设计对于项目的开发也是至关重要的，硬件方面需要考虑的问题有：CPU 及相应的外围芯片的选择、系统的主要 I/O 分配、系统的电源要求、硬件的尺寸要求和外壳设计等。

3. 如何满足实时性？

由于嵌入式系统是嵌入到对象体系中的专用计算机应用系统，可实现对象体系的智能化控制，因此，必然存在着对象体系对控制过程的时间要求，以及嵌入式系统能否满足这一要求的实时性问题。

系统有实时需求的情况下，能满足实时性需求的系统设计是成功的，反之则是失败的。例如，卫星发射时，用于显示卫星轨迹的卫星运行监测系统，实时地采集卫星运行参数，经处理后在大屏幕上实时地显示出来，这是个实时系统。对于一个冲击振动的谱分析系统，需求有振动波形的采集、时域信号的频谱分析、频谱的图像显示等。由于冲击振动的信号过程时间极短，谱分析处理耗时过多，不可能实现整个系统的实时性需求，这时可以考虑将整个系统的操作过程分成一些独立的部分。例如，将冲击振动谱分析系统的全部操作分成冲击振动信号的波形采集、数据存储和波形信号的谱分析及其后续操作两个独立的部分，以实现振动信号采集、存储关键任务的实时性需求。

在嵌入式操作系统的实时性设计中，核心的问题是降低软件运行时间。除了普遍的提高 CPU 指令运行速度、采用高速 I/O 口、计数器的捕获/比较、多机并行操作等软/硬件措施外，还可以利用程序设计技巧。在系统程序中使用操作系统支持时，由于操作系统介入操作管理带来的额外开销，以及对任务的灵活调度管理，就成为系统实时性设计的重要问题。

4. 如何减少系统功耗？

对于嵌入式系统来说，低功耗设计是许多设计人员必须面对的问题。其原因在于嵌入式系统被广泛应用于便携式和移动性较强的产品中，而这些产品不是一直都有充足的电源供应，往往是靠电池来供电的，而且大多数嵌入式设备都有体积和质量的约束。另外，系统部件产生的热量和功耗成比例，为解决散热问题而采取的冷却措施进一步增加了系统的功耗。减少系统功耗可以从以下几个方面着手。

（1）尽量采用低电压的器件

采用单电源、低压供电可以降低功耗。双电源供电可以提供对地输出的信号，高电源电压可以提供大的动态范围，但两者的缺点都是功耗大。例如，低功耗集成运算放大器LM324，单电源电压工作范围为5～30 V，当电源电压为15 V时，功耗约为220 mW；当电源电压为10 V时，功耗约为90 mW；当电源电压为5 V时，功耗约为15 mW。可见，低电压供电对降低器件功耗的作用十分明显。因此，处理小信号的电路可以降低供电电压。

（2）降低处理器的时钟频率

处理器的功耗与时钟频率密切相关。CPU在全速运行的时候比在空闲或者休眠的时候消耗的功率大得多。省电的原则就是让正常运行模式远比空闲、休眠模式少占用时间。在PDA类的设备中，系统在全速运行的时候远比空闲的时候少，所以可以通过设置，使CPU尽可能工作在空闲状态，然后通过相应的中断唤醒CPU，恢复到正常工作模式，处理响应的事件，然后再进入空闲模式。设计系统时，如果处理能力许可，尽量降低处理器的时钟频率。另外，可以动态改变处理器的时钟，以降低系统的总功耗。CPU空闲时，降低时钟频率；处于工作状态时，提高时钟频率以全速运行处理事务。

（3）分区/分时供电技术

一个嵌入式系统的所有组成部分并非时刻在工作，基于此，可采用分时/分区的供电技术。原理是利用“开关”控制电源供电单元，在某一部分电路处于休眠状态时，关闭其供电电源，仅保留工作部分的电源。

（4）编译低功耗优化技术

对于实现同样的功能，不同的软件算法，消耗的时间不同，使用的指令不同，因而消耗的功率也不同。对于使用高级语言，由于是面向问题设计的，很难控制低功耗。但是，如果利用汇编语言开发系统（如对于小型的嵌入式系统开发），可以有意识地选择消耗时间短的指令和设计消耗功率小的算法来降低系统的功耗。

（5）软件设计采用中断驱动技术

整个系统软件设计成处理多个事件模式。在系统上电初始化时，主程序只进行系统的初始化，包括寄存器、外部设备等。初始化完成后，进入低功耗状态，然后CPU控制的设备都接到中断输入端上。当外设发生了一个事件时，产生中断信号，使CPU退出节电状态，进入事件处理状态，事件处理完成后，继续进入节电状态。

（6）延时程序设计

延时程序的设计有两种方法：软件延时和硬件定时器延时。为了降低功耗，尽量使用硬件定时器延时，一方面提高程序的效率，另一方面降低功耗。大多数嵌入式处理器在进入待机模式时，CPU停止工作，定时器可正常工作，定时器的功耗可以很低。处理器调用延时程序时，进入待机方式，定时器开始计时，时间一到，则唤醒CPU。这样一方面CPU停止工作，降低了功耗，另一方面提高了CPU的运行效率。

5. 如何保证系统可升级？

当用户在使用嵌入式产品的过程中，出现了系统漏洞或者用户不满足现有功能而提出更多需求时，就要对系统升级或者维护。下面介绍几种升级方式。

（1）SD 卡离线升级

厂家只需将 SD 卡取回，把更新后的程序放入 SD 卡中，然后发放给用户，用户只需把 SD 卡插入终端设备，即可达到系统升级的目的。图 1-6 给出了整个系统设计流程图。

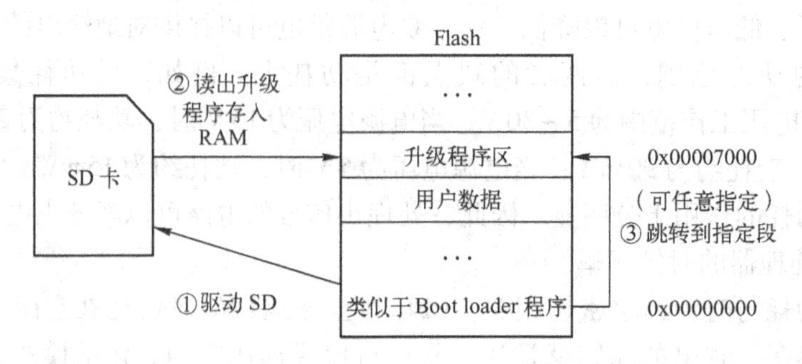

图 1-6　SD 卡离线升级流程图

出厂前，通过 ISP 编程方式在板上 Flash 中烧入一个类似于 Boot loader 的程序。在用户插入 SD 卡前，该程序不断判断 SD 卡是否插入。用户插入 SD 卡后，程序首先驱动 SD 卡，使其能正常工作，然后读取 SD 卡中的升级程序，并将其放入指定的 Flash 地址段中。最后，跳转到指定段，开始工作。

（2）在线升级

在线升级通常指在连接网络的情况下从服务器下载更新文件以确保软件等处于最新状态。此种方式适用于可以连接在网络上的嵌入式设备。

服务器作为软件升级任务的主动发起者，首先向嵌入式系统发送升级命令，嵌入式系统在硬件启动后，首先执行引导程序 Boot Loader 进行一系列的初始化操作，同时选择执行升级控制程序，待服务器接收到嵌入式系统的确认升级回复后即开始发送升级程序代码。在发送升级程序代码前，服务器会将这些代码拆分成固定长度的多个数据单元，以每个数据单元为核心组成数据包（数据包内容包含数据包头标志、命令头、包序列、数据单元、CRC 校验码、数据包尾标志、总包数等），嵌入式系统每接收到一个数据包，都将返回确认信息，若数据包校验无误，则在规定的 Flash 区域进行旧程序的擦除以及新程序的复制，从而达到远程终端的嵌入式系统软件的在线升级目的。在线升级实现流程图如图 1-7 所示。

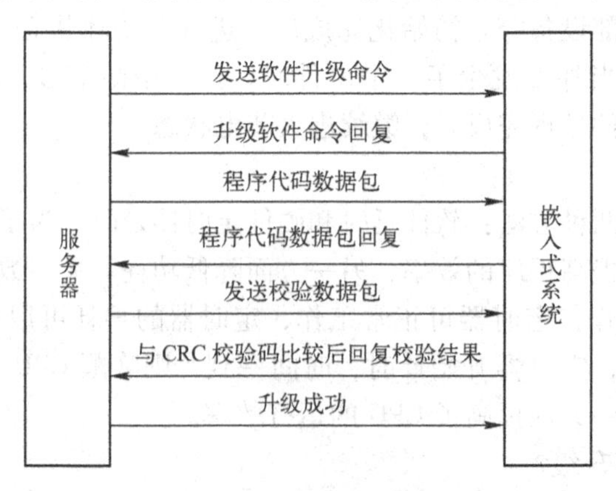

图 1-7　在线升级实现流程图

6. 如何调试？

调试是嵌入式系统开发过程中必不可少的重要环节。调试的方法也是多种多样，这里将详细叙述以下几种调试方法。

（1）ROM 仿真器

ROM 仿真器就是用 RAM 以及附加电路仿真 ROM。ROM 仿真器是一个有两根电缆的盒子，一端连接到主机串口，下载新的程序到 ROM 仿真器；另一端插在目标系统的 ROM 插座上，目标平台认为它在访问 ROM，而它实际访问的是 ROM 仿真器的 RAM，该 RAM 中含有用户所下载的用于测试的程序，如图 1-8 所示。

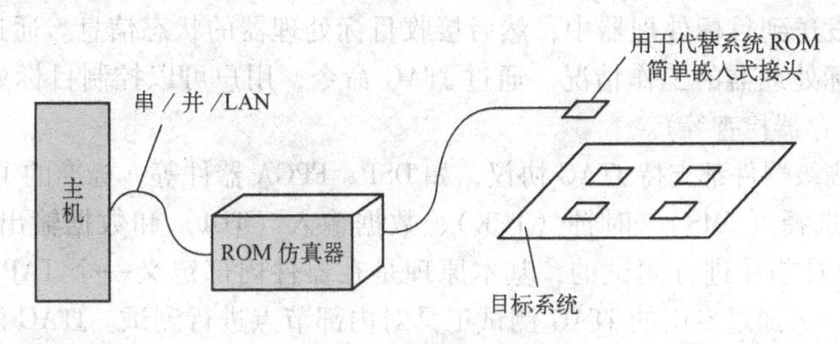

图 1-8　ROM 仿真系统

ROM 仿真器的用途是为程序开发过程（编辑、编译、下载、调试）节省时间，不用频繁进行插拔、擦除、烧写、校验等重复性耗时操作。使用 ROM 仿真器，可将生成程序用 ROM 仿真器下载到目标系统，然后运行该程序，并根据运行结果对主机程序进行修改。ROM 仿真器可以缩短调试周期、灵活设置断点和仿真多种接口。

（2）在线仿真

在线仿真（In Circuit Emulator，ICE）是最直接的仿真调试方法。ICE 提供自己的 CPU 和内存，不再依赖目标系统的 CPU 和内存。电缆或特殊的连接器使 ICE 的 CPU 能代替目标系统的 CPU。ICE 的 CPU 一般与目标系统的 CPU 相同。ICE 和目标系统通过连接器组合在一起，这个系统在调试时使用 ICE 的 CPU 和内存、目标板上的 I/O 接口。完成调试之后，再使用目标板上的 CPU 和内存实时运行应用程序。目标系统程序驻留在目标内存中，而调试代理存放在 ICE 的内存中。当处于正常运行状态时，ICE 处理器从目标内存读取指令。当调试代理控制目标系统时，ICE 从自己的本地内存中读取指令。这种设计确保 ICE 始终保持对系统运行的控制，甚至在目标系统崩溃后也是如此，保护调试代理不受目标系统错误的破坏。

这种调试方法的优点是具有实时跟踪能力，缺点是价格较高，特别是高速 CPU 在线仿真器一般价格昂贵。

（3）在系统编程

在系统编程（ISP）是指直接利用系统中带有 JTAG 接口的器件，如 CPU、CPLD、FPGA 等，执行对系统中程序存储器芯片内容的擦除和编程操作。一般而言，高档微处理器均带有 JTAG 接口，系统程序存储器的数据总线、地址总线和控制信号直接接在微处理器上。编程时，使用 PC 接口通过专用电缆将系统电路板与 PC 联系起来，在 PC 上运行相关程序，将编程数据及控制信号传送到 JTAG 接口的芯片，再利用相应指令从微处理器的引脚按照 Flash 芯片的编程时序输出到 Flash 存储器。这种编程方法的条件是系统中必须存在带有

JTAG 接口（或与之兼容）的芯片，如微处理器。优点是系统板上不需要增加其他与编程有关的附属电路，减小了电路板的尺寸，同时避免了对微小封装芯片的手工处理，特别适用于对电路板尺寸有严格限制的手持设备。缺点是编程速度慢，对于代码长度小的编程比较适合。

（4）JTAG 调试

JTAG（Joint Test Action Group）是一种国际标准测试协议（与 IEEE 1149.1 兼容）。JTAG 仿真器包括硬件和软件两部分。硬件有两个接口，一个接口连接到计算机上，有串口、并口、网络口、USB 口等；另一个接口与目标处理器的 JTAG 引脚相连。软件把调试命令和数据通过仿真器发送到目标处理器中，然后接收目标处理器的状态信息。通过分析状态信息，可以了解目标处理器的工作情况。通过 JTAG 命令，用户可以控制目标处理器的运行（单步、断点、寄存器检查等）。

现在多数的高级器件都支持 JTAG 协议，如 DSP、FPGA 器件等。标准的 JTAG 接口是 4 线，分别为模式选择（TMS）、时钟（TCK）、数据输入（TDI）和数据输出（TDO）线。JTAG 最初是用来对芯片进行测试的，基本原理是在器件内部定义一个 TAP（Test Access Port，测试访问口），通过专用的 JTAG 测试工具对内部节点进行测试。JTAG 测试允许多个器件通过 JTAG 接口串联在一起，形成一个 JTAG 链，能实现对各个器件分别测试。JTAG 编程方式是在线编程，传统生产流程中先对芯片进行预编程再装到板上的方法也因此而改变，简化的流程为先固定器件到电路板上，再用 JTAG 编程，从而大大加快工程进度。JTAG 命令独立于处理器的指令系统，可以完全控制处理器的动作，因此 JTAG 调试方式是目前最有效的调试方式，与 ICE 相比成本低，与软件仿真器相比功能强，局限性小，可以查找硬件的故障点。

目前大多数嵌入式处理器厂商在其处理器上集成了 JTAG 接口，如 ARM。不管 ARM 内核的处理器来源于哪个厂家，其 JTAG 接口都是兼容的。JTAG 标准仅仅定义了与处理器一起使用的通信协议，而 JTAG 循环如何连接到核心元器件，以及作为运行控制或观察元器件的命令集做什么，都由厂商自己决定。

（5）软件仿真器

软件仿真器利用软件来模拟处理器硬件，模拟的硬件包括指令系统、外部设备、中断、定时器等。用户开发的应用软件像下装到目标系统硬件一样下装到软件仿真器中进行调试。

功能强大的软件仿真器可以仿真处理器的每一个细节，包括外设和中断，简单的至少可以仿真 CPU 的指令系统。有的软件仿真器提供了对指令的执行时间的仿真，其使用的软件时钟有两种：一种是实时时钟，利用 CPU 的时钟运行嵌入式处理器的指令，只仿真指令的执行结果，不仿真执行时间；另一种是仿真时钟，用户可以设置仿真时钟与处理器的时钟相同，不仅可以仿真指令的执行结果，也可以仿真指令的执行时间和软件的执行时间，如 ARM 公司的 AXD 仿真器。高档仿真器可建立一个较大的实时系统的模型，甚至能仿真不存在的硬件。因此开发者可以就一个硬件还没有开始设计的项目进行软件开发，并验证软件的正确性、实时性等指标。

7. 如何选择方便的开发环境？

软件开发环境（Software Development Environment，SDE）是指在基本硬件和系统软件的基础上，为支持系统软件和应用软件的工程化开发和维护而使用的一组软件。它由软件工具和环境集成机制构成，前者用于支持软件开发的相关过程、活动和任务，后者为工具集成和软件的开发、维护及管理提供统一的支持。

嵌入式系统开发环境，是以开发嵌入式系统为目的的工程开发环境，包括办公环境支持、软件支持、硬件设备支持。软件支持是指集成开发环境与软件模拟器等。硬件支持是指仿真器、目标板、示波器、烧录器等。集成开发系统包括一整套完备的面向嵌入式系统的开发和调试工具，一般包括编辑器、编译器、连接器、调试器、工程管理器和底层调试接口设备。

本章小结

本章介绍了嵌入式系统的广义和狭义的定义。然后从定义出发，探讨了嵌入式系统的应用领域及主要产品，详细列举了生活中嵌入式系统的应用。嵌入式系统的核心是嵌入式处理器，嵌入式处理器可以分为嵌入式微处理器、嵌入式微控制器、嵌入式 DSP 处理器和嵌入式片上系统。本章详细介绍了这几种嵌入式处理器的特点。嵌入式操作系统是一种用途广泛的系统软件，通常包括与硬件相关的底层驱动软件、系统内核、设备驱动接口、通信协议、图形界面、标准化浏览器等。本章详细介绍了这些嵌入式操作系统的特点和应用。最后介绍了嵌入式系统的工程设计方法。

思考题

1. 什么是嵌入式系统？
2. 嵌入式系统的应用领域有哪些？列举一些生活中的嵌入式系统实例。
3. 嵌入式系统的组成有哪些？
4. 嵌入式系统的特点有哪些？
5. 简述嵌入式系统的发展。
6. 常用的嵌入式处理器分为哪几类？
7. 嵌入式操作系统的特点有哪些？
8. 什么是实时操作系统？IEEE 实时 UNIX 分委会认为实时操作系统应具备哪些特点？
9. 常用的嵌入式操作系统有哪些？它们各有什么特点？
10. 嵌入式系统工程设计的要点有哪些？
11. 举出几个嵌入式系统应用的例子，通过查资料和独立思考，说明这些嵌入式系统产品主要由哪几部分组成，每个组成部分用于完成什么功能。

第2章　ARM Cortex-A8体系结构

2.1　ARM微处理器

2.1.1　ARM简介

ARM（Advanced RISC Machines），既可以认为是一个公司的名字，也可以认为是对一类微处理器的统称，还可以认为是一种技术的名字。1991年ARM公司成立于英国剑桥大学，主要出售芯片设计技术的授权。目前，采用ARM技术知识产权（IP）核的微处理器，即通常所说的ARM微处理器，已遍及工业控制、消费类电子产品、通信系统、网络系统、无线系统等各类产品市场。基于ARM技术的微处理器应用约占据了32位RISC微处理器75%以上的市场份额，ARM技术正在逐步渗入到人们生活的各个方面。

ARM公司是专门从事基于RISC技术的芯片设计开发的公司，作为知识产权供应商，本身不直接从事芯片生产，靠转让设计许可由合作公司生产各具特色的芯片，世界各大半导体生产商从ARM公司购买其设计的ARM微处理器核，根据各自不同的应用领域，加入适当的外围电路，从而形成自己的ARM微处理器芯片进入市场。目前，全世界有几十家大型半导体公司都使用ARM公司的授权，因此既使得ARM技术获得更多的第三方工具、制造、软件的支持，又使整个系统成本降低，使产品更容易进入市场被消费者所接受，更具有竞争力。

到目前为止，ARM微处理器及技术的应用几乎已经深入到各个领域。

（1）工业控制领域

作为32位的RISC架构，基于ARM核的微控制器芯片不但占据了高端微处理器市场的大部分市场份额，同时也逐渐向低端微控制器应用领域扩展，ARM微控制器的低功耗、高性价比，向传统的8位/16位微控制器提出了挑战。

（2）无线通信领域

目前已有超过85%的无线通信设备采用了ARM技术，ARM以其高性能和低成本，在该领域的地位日益巩固。

（3）网络应用

随着宽带技术的推广，采用ARM技术的ADSL芯片正逐步获得竞争优势。此外，ARM在语音及视频处理上进行了优化，并获得广泛支持，也对DSP的应用领域提出了挑战。

（4）消费类电子产品

ARM技术在目前流行的数字音频播放器、数字机顶盒和游戏机中得到广泛采用。

（5）成像和安全产品

现在流行的数码相机和打印机中绝大部分都采用ARM技术。手机中的32位SIM智能卡也采用了ARM技术。

除此以外，ARM 微处理器及技术还应用到许多不同的领域，并会在将来取得更加广泛的应用。

采用 RISC 架构的 ARM 微处理器一般具有如下特点：

- 体积小、低功耗、低成本、高性能。
- 支持 Thumb（16 位）/ARM（32 位）双指令集，能很好地兼容 8 位/16 位器件。
- 大量使用寄存器，指令执行速度更快。
- 大多数数据操作都在寄存器中完成。
- 寻址方式灵活简单，执行效率高。
- 指令长度固定。

2.1.2 ARM 内核基本版本

ARM 内核的体系架构到目前为止有 V1 ~ V7 共 7 个版本，具体如表 2-1 所示。

表 2-1 ARM 内核采用的体系结构

ARM 内核名称	体 系 结 构
ARM1	V1
ARM2	V2
ARM2aS，ARM3	V2a
ARM6，ARM600，ARM610	V3
ARM7，ARM700，ARM710	V3
ARM7TDMI，ARM710T，ARM720T，ARM740T	V4T
Strong ARM，ARM8，ARM810	V4
ARM9TDMI，ARM920T，ARM940T	V4T
ARM9E - S，ARM10TDMI，ARM1020E	V5TE
ARM11，ARM1156T2 - S，ARM1156T2F - S，ARM1176JZ - S，ARM11JZF - S	V6
ARM Cortex - M，ARM Cortex - A，ARM Cortex - R	V7

1. V1 版本

该版架构只在原型机 ARM1 上出现过，只有 26 位的寻址空间，没有用于商业产品。其基本性能有：

- 基本的数据处理指令（无乘法）。
- 基于字节、半字和字的 Load/Store 指令。
- 转移指令，包括子程序调用及链接指令。
- 供操作系统使用的软件中断指令 SWI。
- 寻址空间：64 MB。

2. V2 版本

该版架构对 V1 版本进行了扩展，例如 ARM2 和 ARM3（V2a）架构。包含了对 32 位乘法指令和协处理器指令的支持。版本 V2a 是版本 V2 的变种，ARM3 芯片采用了版本 V2a，是第一片采用片上 Cache 的 ARM 处理器。同样为 26 位寻址空间，现在已经废弃不再使用。V2 版本的架构与版本 V1 相比，增加了以下功能：

- 乘法和乘加指令。
- 支持协处理器操作指令。
- 快速中断模式。
- SWP/SWPB 的最基本存储器与寄存器交换指令。
- 寻址空间：64 MB。

3. V3 版本

ARM 作为独立的公司，在 1990 年设计的第一个微处理器采用的是版本 V3 的 ARM6。它作为 IP 核独立的处理器，具有片上高速缓存、MMU 和写缓冲的集成 CPU。变种版本有 V3G 和 V3M。版本 V3G 是不与版本 V2a 之前的版本兼容的，版本 V3M 引入了有符号和无符号数乘法和乘加指令，这些指令产生全部 64 位结果。V3 版架构（目前已废弃）对 ARM 体系结构作了较大的改动：

- 寻址空间增至 32 位（4 GB）。
- 当前程序状态信息从原来的 R15 寄存器移到当前程序状态寄存器 CPSR（Current Program Status Register）中。
- 增加了程序状态保存寄存器 SPSR（Saved Program Status Register）。
- 增加了两种异常模式，使操作系统代码可方便地使用数据访问中止异常、指令预取中止异常和未定义指令异常。
- 增加了 MRS/MSR 指令，以访问新增的 CPSR/SPSR 寄存器。
- 增加了从异常处理返回的指令功能。

4. V4 版本

V4 版本架构在 V3 版本上作了进一步扩充，V4 版本架构是目前应用最广的 ARM 体系结构，ARM7、ARM8、ARM9 和 StrongARM 都采用该架构。V4 不再强制要求与 26 位地址空间兼容，而且还明确了哪些指令会引起未定义指令异常。指令集中增加了以下功能：

- 有符号和无符号半字及有符号字节的存/取指令。
- 增加了 T 变种，处理器可工作在 Thumb 状态，增加了 16 位 Thumb 指令集。
- 完善了软件中断 SWI 指令的功能。
- 处理器系统模式引进特权方式时使用用户寄存器操作。
- 把一些未使用的指令空间捕获为未定义指令。

5. V5 版本

V5 版架构在 V4 版本的基础上增加了一些新的指令，ARM10 和 Xscale 都采用该版本架构。这些新增命令有：

- 带有链接和交换的转移 BLX 指令。
- 计数前导零 CLZ 指令。
- BRK 中断指令。
- 增加了数字信号处理指令（V5TE 版）。
- 为协处理器增加更多可选择的指令。
- 改进了 ARM/Thumb 状态之间的切换效率。
- E——增强型 DSP 指令集，包括全部算法操作和 16 位乘法操作。
- J——支持新的 Java，提供字节代码执行的硬件和优化软件加速功能。

6. V6 版本

V6 版本架构是 2001 年发布的，首先在 2002 年春季发布的 ARM11 处理器中使用。该版本架构在降低耗电量的同时，还强化了图形处理性能。通过追加有效进行多媒体处理的 SIMD（Single Instruction，Multiple Data，单指令多数据）功能，将语音及图像的处理功能提高到了原型机的 4 倍。

此架构在 V5 版基础上增加了以下功能：

- ThumbTM：35% 代码压缩。
- DSP 扩充：高性能定点 DSP 功能。
- JazelleTM：Java 性能优化，可提高 8 倍。
- Media 扩充：音/视频性能优化，可提高 4 倍。

7. V7 版本

ARM 体系架构 V7 版本是 2005 年发布的。它首次采用了强大的信号处理扩展集，对 H.264 和 MP3 等媒体编解码提供加速。V7 架构采用了 Thumb－2 技术，Thumb－2 技术是在 ARM 的 Thumb 代码压缩技术的基础上发展起来的，并且保持了对现存 ARM 解决方案的完整的代码兼容性。Thumb－2 技术比纯 32 位代码少使用 31% 的内存，减小了系统开销。同时能够提供比已有的基于 Thumb 技术的解决方案高出 38% 的性能。V7 架构还采用了 NEON 技术，将 DSP 和媒体处理能力提高了近 4 倍，并支持改良的浮点运算，满足下一代 3D 图形、游戏应用以及传统嵌入式控制应用的需求。V7 架构还支持改良的运行环境，迎合不断增加的 JIT（Just In Time）和 DAC（Dynamic Adaptive Compilation）技术的使用。另外，V7 架构对于早期的 ARM 处理器软件也提供很好的兼容性。

ARM Cortex 处理器系列都是基于 V7 架构的产品。

（1）ARM Cortex－A 系列

该系列针对日益增长的，运行包括 Linux、Windows CE 和 Symbian 操作系统在内的消费娱乐和无线产品设计。

（2）ARM Cortex－R 系列

该系列针对的是需要运行实时操作系统来进行控制应用的系统，包括汽车电子、网络和影像系统。

（3）ARM Cortex－M 系列

该系列面向微控制器领域，为那些对开发费用非常敏感同时对性能要求不断增加的嵌入式应用所设计。

2.1.3 ARM 微处理器系列

除了具有 ARM 体系结构的共同特点以外，每一个系列的 ARM 微处理器都有各自的特点和应用领域。ARM 微处理器目前包括下面几个系列。

- ARM7 系列。
- ARM9 系列。
- ARM9E 系列。
- ARM10E 系列。
- SecurCore 系列。

- Intel 的 Xscale。
- Intel 的 StrongARM。
- Cortex 系列处理器。

其中，ARM7、ARM9、ARM9E 和 ARM10E 为 4 个通用处理器系列，每一个系列提供一套相对独特的性能来满足不同应用领域的需求。SecurCore 系列专门为安全要求较高的应用而设计。

以下详细介绍各种处理器的特点及其应用领域。

1. ARM7 微处理器系列

ARM7 系列微处理器为低功耗的 32 位 RISC 处理器，最适合用于对价位和功耗要求较高的消费类应用。ARM7 微处理器系列具有如下特点：

- 具有嵌入式 ICE - RT 逻辑，调试开发方便。
- 极低的功耗，适合对功耗要求较高的应用，如便携式产品。
- 能够提供 0.9MIPS/MHz 的三级流水线结构。
- 代码密度高并兼容 16 位的 Thumb 指令集。
- 对操作系统的支持广泛，包括 Windows CE、Linux、Palm OS 等。
- 指令系统与 ARM9 系列、ARM9E 系列和 ARM10E 系列兼容，便于用户的产品升级换代。
- 主频最高可达 130MIPS，高速的运算处理能力能胜任绝大多数的复杂应用。

ARM7 系列微处理器的主要应用领域为工业控制、Internet 设备、网络和调制解调器设备、移动电话等多种多媒体和嵌入式应用。

ARM7 系列微处理器包括如下几种类型的核：ARM7TDMI、ARM7TDMI - S、ARM720T、ARM7EJ。其中，ARM7TMDI 是目前使用最广泛的 32 位嵌入式 RISC 处理器，属低端 ARM 处理器核。TDMI 的基本含义为：

T：支持 16 位压缩指令集 Thumb；

D：支持片上 Debug；

M：内嵌硬件乘法器（Multiplier）；

I：嵌入式 ICE，支持片上断点和调试。

2. ARM9 微处理器系列

ARM9 系列微处理器在高性能和低功耗方面提供最佳的性能。具有以下特点：

- 5 级整数流水线，指令执行效率更高。
- 提供 1.1MIPS/MHz 的哈佛结构。
- 支持 32 位 ARM 指令集和 16 位 Thumb 指令集。
- 支持 32 位的高速 AMBA 总线接口。
- 全性能的 MMU，支持 Windows CE、Linux、Palm OS 等多种主流嵌入式操作系统。
- MPU 支持实时操作系统。
- 支持数据 Cache 和指令 Cache，具有更高的指令和数据处理能力。

ARM9 系列微处理器主要应用于无线设备、仪器仪表、安全系统、机顶盒、高端打印机、数字照相机和数字摄像机等。

ARM9 系列微处理器包含 ARM920T、ARM922T 和 ARM940T 3 种类型，以适用于不同的应用场合。

3. ARM9E 微处理器系列

ARM9E 系列微处理器为可综合处理器，使用单一的处理器内核提供了微控制器、DSP、Java 应用系统的解决方案，极大地减小了芯片的面积和系统的复杂程度。ARM9E 系列微处理器提供了增强的 DSP 处理能力，很适合于那些需要同时使用 DSP 和微控制器的应用场合。

ARM9E 系列微处理器的主要特点如下：

- 支持 DSP 指令集，适合于需要高速数字信号处理的场合。
- 5 级整数流水线，指令执行效率更高。
- 支持 32 位 ARM 指令集和 16 位 Thumb 指令集。
- 支持 32 位的高速 AMBA 总线接口。
- 支持 VFP9 浮点处理协处理器。
- 全性能的 MMU，支持 Windows CE、Linux、Palm OS 等多种主流嵌入式操作系统。
- MPU 支持实时操作系统。
- 支持数据 Cache 和指令 Cache，具有更高的指令和数据处理能力。
- 主频最高可达 300MIPS。

ARM9E 系列微处理器主要应用于下一代无线设备、数字消费品、成像设备、工业控制、存储设备和网络设备等领域。

ARM9E 系列微处理器包含 ARM926EJ－S、ARM946E－S 和 ARM966E－S 3 种类型，以适用于不同的应用场合。

4. ARM10E 微处理器系列

ARM10E 系列微处理器具有高性能、低功耗的特点，由于采用了新的体系结构，与同等的 ARM9E 器件相比较，在同样的时钟频率下，性能提高了近 50%，同时，ARM10E 系列微处理器采用了两种先进的节能方式，使其功耗极低。

ARM10E 系列微处理器的主要特点如下：

- 支持 DSP 指令集，适合于需要高速数字信号处理的场合。
- 6 级整数流水线，指令执行效率更高。
- 支持 32 位 ARM 指令集和 16 位 Thumb 指令集。
- 支持 32 位的高速 AMBA 总线接口。
- 支持 VFP10 浮点处理协处理器。
- 全性能的 MMU，支持 Windows CE、Linux、Palm OS 等多种主流嵌入式操作系统。
- 支持数据 Cache 和指令 Cache，具有更高的指令和数据处理能力。
- 主频最高可达 400MIPS。
- 内嵌并行读/写操作部件。

ARM10E 系列微处理器主要应用于下一代无线设备、数字消费品、成像设备、工业控制、通信和信息系统等领域。

ARM10E 系列微处理器包含 ARM1020E、ARM1022E 和 ARM1026EJ－S 三种类型，以适用于不同的应用场合。

5. SecurCore 微处理器系列

SecurCore 系列微处理器专为安全需要而设计，提供了完善的 32 位 RISC 技术的安全解决方案，因此，SecurCore 系列微处理器除了具有 ARM 体系结构低功耗、高性能的特点外，还具有其独特的优势，即提供了对安全解决方案的支持。

SecurCore 系列微处理器除了具有 ARM 体系结构各种主要特点外，还在系统安全方面具有如下特点：

- 带有灵活的保护单元，以确保操作系统和应用数据的安全。
- 采用软内核技术，防止外部对其进行扫描探测。
- 可集成用户自己的安全特性和其他协处理器。

SecurCore 系列微处理器主要应用于一些对安全性要求较高的应用产品及应用系统中，如电子商务、电子政务、电子银行业务、网络和认证系统等领域。

SecurCore 系列微处理器包含 SecurCore SC100、SecurCore SC110、SecurCore SC200 和 SecurCore SC210 这 4 种类型，以适用于不同的应用场合。

6. StrongARM 微处理器系列

Intel StrongARM SA－1100 处理器是采用 ARM 体系结构高度集成的 32 位 RISC 微处理器。它融合了 Intel 公司的设计和处理技术以及 ARM 体系结构的电源效率，采用在软件上兼容 ARMv4 体系结构，同时采用具有 Intel 技术优点的体系结构。

Intel StrongARM 处理器是便携式通信产品和消费类电子产品的理想选择，已成功应用于多家公司的掌上电脑系列产品。

7. Xscale 处理器

Xscale 处理器是基于 ARMv5TE 体系结构的解决方案，是一款全性能、高性价比、低功耗的处理器。它支持 16 位的 Thumb 指令和 DSP 指令集，已使用在数字移动电话、个人数字助理和网络产品等场合。

Xscale 处理器是 Intel 目前主要推广的一款 ARM 微处理器。

8. Cortex 系列处理器

Cortex 系列是基于 ARMv7 架构的处理器，分为 Cortex－M、Cortex－R 和 Cortex－A 三类。

（1） ARM Cortex－R 系列

该系列针对实时系统，面向深层的嵌入式实时应用。应用包括：汽车制动系统、动力传动解决方案、大容量存储控制器以及联网和打印。

（2） ARM Cortex－M 系列

该系列针对微控制器，在该领域中需要进行快速且具有高确定性的中断管理，同时需将门数和可能功耗控制在最低。应用包括：微控制器、混合信号设备、智能传感器、汽车电子和气囊。

（3） ARM Cortex－A 系列

该系列面向尖端的基于虚拟内存的操作系统和用户应用，也叫应用程序处理器。应用包括：智能手机、数字电视、平板电脑和上网本、家用网关、电子书阅读器等。

Cortex－A8 是 ARM 公司性能强劲的一款处理器，主频为 600 MHz～1 GHz，在 65 nm 工艺下，其功耗低于 300 mW，而性能却高达 2000MIPS，能够满足那些需要工作在 300mW 以下的功耗优化的移动设备的要求，以及满足需要 2000MIPS 的性能优化的消费类应用的要求。

2.1.4 ARM 微处理器结构

1. RISC 体系结构

传统的 CISC（Complex Instruction Set Computer，复杂指令集计算机）结构有其固有的缺点，即随着计算机技术的发展而不断引入新的复杂的指令集，为支持这些新增的指令，计算机的体系结构会越来越复杂。然而，在 CISC 指令集的各种指令中，其使用频率却相差悬殊，大约有 20% 的指令会被反复使用，占整个程序代码的 80%，而余下的 80% 的指令却不经常使用，在程序设计中只占 20%。显然，这种结构是不太合理的。基于以上的不合理性，1979 年美国加州大学伯克利分校提出了 RISC（Reduced Instruction Set Computer，精简指令集计算机）的概念。RISC 并非只是简单地减少指令，而是把着眼点放在了如何使计算机的结构更加简单合理，从而提高运算速度上。RISC 结构优先选取使用频率最高的简单指令，避免复杂指令；将指令长度固定，以控制逻辑为主，不用或少用微码控制，从而减少指令格式和寻址方式种类。

到目前为止，RISC 体系结构也还没有严格的定义，一般认为，RISC 体系结构应具有如下特点：

- 采用固定长度的指令格式，指令归整、简单，基本寻址方式有 2～3 种。
- 使用单周期指令，便于流水线操作执行。
- 大量使用寄存器，数据处理指令只对寄存器进行操作，只有加载/存储指令可以访问存储器，以提高指令的执行效率。

除此以外，RISC 体系结构还采用了一些特别的技术，在保证高性能的前提下尽量缩小芯片的面积，并降低功耗：

- 所有的指令都可根据前面的执行结果决定是否被执行，从而提高指令的执行效率。
- 可用加载/存储指令批量传输数据，以提高数据的传输效率。
- 可在一条数据处理指令中同时完成逻辑处理和移位处理。
- 在循环处理中使用地址的自动增减来提高运行效率。

当然，和 CISC 架构相比较，尽管 RISC 架构有上述的优点，但不能认为 RISC 架构就可以取代 CISC 架构，事实上，RISC 和 CISC 各有优势，而且界限并不那么明显。现代的 CPU 往往采用 CISC 的外围，内部加入了 RISC 的特性，如超长指令集 CPU 就是融合了 RISC 和 CISC 的优势，成为未来的 CPU 发展方向之一。

2. ARM 微处理器的寄存器结构

ARM 处理器共有 40 个寄存器，被分为若干个组，这些寄存器包括：

- 33 个通用寄存器，包括程序计数器（PC 指针），均为 32 位的寄存器。
- 7 个状态寄存器，用以标识 CPU 的工作状态及程序的运行状态，均为 32 位，目前只使用了其中的一部分。

同时，ARM 处理器又有 8 种不同的处理器模式，在每一种处理器模式下均有一组相应的寄存器与之对应。即在任意一种处理器模式下，可访问的寄存器包括 15 个通用寄存器（R0～R14）、1～2 个状态寄存器和程序计数器。在所有的寄存器中，有些是在 8 种处理器模式下共用的同一个物理寄存器，而有些寄存器则是在不同的处理器模式下有不同的物理寄存器。关于 ARM 处理器的寄存器结构，在后面的相关章节将会详细描述。

3. ARM 微处理器的指令结构

ARM 微处理器在较新的体系结构中支持两种指令集：ARM 指令集和 Thumb 指令集。其中，ARM 指令为 32 位长度，Thumb 指令为 16 位长度。Thumb 指令集为 ARM 指令集的功能子集，但与等价的 ARM 代码相比较，可节省 30% ~40% 以上的存储空间，同时具备 32 位代码的所有优点。

2.2 Cortex – A8 内核结构

Cortex – A8 是第一款基于 ARMv7 架构的应用处理器，主频为 600 MHz ~ 1 GHz，可以满足各种移动设备的需求，其功耗低于 300 mW，而性能却高达 2000MIPS。Cortex – A8 也是 ARM 公司第一款超级标量处理器。在该处理器的设计当中，采用了新的技术以提高代码效率和性能，采用了专门针对多媒体和信号处理的 NEON 技术。同时，还采用了 Jazelle RCT 技术，可以支持 Java 程序的预编译与实时编译。Cortex – A8 处理器使用了先进的分支预测技术，并且具有专用的 NEON 整型和浮点型流水线进行媒体和信号处理。在使用小于 4 mm^2 的硅片及低功耗的 65 nm 工艺的情况下，Cortex – A8 处理器的运行频率将高于 600 MHz（不包括 NEON 追踪技术和二级高速缓冲存储器）。在高性能的 90 nm 和 65 nm 工艺下，Cortex – A8 处理器运行频率最高可达 1 GHz，能够满足高性能消费产品设计的需要。

针对 Cortex – A8，ARM 公司专门提供了新的函数库（Artisan Advantage – CE）。新的库函数可以有效地提高异常处理的速度并降低功耗。同时，新的库函数还提供了高级内存泄漏控制机制。Cortex – A8 第一次为低费用、高容量的产品带来了台式机级别的性能。当前最新的 iPhone 手机和 Android 手机里的处理器就是基于 Cortex – A8 内核的芯片。

Cortex – A8 内核的系统框图如图 2-1 所示。

1. 指令读取单元（Instruction Fetch）

指令读取单元对指令流进行预测，从 L1 指令 Cache 中取出指令后放到译码流水线中，因此，L1 指令 Cache 也包含在取指令单元之中。

2. 指令解码单元（Instruction Decode）

指令解码单元对所有的 ARM 指令、Thumb – 2 指令进行译码排序，包括调试控制协处理器 CP14 的指令、系统控制协处理器 CP15 的指令。指令解码单元处理指令的顺序是：

异常、调试事件、复位初始化、存储器内嵌自测 CMI3IST、等待中断、其他不常见事件。

3. 指令执行单元（Instruction Execute）

指令执行单元包含两个对称的 ALU 流水线、一个用于存取指令的地址生成器和一个乘法流水线。执行单元流水线也执行寄存器回写操作。指令执行单元的功能如下：

- 执行所有整数 ALl 运算和乘法运算，并影响标志位。
- 根据要求产生用于存取的虚拟地址以及基本回写值。
- 将要存放的数据格式化，并将数据和标志向前发送。
- 处理分支及其他指令流变化，并评估指令条件码。

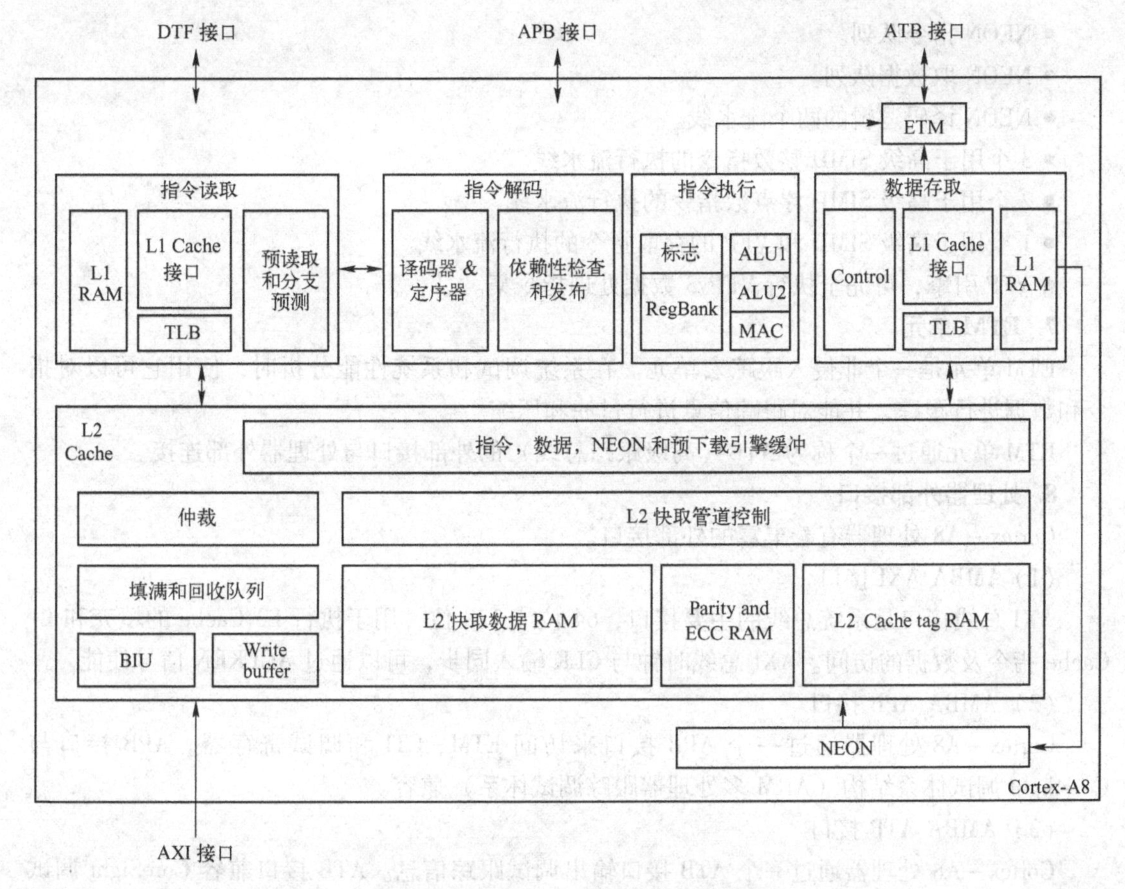

图 2-1　ARM Cortex - A8 内核系统框图

4. 数据存取单元（Load/Store）

数据存取单元包含了全部 L1 数据存储系统和整数存取流水线，由以下部分组成：

- L1 数据 Cache。
- 数据 TLB。
- 整数存储缓冲。
- NEON 存储缓冲。
- 取整数数据对齐、格式化单元。
- 存整数数据对齐、格式化单元。

流水线可在每个周期接收一次数据存或取，可以是在流水线 0 或流水线 1 上。对于处理器而言，这将给存取指令的安排带来灵活性。

5. L2 Cache 单元

L2 Cache 单元包含 L2 Cache 和缓冲接口单元 BIU。当指令预取单元和数据存取单元在 L1 Cache 中未命中时，L2 Cache 将为它们提供服务。

6. NEON 单元

NEON 单元包含一个 10 段 NEON 流水线，用于译码和执行高级 SIMD 多媒体指令集。NEON 单元包含以下几部分：

- NEON 指令队列。
- NEON 取数据队列。
- NEON 译码逻辑的两个流水线。
- 3 个用于高级 SIMD 整数指令的执行流水线。
- 2 个用于高级 SIMD 浮点数指令的执行流水线。
- 1 个用于高级 SIMD 和 VFP 的存取指令的执行流水线。
- VFP 引擎，可完全执行 VFPv3 数据处理指令集。

7. ETM 单元

ETM 单元是一个非侵入跟踪宏单元。在系统调试和系统性能分析时，使用它可以对指令和数据进行跟踪，并能对跟踪信息进行过滤和压缩。

ETM 单元通过一个称为 ATB（高级跟踪总线）的外部接口与处理器外部连接。

8. 处理器外部接口

Cortex - A8 处理器有着丰富的外部接口。

（1）AMBA AXI 接口

AXI 总线接口是系统总线的主要接口，64 位或 128 位，用于执行 L2 Cache 的填充和 L1 Cache 指令及数据的访问。AXI 总线时钟与 CLK 输入同步，可以通过 ACLKEN 信号使能。

（2）AMBA APB 接口

Cortex - A8 处理器通过一个 APB 接口来访问 ETM、CTI 和调试寄存器。APB 接口与 CoreSight 调试体系结构（ARM 多处理器跟踪调试体系）兼容。

（3）AMBA ATB 接口

Cortex - A8 处理器通过一个 ATB 接口输出调试跟踪信息。ATB 接口兼容 CoreSight 调试体系结构。

（4）DFT（Design For Test）接口

DFT 接口为生产时使用 MBIST（内存内置自测试）和 ATPG（自动测试模式生成）进行内核测试提供支持。

2.3 Samsung S5PV210 微处理器简介

1. S5PV210 微处理器概述

三星 S5PV210 芯片又名“蜂鸟”（Hummingbird），是三星推出的一款适用于智能手机和平板电脑等多媒体设备的应用处理器。三星 S5PV210 核心是在 Cortex - A8 基础上进行修改而增强的一款核心处理器，是目前世界上最强的 Cortex - A8 架构方案芯片。它在原 Cortex - A8 的基础上，进行了大幅度的优化，在性能上也获得了大幅度的增长，基本上能够达到同等架构的 CPU 效能的一倍以上。

2. S5PV210 主要特性及性能参数

S5PV210 芯片和 S5PC110 芯片功能一样，S5PC110 小封装适用于智能手机。S5PV210 封装较大，主要用于平板电脑和上网本。苹果的 iPad 和 iPhone4 上采用的 A4 处理器（三星制造），使用的是与 S5PV210 芯片一样的架构（3D 引擎和视频解码部分不同）。三星的 Galaxy Tab 平板电脑上采用的也是 S5PV210 芯片。S5PV210 芯片采用了 ARM Cortex - A8 内核，

ARMV7 指令集。S5PV210 芯片主频可达1 GHz，具有64/32 位内部总线结构，32/32KB 的数据/指令一级缓存，512KB 的二级缓存，可以达到2000DMIPS（每秒 2 亿指令集）的高性能运算能力。

S5PV210 芯片采用45 nm 技术，CPU 典型功耗 11 mW。S5PV210 芯片为 0.65 mm 引脚间距，$17 \times 17\ mm^2$ FBGA 封装。S5PV210 芯片的存储控制器支持 LPDDR1、LPDDR2 和 DDR2 类型的 RAM，Flash 支持 NANDflash、NORflash、OneNand 等。支持 1 GB DDR2（RAM），支持存储空间最大 32 GB（ROM），最大支持 TF 卡扩展存储空间 32 GB。

S5PV210 芯片包含很多强大的硬件编解码功能，内建 MFC，支持 MPEG - 1/2/4、H. 263、H. 264 等格式视频的编解码，支持模拟/数字 TV 输出。S5PV210 芯片内建高性能 PowerVRSGX5403D 图形引擎和 2D 图形引擎，是第五代 PowerVR 产品，其多边形生成率为 2800 万多边形/s，像素填充率可达 2. 5 亿/s，性能比以往产品大幅提升，能够支持 DX9、SM3. 0、OpenGL2. 0 等 PC 级别显示技术；2D 图形加速最大支持 8000 ×8000 分辨率的图片；JPEG 硬件编解码最大支持 65536 ×65536 分辨率的图片。S5PV210 芯片具备 IVA3 硬件加速器，具备出色的图形解码性能，可以支持全高清、多标准的视频编码，流畅播放和录制 30 帧/s 的 1920 ×1080 像素（1080p）的视频文件，可以更快解码更高质量的图像和视频，支持 HDMI、TV - OUT、CAMERA ×2、HDMIv1. 3 ，可以将高清视频输出到外部显示器上。

S5PV210 微处理器系统架构图如图 2-2 所示。

S5PV210 微处理器由以下几个部分组成。

1. CPU 核（CPU Core）

CPU 的主频可以达到 800 MHz 或 1 GHz，CPU 的核心部分还有 512KB 的高速缓存。除此之外，NEON 是 ARM 内部集成、可以实现复杂算法的模块，例如，图像的智能分析、复杂数学运算等都是通过 NEON 来实现的。

2. 系统外设（System Peripheral）

这一部分主要是一些低速设备。

- RTC：实时时钟，负责系统时间的控制。
- PLL：锁相环，主要起倍频作用。
- Timer with PWM：定时器模块。
- Watching Timer：俗称看门狗，作用是在应用程序跑飞或者系统死机一段时间之后，将系统重启。看门狗在实际项目中通常是打开的。
- DMA：24 通道的 DMA 控制器。没有 DMA 的系统，数据是通过 CPU 传给内存，再由内存传给系统外设的；有 DMA 的系统，数据可以不通过 CPU 而进行传送。例如：音频数据通过 DMA 控制通道直接传到内存中。DMA 可以控制外设数据与外设数据、外设数据与内存数据、内存数据与内存数据之间的传输，可以有效地提升系统的工作效率。
- Keypad（14 ×8）：14 ×8 的键盘接口。
- TS - ADC（12 位/10 通道）：12 位的数 - 模转换器，同时触摸屏功能也是由此实现的。

3. 多媒体功能模块（Multimedia）

多媒体功能模块由以下几部分组成：

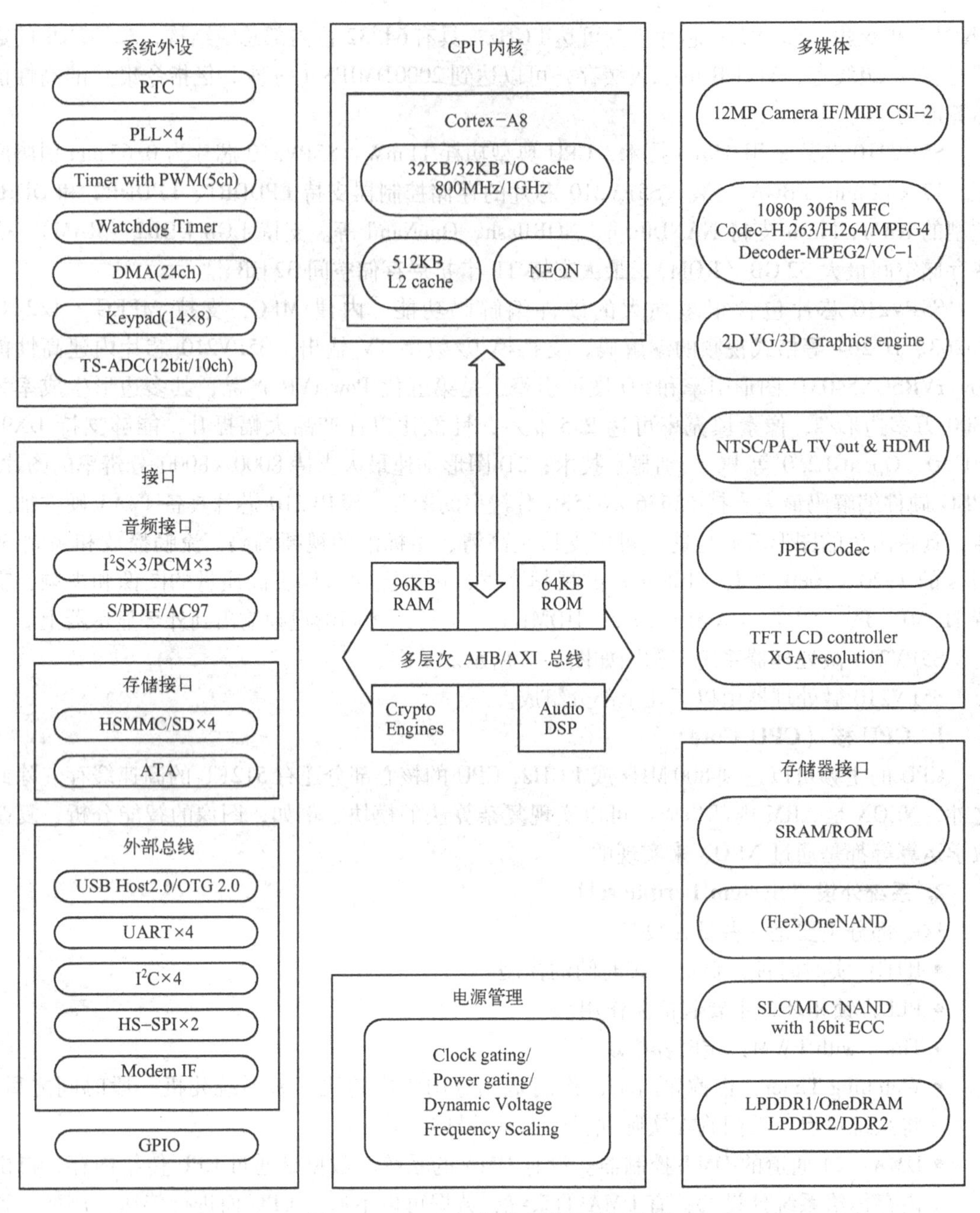

图 2-2　S5PV210 微处理器系统架构图

- 摄像头接口：具有 30 帧/s 的处理能力，支持 H. 263/H. 264/MPEG4 编码和解码，支持 2D/3D 图形引擎。
- HDMI：高清数字多媒体接口。
- JPEG：主要用于图片文件的硬件编码，原始数据通过 JPEG 编码生成 jpg 格式文件。
- LCD 控制器。

4. 外部总线模块（Connectivity）

外部总线模块由以下几部分组成：

- 音频接口：支持 IIS、AC97 和 PCM 音频接口。
- HSMMC/SD ×4：4 路 MMC 总线，可以接 SD 卡 、TF 卡和 SDIO 接口。
- USB HOST2.0/OTG2.0：支持 USB2.0。
- UART ×4：支持 4 路 UART 串口。
- IIC ×3：3 路 IIC 总线。
- HS－SPI ×2：2 路 SPI 总线。
- GPIO：通用输入、输出接口。

5. 多层 AHB/AXI 总线

这是高速总线，CPU 内部各个模块与 CPU 就是通过 AHB/AXI 高速总线来实现通信的。

6. 存储器接口（Memory Interface）

存储器接口支持 SLC 和 MLC 两种 NAND Flash 存储器。SLC 存储器的稳定性优于 MLC 存储器，同等容量时 SLC 存储器的价格高于 MLC 存储器的价格。支持 16 位硬件 Ecc，用来检查和纠正在读取 NAND 数据的过程中出现的错误。支持 LPDDR2/DDR2、LPDDR1/one-DRAM 内存芯片。

7. 电源管理模块（Power Management）

电源管理模块支持通过软件动态调整系统功耗。

2.4 Samsung S5PV210 处理器开发工具

2.4.1 ARM 集成开发工具 RVDS 介绍

常用的 ARM 的开发环境有 ADS1.2 、RVDS（RealView Developer Suite）、MDK、IAR、DS－5 和一些开源的开发环境。其中 RVDS 是 ARM 公司继 SDT 与 ADS1.2 之后主推的新一代开发工具。RVDS 集成的 RVCT 是业内公认的能够支持所有 ARM 处理器，并提供最好的执行性能的编译器。RVD 是 ARM 系统调试方案的核心部分，支持含嵌入式操作系统的单核和多核处理器软件开发，可以同时提供相关联的系统级模型构建功能和应用级软件开发功能，为不同用户提供最为合适的调试功效。目前全球基于 ARM 处理器的 40 亿个产品设备中，大部分的软件开发是基于 RealView 开发工具。RVDS 向硬件设备的设计者提供多核调试、应用与所有 ARM 处理器的代码产生和 Cortex CPU 的配置等功能，并提供了到达第三方元器件的接口（如 ARM ESL tools）。RVDS 包含 4 个模块：IDE、RVCT、RVD 和 RVISS。下面详细介绍 RVDS 的一些组件、模拟器和处理器支持模型。

1. IDE

RVDS 中的 Workbench IDE 是一种集成开发环境，它将软件开发与 ARM RealView 工具的编译和调试技术结合在一起。它可以用作项目管理器，为 ARM 目标创建、生成、调试、监视和管理项目。它使用一个称为“工作区”的文件夹来存储与特定项目相关的文件和文件夹。

Workbench IDE 集成了下列 ARM 插件。

（1）RealView 编译工具

通过此插件，可以在 Workbench 中使用 RealView 编译工具，为 ARM 目标生成项目。它提供了综合配置面板，用于修改项目和各文件的工具设置。

（2）ARM 汇编器编辑器

此插件提供了一个编辑器，以便于阅读的可自定义代码格式，显示 ARM 编译器文件。它还为标签及其他导航辅助工具提供自动完成功能。

（3）属性编辑器

此插件为 ARM 汇编器和 C/C ++ 编辑器提供扩展。可以通过属性编辑器配置源代码，这样无需直接编辑代码即可修改变量或预定义。

（4）分散文件编辑器

此插件提供了一个编辑器，使用户可以轻松地创建和编辑分散加载描述文件。

（5）ELF 内容编辑器

此插件创建表格式窗体和图形视图，用于显示映像文件、对象文件和库文件的内容。

（6）ARM Flash 编程器

此插件提供了一个新的项目向导，用于为目标创建 Flash 算法和程序映像。它还提供相关的导出向导，实现与 RealView Debugger 的紧密集成。

2. RVCT

RVCT 是业界最优秀的编译器，支持全系列的 ARM 和 XSCALE 架构，支持汇编、C 和 C ++语言。RVCT 支持二次编译和代码数据压缩技术，能够生成更小的可执行文件，节省 ROM 空间。从软件的角度来讲，一个代码的空间和时间是对立和矛盾的，RVCT 支持根据应用的需要来选择优化的方向。比如，对实时性要求高的应用，可以选择时间的优化，对于 ROM 存储空间有限的应用，可以选择空间的优化。RVCT 能够支持 O3 级别的优化，能够对循环进行整合和展开的优化，进而提高代码的执行效率。RVCT 还能够根据 ARM 内核的流水线进行优化，让 ARM 的流水线全速运行，不会因为代码的原因而影响程序的执行效率。

RealView 编译工具（RVCT）有以下组成部分：

- ARM 和 Thumb C 和 C ++ 编译器（armcc）。
- ARM 和 Thumb 汇编器（armasm）。
- ARM 链接器（armlink）。
- ARM 库管理程序（armar）。
- ARM 映像转换实用程序（fromelf）。
- 支持库。

3. RVD

RVD 是 RVDS 中的调试软件，功能强大，支持 Flash 烧写和多核调试，支持多种调试手段，快速错误定位。具有以下 ADS 所不具备的重要功能：

（1）条件断点

支持表达式和断点的关联，依据表达式的值产生断点。产生断点条件可以是表达式的真假和忽略的次数。

（2）数据断点

支持根据对指定地址的访问行为，例如读、写、读/写，可以产生数据断点，并且还可以根据指定地址的内容值产生更复杂的数据断点，例如位掩码、值的范围等。

(3) 芯片外设描述文件

在 ADS1.2 中，只能通过 Memory 来观察芯片外设的寄存器，而且还不能保存。这就意味着，每一调试都需要做重复的动作。在 RVD 中，可以通过文件的方式来描述外设寄存器。

(4) 支持 Flash 烧写

RVD 的 Flash 烧写更方便，提供有 C 语言接口，可以轻松实现。

(5) 可以实现连续调试

目标板的程序运行后，再使用 RVD 连接调试，并且不干扰运行环境，保护运行现场，进而快捷地找到问题所在。

(6) 多核调试

对于那些高实时性、低功耗、运算量大的应用，单核的芯片已经很难满足要求，因此，多核是今后嵌入式芯片设计的趋势。RVD 能够支持多核的调试，每个核对应一个窗口，完全可以用单核的调试手段去调试多核中的每一个核。

4. RVISS

RVISS 是指令集仿真器，支持外设虚拟，可以使软件开发和硬件开发同步进行，同时可以分析代码性能，加快软件开发速度。具体来说，RVISS 是 RVDS 内部集成的一个功能模块，包含有 ARM 内核模型和外设模型，并且提供有与 VC++ 的接口，可以实现 LCD、触摸屏等复杂的虚拟外设。使用 RVISS 的外设模型虚拟系统的外设，可以做到和硬件设计同步，大大提高了软件开发的时间。例如，RVISS 中的定时器虚拟外设，提供有通用的定时器功能，可以虚拟产生中断。

5. ARM Profiler

ARM Profiler 是 ARM Workbench IDE 的一个插件。使用 ARM Profiler 可以通过以下两种方式查看代码在目标系统上的执行情况：使用 RealView ICE 和 RealView Trace 2 在目标硬件上观察代码，或是针对 ARM 实时系统模型（RTSM）测试代码。当应用程序停止执行时，ARM Profiler 会生成一个分析文件，其中包含有关已执行代码的详细信息（如各种函数的调用序列、计时特征、周期计数和指令计数）。RealView Profiler 基于硬件和快速实时系统模型，使直观的用户界面和软件性能分析相结合，从而使得性能分析成为每个嵌入式软件开发者日常工作的必需部分，大大降低项目风险，加快工程进度。

6. 处理器支持

RVDS 支持以下处理器：

- ARM7、ARM9、ARM10 和 ARM11 处理器系列。
- ARM11 MPCore 多核处理器。
- Cortex 系列处理器。
- RealView Debugger 中的 SecurCore、SC100 和 SC200 处理器。
- RVCT 中的 SecurCore SC300 处理器。
- RealView Debugger 中支持 Faraday FA526、FA626 和 FA626TE 处理器。
- Marvell Feroceon 88FR101 和 88FR111 处理器。

7. 模拟器支持

RVDS 支持以下模拟器：

- RealView ARMulator 指令集模拟器（RVISS）。

- 指令集系统模型（ISSM）。
- RTSM。
- SoC Designer。

2.4.2 Eclipse for ARM 开发环境介绍

Eclipse 集成开发环境是一个开源的 IDE 平台，以强大的可扩展性而著称，很多传统的 IDE 公司已转向 Eclipse 平台，并在此平台上开发自己的插件，然后包装销售。Eclipse 是基于 Java 的可扩展开发平台，在 Eclipse 上不仅可以开发 Java 项目，也可以开发 C 项目。Eclipse能够管理和编辑项目源代码和文档，并不提供编译和连接工具，但是却为编译和连接工具留有接口。

1. Eclipse for ARM 开发环境搭建

Eclipse for ARM 是借用开源软件的 Eclipse 的工程管理工具，嵌入 GNU 工具集，使之能够开发 ARM 公司 Cortex - A 系列的 CPU。YAGARTO（Yet another GNU ARM toolchain）是一个跨平台的 GNU ARM 开发工具链，可以作为 Eclipse 的插件使用。例如，在 Windows 操作系统下搭建基于 YAGARTO 开发工具链的 Eclipse for ARM 开发平台的步骤如下：

1）安装 YAGARTO GCC 编译工具。

2）安装 YAGARTO 工具。

3）安装 JRE。

4）安装 Eclipse for ARM。

5）安装仿真器驱动和仿真器工具软件。

2. Eclipse for ARM 开发平台使用

以下通过一个简单的示例介绍 Eclipse for ARM 开发平台的使用方法。

（1）指定一个工程存放目录

Eclipse for ARM 是一个标准的窗口应用程序，可以单击程序按钮开始运行。打开后必须先指定一个工程存放路径。

（2）创建工程

1）创建新工程。进入主界面后，单击 File→New→C Project 命令，Eclipse 将打开一个标准对话框，输入希望新建工程的名称并单击 Finish 按钮，即可创建一个新的工程，建议对每个新建工程使用独立的文件夹。

2）新建一个 MakeFile 文件。在创建一个新的工程后，单击 File→New→Other 命令，在弹出的对话框中的 General 下单击 file，然后单击 next 按钮，选择所要指定的工程后，在文件名文本框中输入文件名 MakeFile，单击 Finish 按钮。

3）新建一个脚本文件。单击 File→New→Other 命令，在弹出的对话框中的 General 下单击 file，然后单击 Next 按钮，选择所要指定的工程后，在文件名文本框中输入文件名 S5PV210. init，单击 Finish 按钮。

4）新建一个链接脚本文件。链接脚本就是程序链接时的参考文件，其主要目的是描述如何把输入文件中的段（SECTION）映射到输出文件中，并控制输出文件的存储布局。链接脚本的基本命令是 SECTIONS 命令，一个 SECTIONS 命令内部包含一个或多个段，段（SECTION）是链接脚本的基本单元，它表示输入文件中的某个段是如何放置的。

单击 File→New→Other 命令，在弹出的对话框中的 General 下单击 file，然后单击 Next 按钮，选择所要指定的工程后，在文件名文本框中输入文件名 map. lds，单击 Finish 按钮。

5）新建一个汇编源文件。单击 File→New→Other 命令，在弹出的对话框中的 General 下单击 file，然后单击 Next 按钮，选择所要指定的工程后，在文件名文本框中输入文件名 start. s，单击 Finish 按钮。

（3）编辑源文件，编译工程

● 在汇编源文件（start. s）当中输入以下示例汇编启动代码：

```
.text
.global _start
_start:
    mov     r0,#9
    mov     r1,#15
loop:
    cmp     r0,r1
    sublt   r1,r1,r0
    subgt   r0,r0,r1
    bne     loop

    ldr r1,   =0xE0200280
    ldr r0,   =0x00001111
    str r0,   [r1]

    mov r2, #0x1000
led_blink:
    // 设置 GPJ2DAT 的 bit[0:3],使 GPJ2_0/1/2/3 引脚输出低电平,LED 亮
    ldr r1,   =0xE0200284
    mov r0, #0
    str r0,   [r1]

    // 延时
    bl delay

    // 设置 GPJ2DAT 的 bit[0:3],使 GPJ2_0/1/2/3 引脚输出高电平,LED 灭
    ldr r1,   =0xE0200284
    mov r0, #0xf
    str r0,   [r1]

    // 延时
    bl delay

    sub r2, r2, #1
```

```
    cmp r2,#0
    bne led_blink

stop:
    b       stop

delay:
    mov r0, #0x100000
delay_loop:
    cmp r0, #0
    sub r0, r0, #1
    bne delay_loop
    mov pc, lr
```

- 在链接脚本文件 map. lds 中输入如下信息：

```
OUTPUT_FORMAT("elf32-littlearm", "elf32-littlearm", "elf32-littlearm")
/*OUTPUT_FORMAT("elf32-arm", "elf32-arm", "elf32-arm")*/
OUTPUT_ARCH(arm)
ENTRY(_start)
SECTIONS
{
    . =0x34000;
    . =ALIGN(4);
    .text       :
    {
    start.o(.text)
     *(.text)
    }
    . =ALIGN(4);
    .rodata :
    { *(.rodata) }
    . =ALIGN(4);
    .data :
    { *(.data) }
    . =ALIGN(4);
    .bss :
     { *(.bss) }
}
```

- 编写 MakeFile 文件编译规则，在 MakeFile 文件中输入如下信息：

```
all:start.s
arm-none-eabi-gcc-4.6.2 -O0 -g -c -o start.o start.s
arm-none-eabi-ld          start.o -Tmap.lds -o start.elf
```

```
arm-none-eabi-objcopy        -O binary  -S start.elf start.bin
arm-none-eabi-objdump        -D start.elf >start.dis
```

- 在 s5pv210. init 文件中输入如下信息（FS-JTAG 仿真器适用）：

```
target remote 127.0.0.1:3333
monitor halt
monitor arm mcr 15 0 1 0 0 0
monitor step 0
```

- 保存，编译，执行 Project→Built All 命令。

（4）调试工程

1）配置调试工具。本示例采用 FS-JTAG 仿真器进行调试。在安装有 FS-JTAG 仿真器驱动程序的开发计算机桌面上双击“FS-JTAG 调试工具”图标，打开 FS-JTAG 调试工具主窗口，如图 2-3 所示。

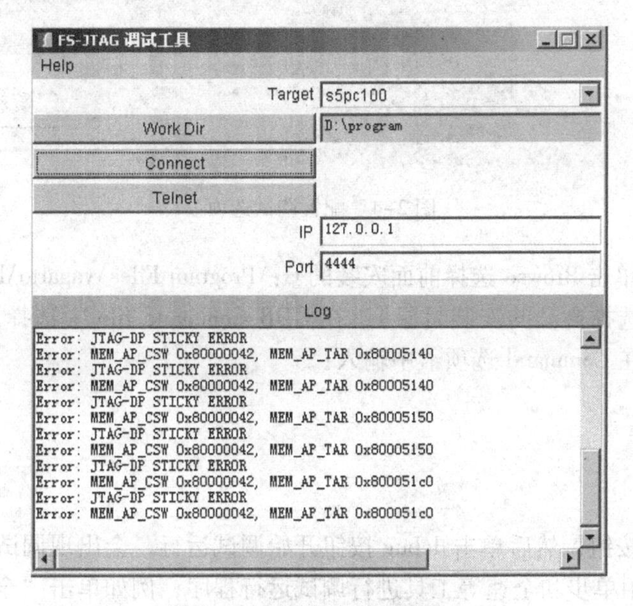

图 2-3　打开仿真器调试窗口

在 Target 下拉列表中选择 s5pc100。因为 FS-JTAG 仿真器尚不支持 S5PV210 芯片，而 S5PC100 芯片和 S5PV210 芯片的内核完全相同，所以 S5PC100 的目标项可以正常调试 S5PV210 芯片。在 Workdir 选项中选择自己的工程目录（如 D:\program\led）。单击 Connect 按钮后下面出现仿真器连接信息，最后显示连接成功，同时 Connect 按钮标签变为“Disconnect”，即表示已经连接目标板。单击 Telnet 按钮，连上目标板后 Telnet 按钮标签变为“Dis-Telnet”。

2）配置调试参数。在 Eclipse 的菜单中单击 Run→Debug Configurations 命令，弹出如图 2-4 所示的对话框。

用鼠标右键单击（右击）Zyin Embedded debug（Native）选项，在弹出的快捷菜单中选择“NEW”。在出现的 Main 选项卡的 Project 框中，单击 Browse 选择 led 工程，在 C/C++ Application 中单击 Browse 找到工程目录下的 start. elf 文件。在 Debugger 选项卡的 main 下的

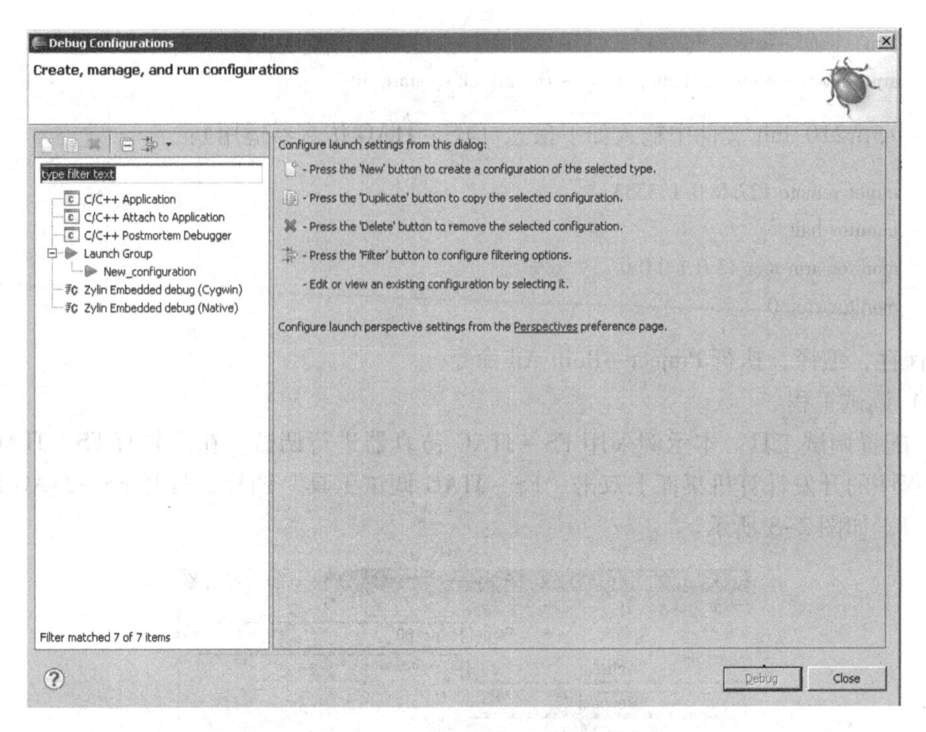

图2-4　配置调试选项

GDB Debugger 中，单击 Browse 选择前面安装的 C:\Program Files\yagarto\bin\arm - none - eabi - gdb. exe（这里选择自己的安装目录），在 GDB Command file 中选择自己工程目录下的 s5pv210. ini 文件。在 Command 选项卡中输入：

```
load
break _start
c
```

单击“应用”按钮，然后单击 debug 按钮开始调试运行，会出现调试界面。程序会在断点处停下，然后使用单步和全速等工具进行调试运行程序，例如单击“全速运行”按钮。

本章小结

本章首先介绍了 ARM 微处理器的发展和特点，接着介绍了 ARM 内核的基本版本 V1 ~ V7。目前投入市场的 ARM 微处理器内核包括 ARM7 系列、ARM9 系列、ARM9E 系列、ARM10E 系列、SecurCore 系列、Inter 的 Xscale、Inter 的 StrongARM 和 Cortex 系列处理器。除了具有 ARM 体系结构的共同特点以外，每一个系列的 ARM 微处理器都有各自的特点和应用领域。ARM Cortex - A8 处理器内核是一款基于 ARMv7 架构的应用处理器。三星 S5PV210 微处理器芯片是一款适用于智能手机和平板电脑等多媒体设备的 Cortex - A8 内核的微处理器芯片，本章详细介绍了三星 S5PV210 的主要特性和基本架构。最后介绍了支持 Cortex - A8 微处理器内核的开发环境 RVDS 和 Eclipse for ARM。

思考题

1. ARM 微处理器及技术的应用领域及主要产品有哪些？举一些生活中常用的 ARM 处理器应用的例子。

2. 采用 RISC 架构的 ARM 微处理器有哪些特点？

3. ARM 内核基本版本有哪些？每个版本都有哪些基本的性能？

4. ARM 微处理器有哪些系列？它们有什么特点？

5. 在选择 ARM 微处理器时要考虑哪些因素？

6. Cortex – A8 内核结构有哪些组成部分？每个部分各完成什么功能？

7. 三星 S5PV210 处理器是基于哪种架构的？它主要有哪些特点？

8. ARM 集成开发环境 RVDS 包含哪几个模块？这些模块各有什么特点？

9. ARM 集成开发环境 RVDS 支持哪些处理器和模拟器？

10. 什么是嵌入式系统的交叉开发环境？

11. GCC 交叉编译器的编译流程和执行过程有哪些？GCC 编译常见的错误类型有哪些？

12. 嵌入式系统的交叉开发环境下有哪些调试方法？

13. Eclipse for ARM 开发环境搭建的步骤是什么？根据本书介绍搭建 Eclipse for ARM 开发环境。

14. 在 Eclipse for ARM 开发环境下构建一个工程并且编译调试工程，学会 Eclipse for ARM 的使用。

第3章　Cortex - A8处理器编程模型

3.1　ARM编程简介

在嵌入式系统开发中，目前使用的主要编程语言是C语言和汇编语言。在稍大规模的嵌入式软件中，例如含有OS的嵌入式软件，大部分的代码都是用C语言编写的，主要是因为C语言的结构比较好，便于理解，而且有大量的支持库。尽管如此，很多地方还是要用到汇编语言，例如开机时硬件系统的初始化，包括CPU状态的设定、中断的使能、主频的设定，以及RAM的控制参数及初始化等。一些中断处理方面也可能涉及汇编语言。另外一个使用汇编语言的地方就是一些对性能非常敏感的代码块，不能依靠C编译器生成代码，而要手工编写汇编程序，达到优化的目的。汇编语言是和CPU的指令集紧密相连的，作为涉及底层的嵌入式系统开发，汇编语言是编程不可或缺的重要方法。

ARM嵌入式系统程序设计和所使用的ARM微处理器资源密切相关。只有了解ARM微处理器的工作模式、状态、存储器组织、寻址方式，并且掌握ARM的指令系统，才有可能写出适用的ARM程序。

3.2　Cortex - A8处理器模式和状态

3.2.1　处理器模式

Cortex - A8体系结构支持8种处理器模式，如表3-1所示。

表3-1　处理器模式

处理器模式	缩　写	说　　明	备　　注
用户	usr	正常程序执行模式	不能直接切换到其他模式
系统	sys	运行特权操作系统任务	与用户模式类似，但拥有可以直接切换到其他模式等特权
管理	svc	操作系统保护模式	系统复位或软件中断时进入此模式
中止	abt	实现虚拟存储器或存储器保护	当存取异常时进入此模式
未定义	und	支持硬件协处理器的软件仿真	未定义指令异常响应时进入此模式
IRQ	irq	用于通用中断处理	IRQ异常响应时进入此模式
FIQ	fiq	支持高速数据传送或通道处理	FIQ异常响应时进入此模式
监控	mon	当处理器支持Security Extensions时才会使用该模式	可以在安全模式和非安全模式下转换

在软件控制下可以改变处理器的模式，外部中断或异常处理也可以引起处理器模式的改变。大多数情况下，应用程序是在用户模式下执行。当处理器工作在用户模式下时，正在执

行的程序不能访问某些被保护的系统资源，也不能改变模式，除非发生异常。异常发生情况下，由操作系统来控制系统资源的使用。

除用户模式外，其他模式统称为特权模式。特权模式是为了服务中断或异常，或访问保护的资源，它们可以自由地访问系统资源和改变模式。其中把管理、中止、未定义、IRQ、FIQ、监控这6种模式又统称为异常模式。异常模式除了可以通过程序切换进入外，也可以由特定的异常进入。当特定的异常出现时，处理器进入相应的模式。每种模式都有某些附加的寄存器，以避免异常出现时用户模式的状态不可靠。

系统模式不能由任何异常进入，它与用户模式有完全相同的寄存器，然而它是特权模式，不受用户模式的限制。系统模式供需要访问系统资源的操作系统任务使用，但希望避免使用与异常模式有关的附加寄存器，这样可以保证当任何异常出现时，都不会使任务的状态不可靠。

3.2.2 处理器状态

Cortex - A8 处理器有 3 种操作状态，这些状态由 CPSR 寄存器的 T 位和 J 位控制。

（1）ARM 状态

执行 32 位字对齐的 ARM 指令，T 位和 J 位为 0。

（2）Thumb 状态

执行 16 位或 32 位半字对齐的 Thumb - 2 指令，T 位为 1，J 位为 0。

（3）ThumbEE 状态

执行为动态产生目标而设计的 16 位或 32 位半字对齐的 Thumb - 2 指令集的变体。T 位和 J 位为 1。Cortex - A8 处理器不支持 Jazelle 状态，这意味着没有 T 位为 0，J 位为 1 的状态。ARM 状态和 Thumb 状态之间的切换并不影响处理器模式和寄存器的内容。

处理器的操作状态可以在以下几种状态间转换：

（1）ARM 状态和 Thumb 状态之间转换

使用 BL 和 BLX 指令，并加载到 PC。

（2）Thumb 状态和 ThumbEE 状态之间转换

使用 ENTERX 指令和 LEAVEX 指令。

异常会导致处理器进入 ARM 状态或 Thumb 状态，具体状态由系统控制协处理器的 TE 位决定。一般情况下，当退出异常处理时，处理器会恢复原来的 T 位和 J 位的值。Cortex - A8 处理器允许用户混合使用 ARM 和 Thumb - 2 指令。

3.3 Cortex - A8 存储器组织

3.3.1 数据类型

Cortex - A8 支持以下数据类型：

- 双字，64 位。
- 字，32 位。

● 半字，16 位。

● 字节，8 位。

当这些数据类型为无符号数据时，为普通二进制格式，N 位数据值代表一个非负整数（范围为 $0 \sim 2^N - 1$）；当这些数据类型为有符号数据时，为二进制补码格式，N 位数据值代表一个整数（范围为 $-2^{N-1} \sim 2^{N-1} - 1$）。

为了达到最好的性能，数据必须按照以下方式对齐：

● 以字为单位时，按 4 B 对齐。

● 以半字为单位时，按 2 B 对齐。

● 以字节为单位时，按 1 B 对齐。

Cortex - A8 处理器支持混合大小端格式和非对齐数据访问。如果没有设置对齐，就不能使用 LDRD、LDM、LDC、STRD、STC 指令来访问 32 位字长倍数的数据。

3.3.2 存储格式

Cortex - A8 处理器支持小端格式和字节不变的大端格式。此外，处理器还支持混合大小端格式（既有大端格式又有小端格式）和非对齐数据访问。对指令的读取，则总是以小端格式操作。

例如：对于 0x12345678 数据，大端格式和小端格式的存放如图 3-1 所示。

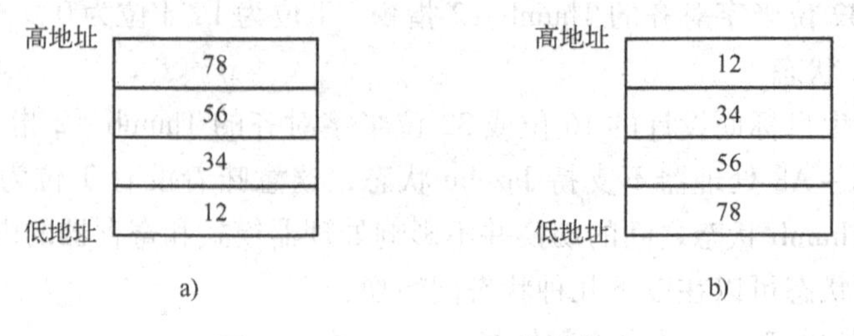

图 3-1　Cortex - A8 存储器格式

a）大端格式　b）小端格式

3.3.3 寄存器组

Cortex - A8 处理器总共有 40 个 32 位长的寄存器，其中包括 33 个通用寄存器和 7 个状态寄存器。7 个状态寄存器包括 1 个 CPSR（Current Programs Status Register，当前程序状态寄存器）和 6 个 SPSR（Saved Program Status Register，备份程序状态寄存器）。

这些寄存器不能同时访问，处理器状态和操作模式决定了哪些寄存器对编程者是可用的。具体如图 3-2 和图 3-3 所示。

1. 通用寄存器组

如图 3-2 所示，R0 ~ R7 是不分组的通用寄存器，R8 ~ R15 是分组的通用寄存器。在 ARM 状态，任何时刻，16 个数据寄存器 R0 ~ R15 和 1 ~ 2 个状态寄存器是可访问的。在特权模式下，特定模式下的寄存器阵列才是有效的。

和 ARM 状态一样，Thumb 和 ThumbEE 状态下也可以访问同样的寄存器集。但是其中

系统和用户模式	快中断模式	管理模式	中止模式	中断模式	未定义模式	安全监视模式
R0	R0	R0	R0	R0	R0	R0
R1	R1	R1	R1	R1	R1	R1
R2	R2	R2	R2	R2	R2	R2
R3	R3	R3	R3	R3	R3	R3
R4	R4	R4	R4	R4	R4	R4
R5	R5	R5	R5	R5	R5	R5
R6	R6	R6	R6	R6	R6	R6
R7	R7	R7	R7	R7	R7	R7
R8	R8_fiq	R8	R8	R8	R8	R8
R9	R9_fiq	R9	R9	R9	R9	R9
R10	R10_fiq	R10	R10	R10	R10	R10
R11	R11_fiq	R11	R11	R11	R11	R11
R12	R12_fiq	R12	R12	R12	R12	R12
R13	R13_fiq	R13_svc	R13_abt	R13_irq	R13_und	R13_mon
R14	R14_fiq	R14_svc	R14_abt	R14_irq	R14_und	R14_mon
R15(PC)	R15(PC)	R15(PC)	R15(PC)	R15(PC)	R15(PC)	R15(PC)

图 3-2　ARM 状态下 Cortex - A8 通用寄存器组

图 3-3　ARM 状态下 Cortex - A8 状态寄存器组

16 位指令对某些寄存器的访问是有限制的，32 位的 Thumb 指令和 ThumbEE 指令则没有限制。

（1）未分组的通用寄存器 R0 ~ R7

16 个数据寄存器中 R0 ~ R7 是未分组的通用寄存器，用来保存数据和地址。

（2）分组寄存器

R8 ~ R15 是分组寄存器，当前处理器的模式不同决定了访问不同的物理寄存器，具体如下：

- R8 ~ R12 寄存器分别对应两个不同的物理寄存器，它们分别对应快速中断模式下的相应寄存器，以及除了快速中断其他模式下的相应寄存器。
- R13、R14 是分组寄存器，每个寄存器分别对应 7 个不同的物理寄存器，除了用户和系统模式共用一个物理寄存器，其他 6 个分别是 usr、svc、abt、und、irp、fiq 以及 mon 模式下的不同物理寄存器。R13 常作堆栈指针；R14 子程序连接寄存器，当处理器执行 BL 和 BLX 指令时，R14 可以保存返回地址。其他情况下，可以把它当作一个通用寄存器来使用。类似地，当处理器进入中断或异常时，或在中断和异常子程序中执行 BL 和 BLX 指令时，相关的寄存器 R14_mon、R14_svc、R14_irq、R14_fiq、R14_abt、R14_und 用来保存返回值。
- 程序计数器 R15（PC），在 ARM 状态下，PC 字对齐；在 Thumb 状态和 ThumbEE 状态下，PC 半字对齐。

图 3-2 中的分组寄存器由模式标识符指示当前所处的操作模式，如表 3-2 所示。在寄

存器名中，模式标识符 usr 通常省略。仅当处理器在另外的处理模式下，访问指定的 usr 或 sys 模式寄存器时，标识符 usr 才出现。

表 3-2 寄存器模式标识符

模　　式	模式识别符	模　　式	模式识别符
用户	usr	中止	abt
快中断	fiq	系统	sys
中断	irq	未定义	und
管理	svc	监控	mon

快中断模式有 7 个分组寄存器映射到 R8 ~ R14，即 R8_fiq ~ R14_fiq。因此，许多快速中断处理不需要保存任何寄存器。

监控、管理、中止、中断和未定义模式下，分别有指定寄存器映射到 R13 ~ R14，这使得每种模式都有自己的栈指针和链接寄存器。

2. 状态寄存器

处理器有两类程序状态寄存器：1 个当前程序状态寄存器 CPSR 和 6 个保存程序状态寄存器 SPSR。这些程序状态寄存器主要功能如下：

- 保存最近执行的算术或逻辑运算的信息。
- 控制中断的允许或禁止。
- 设置处理器操作模式。

程序状态寄存器的位域如图 3-4 所示。

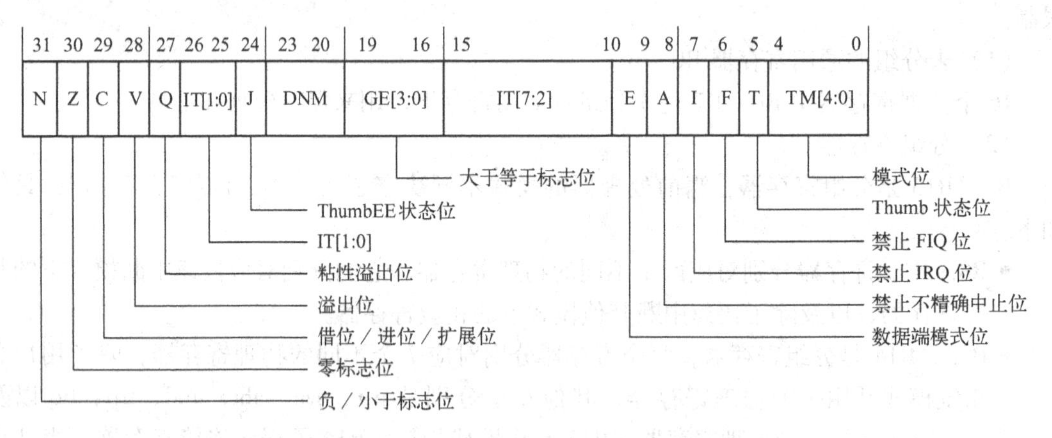

图 3-4 程序状态寄存器的位域

为了保持与未来 ARM 处理器的兼容性，强烈建议在修改 CPSR 寄存器时使用“读 - 修改 - 写”的策略。

（1）条件标志位

N、Z、C、V 是条件标志位，通过算术和逻辑操作可以设置它们，也可以通过 MSR 指令来设置。处理器通过测试这些标识位来确定一条指令是否执行。

在 ARM 状态，可以根据条件标志位的状态有条件地执行大多数指令。在 Thumb 状态，也可有条件地执行少数指令。但是在 Thumb 状态可以用 IT 指令使大多数指令有条件地执行。

（2）Q 标志位

在带有 DSP 指令扩展的 ARMv5 及更高版本中，Q 标志位被指定用于指示增强的 DAP 指令是否发生了溢出。Q 标志位具有粘性，当因某条指令将其置为 1 时，它将一直保持为 1 直到通过 MSR 指令写 CPSR 寄存器明确地将该位清零，不能根据 Q 标志位的状态来有条件地执行某条指令。为了确定 Q 标志位的状态，必须通过读入 PSR 到一个寄存器，然后从中提取 Q 标志位。

（3）IT 块

IT 块用于对 thumb 指令集中 if - then - else 这一类语句块的控制。如果有 IT 块，则 IT[7:5]为当前 IT 块的基本条件码。在没有 IT 块处于活动状态时，这 3 位为 000。IT[4:0]表示条件执行指令的数量，不论指令的条件是基本条件码还是基本条件的逆条件码。在没有 IT 块处于活动状态时，这 5 位是 00000。当处理器执行 IT 指令时，通过指令的条件和指令中 Then、Else（T 和 E）参数来设置这些位。

（4）J 位

CPSR 中的 J 位用于表示处理器是否处于 ThumbEE 状态。当 T=1 时，

- J=0，表示处理器处于 Thumb 状态。
- J=1，表示处理器处于 ThumbEE 状态。

注意，当 T=0 时，不能够设置 J=1；当 T=0 时，J=0。不能通过 MSR 指令来改变 CPSR 的 J 位。

（5）GE[3:0]位

该位用于表示在 SIMD 指令集中的大于、等于标志。在任何模式下可读可写。

（6）E 位

E 位控制存取操作的字节顺序。0 表示小端操作，1 表示大端操作。ARM 和 Thumb 指令集都提供指令用于设置和清除 E 位。当使用 CFGEND0 信号复位时，E 位将被初始化。

（7）A 位

A 表示异步异常禁止。

（8）控制位

状态控制寄存器的低 8 位是控制位，有中断禁止位、T 位和模式位。当异常发生时，控制位发生改变。当处理器处于特权模式时，软件可以操纵这些位。

1）中断屏蔽位。I 位和 F 位是中断禁止位。

当 I 位置为 1 时，IRQ 中断被禁止。

当 F 位置为 1 时，FIQ 中断被禁止。

2）T 位。T 位反映了操作状态。

当 T 位被置为 1 时，J 位决定处理器是在 Thumb 还是在 ThumbEE 状态下执行。

当 T 位被清 0 时，说明处理器正在 ARM 状态下执行。

注意，不要用 MSR 指令来强行修改 CPSR 的 T 位状态。如果强行用 MSR 指令修改该位，其结果不可预知。

• 模式位

TM[4:0]是模式位，这些位决定处理器操作模式，如表3-3所示。

表3-3　模式位的设置

M[4:0]	10000	10001	10010	10011	10111	11011	11111	10110
模式	用户	快中断	中断	管理	中止	未定义	系统	监控

（9）通过MSR指令改变PSR位

在以前的体系结构版本中，MSR指令可以在任何模式下改变CPSR的标志字节，即[31:24]位，但是其他3个字节只能在特权模式下改变。

从ARMv6之后，对CPSR中各位的修改采取以下策略中的一种：

- 对于可以被MSR指令修改的位，可以在任何模式下改变位，不论是直接通过MSR指令还是通过其他具有写指令位或改变整个CPSR功能的指令来修改。这一类位包含：N、Z、C、V、Q、GE[3:0]和E位。
- 对于不能被MSR指令改变的位，则只能因其他指令的副作用而修改。如果一条MSR指令非要试着修改这个位的话，结果是不可预知的。这一类包含J和T位。
- 对于只能在特权模式下才能修改的位，处理器在用户模式下不能通过指令修改它。当处理器处于用户模式时，唯一能够改变这些位的方法就是进入一个处理器异常。这一类位包含A、I、F、M[4:0]。
- 只有安全的特权模式下才能通过直接写CPSR的模式位进入Monitor模式。如果内核处于安全的User模式、非安全的User模式或不安全的特权模式，则它将忽略为了进入监控模式而对CPSR进行的改变。

（10）保留位

在状态寄存器中剩下的位是不使用和保留的。当希望改变一个PSR的标志位或控制位时，最好确保没有改变保留位，这将确保程序不依赖这些保留位，因为未来的处理器或许会用到一些或全部的保留位。

3.4　异常

异常是处理外部异步事件的一种方法，在有些处理器架构中称为中断。当某个异常发生时，例如一个来自外部设备的中断，处理器将暂停正常运行的程序。在处理这个异常之前，处理器需要保留当前处理器状态，以便在异常处理程序结束之后恢复原来的程序运行。若有两个或更多的异常同时发生，处理器将根据中断优先级来处理这些异常。

3.4.1　异常入口

表3-4为进入异常处理时保留在R14寄存器中的PC值，并给出了退出异常处理的建议指令。

表 3-4 异常的进入与退出

异常入口	返回指令	前状态		说明
		ARM r14_x	Thumb r14_x	
SVC	MOVS PC,R14_svc	PC+4	PC+2	这里的 PC 是 SVC、SMC 或未定义指令的地址
SMC	MOVS PC,R14_mon	PC+4	—	
UNDEF	MOVS PC,R14_und	PC+4	PC+2	
PABT	SUBS PC,R14_abt,#4	PC+4	PC+4	这里的 PC 是指欲取指令中止时的地址
FIQ	SUBS PC,R14_fiq,#4	PC+4	PC+4	这里的 PC 是因 FIQ 或 IRQ 抢占而未执行指令的地址
IRQ	SUBS PC,R14_irq,#4	PC+4	PC+4	
DABT	SUBS PC,R14_abt,#8	PC+8	PC+8	这里的 PC 是存、取指令时发生数据中止的地址
RESET	—	—	—	复位时存在的 r14_ SVC 的值不可预测
BKPT	SUBS PC,R14_abt,#4	PC+4	PC+4	软件断点

3.4.2 退出异常

异常处理结束时，异常处理程序必须将 LR 减一个偏移量然后移到 PC 中。根据异常的类型不同，偏移量也不同，如表 3-4 所列。同时将 SPSR 复制回 CPSR 中。

3.4.3 复位异常

复位也是一种异常。当复位信号产生时，复位发生处理器放弃正在执行的指令。当复位信号失效之后，处理器会采取如下动作：

- 将 CPSR 置为 10011，进入管理模式。
- 将 CPSR 的 A、I、F 位置为 1。
- 将 CPSR 的 J 位置 0，根据 CFGTE 输入的状态来决定 CPSR 的 T 位；CPSR 的其他位不确定。
- 强制 PC 从复位向量地址中获取下一条指令。
- 根据 CFGTE 输入的状态，在 ARM 或者 Thumb 状态下执行恢复操作。
- 复位之后，除了 PC 和 CPSR 以外的所有的寄存器的值都是不确定的。

3.4.4 快速中断异常 FIQ

FIQ 异常支持快速中断。在 ARM 状态下，FIQ 模式有 8 个专用寄存器，用于减少甚至取消寄存器保护的需求，这可以最大限度地减少上下文切换的开销。FIQ 是通过设置 nFIQ 信号输入为低电平而产生的 nFIQ 输入记录在处理器的内部寄存器中，它是处理器逻辑控制所使用的寄存器的输出。不论是从 ARM 状态、Thumb 状态还是 ThumbEE 状态进入 FIQ 异常，都通过执行如下指令退出：

```
SUBS PC,R14_fiq,#4
```

可以通过设置 CPSR 的 F 标志位，在特权模式中禁止 FIQ。若 F 标志位被清 0，处理器在每条指令结束后检查 nFIQ 寄存器的输出是否为低电平。当一个 FIQ 发生时，其他 FIQ 和

IRQ 是被屏蔽的。可以使用中断嵌套，但是如何保存相关寄存器和再次允许 FIQ 和中断是由程序员决定的。

3.4.5　中断异常 IRQ

IRQ 是通过对 nIRQ 输入低电平引起的正常中断，其优先级低于 FIQ 优先级。当处理器进入 FIQ 处理时，IRQ 会被屏蔽。不论是从 ARM 状态、Thumb 状态还是 ThumbEE 状态进入 IRQ 异常，IRQ 处理程序都通过执行如下指令退出：

```
SUBS PC,R14_fiq,#4
```

可以通过设置 CPSR 的 I 位，在特权模式下禁止 IRQ 异常。当 I 位为 0 时，处理器在每条指令结束后检查 nIRQ 寄存器输出电平是否为低。当一个 IRQ 发生时，其他 IRQ 是被屏蔽的。可以使用中断嵌套，但是如何保存相关寄存器和再次允许 IRQ 是由程序员决定的。

3.4.6　中止异常

中止是一种异常，用于告知操作系统：与某个值关联的内存访问失效。试图访问无效的指令或数据内存单元通常都会引起中止。

中止有精确和不精确之分。一个精确的中止出现在与触发中止异常相关的指令中。一个不精确的中止出现在与触发中止异常相关指令的下一条指令中。

当中止发生时，IRQ 被屏蔽。当中止被配置到跳转为 Monitor 模式时，FIQ 也被屏蔽。

1. 预读取中止

预读取中止与取指令相关，与数据访问无关。当一个预读取中止发生时，处理器将标志这条预读取指令无效，但是直到执行这条指令才产生异常。如果处理器不执行这条指令，例如在运行时发生了跳转，中止将不会发生。当处理完中止的起因后，不论处理器处于何种操作模式，处理程序会执行以下指令：

```
SUBS PC,R14_abt,#4
```

此操作既恢复了 PC 和 CPSR，又重试了被中止的指令。

2. 数据中止

数据中止与数据访问有关，而与取指令无关。处理器产生的数据中止可以是精确的和不精确的。内部的精确的数据中止是由 MMU 检查数据存取发生故障而产生的。与系统控制协处理器一起执行的指令存储器系统也可以产生内部精确的数据中止。外部产生的数据中止可以是精确或不精确的，由两个独立的 FSR 编码标志外部中止是精确的还是不精确的。

3.4.7　软件中断

可以用 SVC 软件中断指令进入管理模式，这通常是为了请求一个特殊的管理员功能。SVC 处理程序通过读取操作码来提取 SVC 功能号。不论处理器处于何种模式，一个 SVC 处理程序通过执行如下指令返回：

```
MOVS PC,R15_svc
```

此操作将恢复 PC 和 CPSR，返回到 SVC 指令的下一条指令。当软件中断发生时，IRQ

被屏蔽。

3.4.8 监控异常

当处理器执行 SMC 指令时，内核进入监控模式请求监控功能。用户进程执行 SMC 会导致一个未定义的指令异常发生。

3.4.9 未定义指令异常

当遇到一条处理器或系统协处理器无法处理的指令时，则产生未定义指令异常。软件可以利用这种机制，通过模拟未定义的协处理器指令来扩展 ARM 指令集。在模拟失败的指令之后，无论处理器处于何种模式，异常处理程序将会执行下面的指令：

```
MOVS PC,R14_und
```

这个操作会恢复 CPSR，返回到未定义指令异常的下一条指令。当未定义的指令异常发生时，IRQ 异常会被屏蔽。

3.4.10 断点指令

执行断点指令 BKPT，产生一个预取中止异常。在断点指令到达流水线的执行阶段之前，不会引起处理器产生预取中止异常。如果处理器不执行断点指令，例如发生了分支跳转，断点异常将不发生。

在处理完断点之后，异常处理程序将会执行下面的指令：

```
MOVS PC,R14_abt,#4
```

这个操作会恢复 PC 和 CPSR，并再次重试断点指令。

如果内嵌 ICE - RT 逻辑被配置为挂起调试模式，断点指令将导致处理器进入调试状态。

3.4.11 异常向量

异常出现后处理器强制从异常类型所对应的固定存储器地址开始执行程序，这些存储器地址称为异常向量（Exception Vector）。在没有进行虚拟内存映射时，异常向量表放置于物理内存地址最低处，具体如表 3-5 所示。

表 3-5 异常向量表

异常类型	处理器模式	异常向量地址	优先级
复位	管理	0×00000000	1（最高）
未定义指令	未定义	0×00000004	6
软件中断	管理	0×00000008	6
预取中止	中止	0×0000000C	5
数据中止	中止	0×00000010	2
中断 IRQ	中断	0×00000018	4
快中断 FIQ	快中断	0×0000001C	3

当系统配置使能时，低端的异常向量表可以映射到特定的高端地址 0xFFFF0000 ~ 0xFFFF001C 处。这些改变后的地址位置称为高端向量。异常向量表和 8 种工作模式相关，但并不是一一对应的。

3.4.12 异常优先级

当多个异常同时发生时，由优先级系统决定异常处理的顺序，Cortex - A8 处理器异常优先级顺序如表 3-6 所列。

表 3-6 异常优先级

优先级	异常
1（最高）	Reset
2	精确数据中止
3	FIQ
4	IRQ
5	预取中止
6	非精确数据中止
7（最低）	BKPT、未定义指令、SVC、SMC

3.5 寻址方式

寻址方式是根据指令中给出的地址码字段来寻找真实操作数地址的方式。Cortex - A8 处理器支持的基本寻址方式有以下几种。

1. 寄存器寻址

所需要的值在寄存器中，指令中地址码给出的是寄存器编号，即寄存器的内容为操作数。

示例：

```
MOV  R1, R2        ;R2→R1
SUB  R0, R1,R2     ;R1 - R2→R0
```

2. 立即寻址

立即寻址是一种特殊的寻址方式，指令中在操作码字段后面的地址码部分不是操作数地址，而是操作数本身。也就是说，数据就包含在指令中，只要取出指令也就取出了可以立即使用的操作数。这样的数称为立即数。

示例：

```
SUBS R0,R0,#1       ;R0 - 1→R0
MOV  R0,#0xff00     ;0xff00→R0
```

注意：立即数要以“#”为前缀，表示十六进制数值时以“0x”表示。

3. 寄存器移位寻址

寄存器移位寻址方式是 ARM 指令集中所特有的，第二个寄存器操作数在与第一个操作数结合之前，选择进行移位操作。

可以采取的移位操作如下：

- LSL。逻辑左移，寄存器中字的低端空出的位补0。
- LSR。逻辑右移，寄存器中字的高端空出的位补0。
- ASR。算术右移，算术移位的对象是带符号数，在移位过程中必须保持操作数的符号不变。若源操作数为正数，则字的高端空出的位补0；若源操作数为负数，则字的高端空出的位补1 。
- ROR。循环右移，从字的低端移出的位填入字的高端空出的位。
- RRX。扩展为1的循环右移，操作数右移一位，空位用原C 标志值填充。

示例：

```
MOV   R0,R2,LSL #3          ;R2 的值左移 3 位,结果存入 R0,即 R0 = R2 ×8
ANDS R1,R1,R2,LSL R3        ;R2 的值左移 R3 位,然后和 R1 相与操作,结果放入 R1
```

4. 寄存器间接寻址

指令中的地址码给出某一通用寄存器的编号，在被指定的寄存器中存放操作数的有效地址，而操作数则存放在该地址对应的存储单元中，即寄存器为地址指针。

示例：

```
LDR R1,[R2]             ;将 R2 中的数值作为地址,取出此地址中的数据保存在 R1 中
SWP R1,R1,[R2]          ;将 R2 中的数值作为地址,取出此地址中的数值与 R1 中的值交换
```

5. 变址寻址

变址寻址就是将基址寄存器的内容与指令中给出的偏移量相加，形成操作数有效地址。变址寻址用于访问基址附近的单元，包括基址加偏移和基址加索引寻址。寄存器间接寻址是偏移量为0 的基址加偏移寻址，基址加偏移寻址中的基址寄存器包含的不是确切的地址。基址需加（或减）最大4 KB 的偏移来计算访问的地址。

该指令又称前索引寻址方式，它将基址寄存器R1 的内容加上偏移量后所指向的存储单元的内容送到寄存器R0。改变基址寄存器，使其指向下一个传送地址，对数据传送很有用。另一种基址加偏移寻址称为后索引寻址，传送时的地址是基址，而不加偏移，传送后自动索引。

示例：

```
LDR R2,[R3,#0x0F]   ;将 R3 的数值加 0x0F 作为地址,取出此地址的数值保存在 R2 中
STR R1,[R0,#-2]     ;将 R0 中的数值减 2 作为地址,把 R1 中的内容保存到此地址位置
```

基址加索引寻址是指令指定一个基址寄存器，再指定另一个寄存器（索引），其值作为偏移加到基址上形成存储器地址。

示例：

```
LDR R0,[R3,R2]   ;将 R3 的数值加 R2 的值作为地址,取出此地址的数值保存在 R0 中
```

6. 多寄存器寻址

一次可以传送几个寄存器的值，允许一条指令传送16 个寄存器的任何子集。

示例：

```
LDMIA R1!,{R2-R7,R12}   ;将 R1 所指向的地址的数据读出到 R2-R7,R12、R1 自动更新
STMIA R0!,{R3-R6,R10}   ;将 R3-R6、R10 中的数值保存到 R0 指向的地址,R0 自动更新
```

7. 堆栈寻址

堆栈是一种按特定顺序进行存取的存储区，这种特定顺序即是“先进后出”或“后进先出”。堆栈寻址是隐含的，它使用一个专门的寄存器（堆栈指针）指向一块存储器区域。栈指针所指定的存储单元就是堆栈的栈顶。

堆栈可分为两种：

1）向上生长，又称递增堆栈，即地址向高地址方向生长。

2）向下生长，又称递减堆栈，即地址向低地址方向生长。

堆栈指针指向最后压入堆栈的有效数据项，称为满堆栈。堆栈指针指向下一个数据项放入的空位置，称为空堆栈。如此可结合出 4 种情况：

1）满递增：堆栈通过增大存储器的地址向上增长，堆栈指针指向内含有效数据项的最高地址，指令如 LDMFA、STMFA。

2）空递增：堆栈通过增大存储器的地址向上增长，堆栈指针指向堆栈上的第一个空位置，指令如 LDMEA、STMEA。

3）满递减：堆栈通过减小存储器的地址向下增长，堆栈指针指向内含有效数据项的最低地址，指令如 LDMFD、STMFD。

4）空递减：堆栈通过减小存储器的地址向下增长，堆栈指针指向堆栈下的第一个空位置，指令如 LDMED、STMED。

示例：

```
STMFD SP!,{R1-R7,LR}   ;将 R1~R7、LR 入栈,满递减堆栈
LDMFD SP!,{R1-R7,LR}   ;数据出栈,放入 R1~R7、LR 寄存器
```

8. 块拷贝寻址

块拷贝寻址指令是一种多寄存器传送指令，多寄存器传送指令用于把一块数据从存储器的某一位置复制到另一位置。块拷贝指令的寻址操作取决于数据是存储在基址寄存器所指的地址之上还是之下、地址是递增还是递减，并与数据的存取操作有关。表 3-7 列出了块拷贝寻址的存储器读写指令。不论是向上还是向下递增，存储时高编号的寄存器放在高地址的内存，出来时，高地址的内容给编号高的寄存器。

表 3-7　块拷贝寻址指令

		向上生长		向下生长	
		满	空	满	空
递增	前索引	STMIB STMFA			LDMIB LDMED
	后索引		STMIA STMEA	LDMIA LDMFD	
递减	前索引		LDMDB LDMEA	STMDB STMFD	
	后索引	LDMDA LDMFA			STMDA STMED

示例：

```
STMIA R0!,{R1 - R7}     ;将 R1 ~ R7 的数据保存到存储器中,存储器指针在保存第一个值之后
                         增加,方向为向上增长
STMIB R0!,{R1 - R7}     ;将 R1 ~ R7 的数据保存到存储器中,存储器指针在保存第一个值之前
                         增加,方向为向上增长
SIMDA R0!,{R1 - R7}     ;将 R1 ~ R7 的数据保存到存储器中,存储器指针在保存第一个值之后
                         增加,方向为向下增长
STMDB R0!,{R1 - R7}     ;将 R1 ~ R7 的数据保存到存储器中,存储器指针在保存第一个值之
                         前增加,方向为向下增长
```

9. 相对寻址

相对寻址是变址寻址的一种变通，由程序计数器（PC）提供基地址，指令中的地址码字段作为偏移量，两者相加后得到操作数的有效地址。偏移量指出的是操作数与当前指令之间的相对位置。子程序调用指令即是相对寻址指令。

示例：

```
BL ROUTE1     ;调用 ROUTE1 子程序
BEQ LOOP      ;条件跳转到 LOOP 标号处
```

3.6 指令系统

3.6.1 概述

Cortex - A8 采用 ARMv7 架构，包含：

- 32 位的 ARM 指令集。
- 16 位和 32 位混合的 Thumb - 2 指令集。
- ThumbEE 指令集。

指令格式：

```
<opcode> {<cond>}{S} <Rd>, <Rn>, {<operand2>}
```

其中 <> 内的项是必需的，{} 内的项是可选的。

- opcode：指令助记符，如 LDR、STR 等。
- cond：执行条件，如 EQ、NE 等。
- S：是否影响 CPSR 寄存器的值，书写时影响 CPSR，否则不影响。
- Rd：目标寄存器。
- Rn：第一个操作数的寄存器。
- operand2：第二个操作数。

3.6.2 ARM 指令集

32 位 ARM 指令集由 13 种基本指令类型组成，分成四大类。

1）3 种类型的存储器访问指令，用于控制存储器和寄存器之间的数据传送。第一种类

型用于优化的灵活寻址及交换数据；第二种类型用于快速上下文切换；第三种类型用于交换数据。

2）3 种类型的数据处理指令，使用片内的累加器（ALU）、桶形移位器和乘法器，对寄存器完成高速数据处理操作。

3）4 种类型的分支指令，用于控制程序执行流程、指令优先级、ARM 代码和 Thumb 代码的切换。

4）3 种类型的协处理器指令，专用于控制外部协处理器。这些指令以开放和统一的方式扩展了指令集的片外功能。

1. 条件码

几乎所有的 ARM 指令均可包含一个可选的条件码，只有在 CPSR 中的条件码标志满足指定的条件时，带条件码的指令才能执行。可使用的条件码如表 3-8 所示。

表 3-8 ARM 条件码

操作码[31:28]	助记符后缀	标志	含义
0000	EQ	Z 置位	相等
0001	NE	Z 清零	不等
0010	CS/HS	C 置位	大于或等于（无符号数）
0011	CC/LO	C 清零	小于（无符号数）
0100	MI	N 置位	负
0101	PL	N 清零	正或零
0110	VS	V 置位	溢出
0111	VC	V 清零	未溢出
1000	HI	C 置位且 Z 清零	大于
1001	LS	C 清零且 Z 置位	大于或等于（无符号数）
1010	GE	N 和 V 相同	带符号大于或等于
1011	LT	N 和 V 不同	带符号小于
1100	GT	Z 清零且 N 和 V 相同	带符号大于
1101	LE	Z 置位或 N 和 V 不同	带符号小于或等于
1110	AL	任何	总是（通常省略）

条件码应用举例：

1）比较两个值大小，C 代码如下：

```
if(a>b) a++;
else b++;
```

写出相应的 ARM 指令代码如下：设 R0 为 a，R1 为 b

```
CMP R0, R1              ; R0 与 R1 比较
ADDHI R0,R0,#1          ;若 R0>R1,则 R0=R0+1
ADDLS R1,R1,#1          ;若 R0<=R1,则 R1=R1+1
```

2）若两个条件均成立，则将这两个数值相加。C 代码如下：

```
if((a!=10)&&(b!=20))  a=a+b;
```

对应的 ARM 指令如下：

```
CMP R0,#10              ;比较 R0 是否为 10
CMPNE R1,#20            ;若 R0 不为 10,则比较 R1 是否为 20
ADDNE R0,R0,R1          ;若 R0 不为 10 且 R1 不为 20,则执行 R0 = R0 + R1
```

3）若两个条件有一个成立，则将这两个数值相加。C 代码如下：

```
if((a! =10) || (b! =20))    a=a+b;
```

对应的 ARM 指令如下：

```
CMP R0,#10
CMPEQ R1,#20
ADDNE R0,R0,R1
```

2. 存储器访问指令

基本指令：

```
LDR|STR|LDM|STM {<cond>}{B}{T}  <Rd>, <addressing_mode>
```

- cond：条件执行后缀。
- B：字节操作后缀。
- T：用户指令后缀。
- Rd：源寄存器。

LDR/STR 指令是单寄存器加载/存储指令，后缀 B 表示字节操作，后缀 H 表示半字操作。具体例子：

```
ldr R2,[R5]             ;加载 R5 指定地址上的数据(字),放入 R2 中
str R1,[R0,#0x04]       ;将 R1 的数据存储到 R0+0x04 存储单元,R0 的值不变;(若有!,则 R0 就
                         要更新)
LDRB R3,[R2],#1         ;读取 R2 地址上的 1 B 数据并保存到 R3 中,R2 = R2 + 1
STRH R1,[R0,#2]!        ;将 R1 的数据保存到 R0+2 的地址中,只存储低 2 B 数据,R0 = R0 + 2
ldr r1, =0x08100000     ;立即数 0x08100000 存到 r1
ldr r1,[r2],#4          ;r2 +4 作为指针,指向的值存入 r1,并且 r2 = r2 +4
```

LDM 和 STM 是批量加载/存储指令，LDM 为加载多个寄存器，STM 为存储多个寄存器，主要用途是现场保护、数据复制、参数传递等，其模式有 8 种，前 4 种用于数据块的传输，后 4 种用于堆栈操作：

- IA：每次传送后地址加 4。
- IB：每次传送前地址加 4。
- DA：每次传送后地址减 4。
- DB：每次传送前地址减 4。
- FD：满递减堆栈。
- ED：空递减堆栈。
- FA：满递增堆栈。

● EA：空递增堆栈。

批量加载/存储指令举例如下：

```
LDMIA R0!,{R3 - R9}          ;加载 R0 指向的地址上的多字数据,保存到 R3 ~ R9 中,R0 值
                             更新
STMIA R1!,{R3 - 49}          ;将 R3 ~ R9 的数据存储到 R1 指向的地址上,R1 值更新
STMFD SP!,{R0 - R7,LR}       ;现场保存,将 R0 ~ R7、LR 入栈
LDMFD SP!,{R0 - R7,PC}^      ;恢复现场,异常处理返回
```

使用 LDM/STM 进行数据复制：

```
LDR R0, = SrcData            ;设置源数据地址,LDR 此时作为伪指令加载地址要加 =
LDR R1, = DstData            ;设置目标地址
LDMIA R0,{R2 - R9}           ;加载 8 字数据到寄存器 R2 ~ R9
STMIA R1,{R2 - R9}           ;存储寄存器 R2 ~ R9 到目标地址上
```

使用 LDM/STM 进行现场保护，常用在子程序或异常处理中：

```
STMFD SP!,{R0 - R7,LR}       ;寄存器入栈
......
BL   DELAY                   ;调用 DELAY 子程序
......
LDMFD SP!,{R0 - R7,PC}       ;恢复寄存器,并返回
```

SWP 是寄存器和存储器交换指令，可使用 SWP 实现信号量操作：

```
    I2C_SEM EQU 0x40003000       ;EQU 定义一个常量
I2C_SEM_WAIT:                    ;标签
    MOV R1,#0
    LDR R0, = I2C_SEM
    SWP R1,R1,[R0]               ;取出信号量,并设置为 0
    CMP R1,#0                    ;判断是否有信号
    BEQ I2C_SEM_WAIT             ;若没有信号,则等待
```

3. 数据处理指令

ARM 数据处理指令包括以下几种：

● 数据传送指令。

● 算术逻辑运算指令。

● 比较指令。

● 乘法指令。

(1) 数据传送指令

数据传送指令用于在寄存器和内存之间进行数据的双向传输。

1) MOV 指令。MOV 指令的语法：

```
MOV{<cond>}{S}   <Rd>,<shifter_operand>
```

MOV 指令可完成从另一个寄存器、被移位的寄存器或将一个立即数载入到目的寄存器。

其中 S 选项决定指令的操作是否影响 CPSR 中条件标志位的值，当没有 S 时指令不更新 CPSR 中条件标志位的值。

示例：

```
MOV R1, R0              ;将寄存器 R0 的值传送到寄存器 R1
MOV PC, R14             ;将寄存器 R14 的值传送到 PC,常用于子程序返回
MOV R1, R0, LSL #3      ;将寄存器 R0 的值左移 3 位后传送到 R1
```

2）MVN 指令。MVN 指令的语法：

```
MVN{<cond>}{S}   <Rd>, <shifter_operand>
```

MVN 指令可完成从另一个寄存器、被移位的寄存器，或将一个立即数载入到目的寄存器。它与 MOV 指令的不同之处是在传送之前按位被取反了，即把一个被取反的值传送到目的寄存器中。其中 S 决定指令的操作是否影响 CPSR 中条件标志位的值，当没有 S 时指令不更新 CPSR 中条件标志位的值。

示例：

```
MVN R0,#0           ;将立即数 0 取反传送到寄存器 R0 中,完成后 R0 = -1
```

（2）算术逻辑运算指令

算术逻辑运算指令完成常用的算术与逻辑的运算，该类指令不但将运算结果保存在目的寄存器中，同时更新 CPSR 中的相应条件标志位。

1）ADD 指令。ADD 指令的语法：

```
ADD{<cond>}{S}   <Rd>, <Rd>, <shifter_operand>
```

ADD 指令用于把两个操作数相加，并将结果存放到目的寄存器中。操作数 1 应是一个寄存器，操作数 2 可以是一个寄存器、被移位的寄存器或一个立即数。

示例：

```
ADD  R0, R1, R2             ;R0 = R1 + R2
ADD R0, R1, #256            ;R0 = R1 + 256
ADD R0, R2, R3, LSL #1      ;R0 = R2 + (R3 << 1)
```

2）ADC 指令。ADC 指令的语法：

```
ADC{<cond>}{S}   <Rd>, <Rd>, <shifter_operand>
```

ADC 指令用于把两个操作数相加，再加上 CPSR 中的 C 条件标志位的值，并将结果存放到目的寄存器中。它使用一个进位标志位，这样就可以做比 32 位大的数的加法，注意不要忘记设定 S 后缀来更改进位标志。操作数 1 应是一个寄存器，操作数 2 可以是一个寄存器、被移位的寄存器或一个立即数。以下指令序列完成两个 128 位数的加法，第一个数由高到低存放在寄存器 R7 ~ R4，第二个数由高到低存放在寄存器 R11 ~ R8，运算结果由高到低存放在寄存器 R3 ~ R0。

示例：

```
ADDS  R0, R4, R8            ;加低端的字
```

```
ADCS  R1, R5, R9        ;加第二个字,带进位
ADCS  R2, R6, R10       ;加第三个字,带进位
ADC   R3, R7, R11       ;加第四个字,带进位
```

3）SUB 指令。SUB 指令的语法：

```
SUB{<cond>}{S}  <Rd>, <Rd>, <shifter_operand>
```

SUB 指令用于把操作数 1 减去操作数 2，并将结果存放到目的寄存器中。操作数 1 应是一个寄存器，操作数 2 可以是一个寄存器、被移位的寄存器或一个立即数。该指令可用于有符号数或无符号数的减法运算。

示例：

```
SUB   R0, R1, R2            ;R0 = R1 - R2
SUB   R0, R1, #256          ;R0 = R1 - 256
SUB   R0, R2, R3, LSL #1    ;R0 = R2 - (R3 << 1)
```

4）SBC 指令。SBC 指令的语法：

```
SBC{<cond>}{S}  <Rd>, <Rd>, <shifter_operand>
```

SBC 指令用于把操作数 1 减去操作数 2，再减去 CPSR 中的 C 条件标志位的反码，并将结果存放到目的寄存器中。操作数 1 应是一个寄存器、操作数 2 可以是一个寄存器、被移位的寄存器或一个立即数。该指令使用进位标志来表示借位，这样就可以做大于 32 位的减法，注意不要忘记设定 S 后缀来更改进位标志。该指令可用于有符号数或无符号数的减法运算。

示例：

```
SUBS  R0, R1, R2    ;R0 = R1 - R2,并根据结果设定 CPSR 的进位标志位
SBC   R3,R4,R5      ;R3 = R4 - R5,并减去 C 标志反码
```

5）RSB 指令。RSB 指令的语法：

```
RSB{<cond>}{S}  <Rd>, <Rd>, <shifter_operand>
```

RSB 指令称为逆向减法指令，用于把操作数 2 减去操作数 1，并将结果存放到目的寄存器中。操作数 1 应是一个寄存器，操作数 2 可以是一个寄存器、被移位的寄存器或一个立即数。该指令可用于有符号数或无符号数的减法运算。

示例：

```
RSB   R0, R1, R2            ;R0 = R2 - R1
RSB   R0, R1, #256          ;R0 = 256 - R1
RSB   R0, R2, R3, LSL #1    ;R0 = (R3 << 1) - R2
```

6）RSC 指令。RSC 指令的语法：

```
RSC{<cond>}{S}  <Rd>, <Rd>, <shifter_operand>
```

RSC 指令用于把操作数 2 减去操作数 1，再减去 CPSR 中的 C 条件标志位的反码，并将结果存放到目的寄存器中。操作数 1 应是一个寄存器，操作数 2 可以是一个寄存器、被移位的寄存器或一个立即数。该指令使用进位标志来表示借位，这样就可以做大于 32 位的减法，

注意不要忘记设定 S 后缀来更改进位标志。该指令可用于有符号数或无符号数的减法运算。

示例：

```
RSC R0, R1, R2          ;R0 = R2 - R1
```

7）AND 指令。AND 指令的语法：

```
AND{<cond>}{S}    <Rd>, <Rd>, <shifter_operand>
```

AND 指令用于在两个操作数上进行逻辑与运算，并把结果放置到目的寄存器中。操作数 1 应是一个寄存器，操作数 2 可以是一个寄存器、被移位的寄存器或一个立即数。该指令常用于屏蔽操作数 1 的某些位。

示例：

```
AND R0, R0,#3           ;该指令保持 R0 的 0、1 位,其余位清零
```

8）ORR 指令。ORR 指令的语法：

```
ORR{<cond>}{S}    <Rd>, <Rd>, <shifter_operand>
```

ORR 指令用于在两个操作数上进行逻辑或运算，并把结果放置到目的寄存器中。操作数 1 应是一个寄存器，操作数 2 可以是一个寄存器、被移位的寄存器或一个立即数。该指令常用于设定操作数 1 的某些位。

示例：

```
ORR R0, R0,#3           ;该指令设定 R0 的 0、1 位,其余位保持不变
```

9）EOR 指令。EOR 指令的语法：

```
EOR{<cond>}{S}    <Rd>, <Rd>, <shifter_operand>
```

EOR 指令用于在两个操作数上进行逻辑互斥运算，并把结果放置到目的寄存器中。操作数 1 应是一个寄存器，操作数 2 可以是一个寄存器、被移位的寄存器或一个立即数。该指令常用于反转操作数 1 的某些位。

示例：

```
EOR R0, R0,#3           ;该指令反转 R0 的 0、1 位,其余位保持不变
```

10）BIC 指令。BIC 指令的语法：

```
BIC{<cond>}{S}    <Rd>, <Rd>, <shifter_operand>
```

BIC 指令用于清除操作数 1 的某些位，并把结果放置到目的寄存器 中。操作数 1 应是一个寄存器，操作数 2 可以是一个寄存器、被移位的寄存器或一个立即数。操作数 2 为 32 位的屏蔽，如果在屏蔽中设定了某一位，则清除这一位。未设定的屏蔽位保持不变。

示例：

```
BIC R0,  R0,#%1011      ;该指令清除 R0 中的位 0、1 和 3,其余的位保持不变
```

（3）比较指令

比较指令不保存运算结果，只更新 CPSR 中相应的条件标志位。

1）CMP 指令。CMP 指令的语法：

```
CMP{<cond>}{S}    <Rd>, <shifter_operand>
```

CMP 指令用于把一个寄存器的内容和另一个寄存器的内容或立即数进行比较，同时更新 CPSR 中条件标志位的值。该指令进行一次减法运算，但不存储结果，只更改条件标志位。标志位表示的是操作数 1 与操作数 2 的关系（大于、小于、相等），例如，当操作数 1 大于操作数 2 时，则此后的有 GT 后缀的指令将可以执行。

示例：

```
CMP R1, R0          ;将寄存器 R1 的值与寄存器 R0 的值相减,并根据结果设 CPSR 的标志位
CMP R1,#100         ;将寄存器 R1 的值与立即数 100 相减,并根据结果设定 CPSR 的标志位
```

2）CMN 指令。CMN 指令的语法：

```
CMN{<cond>}{S}    <Rd>, <shifter_operand>
```

CMN 指令用于把一个寄存器的内容和另一个寄存器的内容或立即数取反后进行比较，同时更新 CPSR 中条件标志位的值。该指令实际完成操作数 1 和操作数 2 相加，并根据结果更改条件标志位。

示例：

```
CMN R1,R0           ;将寄存器 R1 的值与寄存器 R0 的值相加,并根据结果设定 CPSR 的标志位
CMN R1,#100         ; 将寄存器 R1 的值与立即数 100 相加,并根据结果设定 CPSR 的标志位
```

3）TST 指令。TST 指令的语法：

```
TST{<cond>}    <Rd>, <shifter_operand>
```

TST 指令用于把一个寄存器的内容和另一个寄存器的内容或立即数进行按位的与运算，并根据运算结果更新 CPSR 中条件标志位的值。操作数 1 是要测试的数据，而操作数 2 是一个位屏蔽，该指令一般用来测试是否设定了特定的位。

示例：

```
TST R1,#%1          ; 用于测试在寄存器 R1 中是否设定了最低位(%表示二进制数)
TST R1,#0xffe       ;将寄存器 R1 的值与立即数 0xffe 按位与,根据结果设定 CPSR 的标志位
```

4）TEQ 指令。TEQ 指令的语法：

```
TEQ{<cond>}    <Rd>, <shifter_operand>
```

TEQ 指令用于把一个寄存器的内容和另一个寄存器的内容或立即数进行按位的互斥运算，并根据运算结果更新 CPSR 中条件标志位的值。该指令通常用于比较操作数 1 和操作数 2 是否相等。

示例：

```
TEQ R1, R2        ;将寄存器 R1 的值与寄存器 R2 的值按位互斥,根据结果设定 CPSR 的标志位
```

（4）乘法指令与乘加指令

ARM 微处理器支持的乘法指令与乘加指令共有 6 条，可分为运算结果为 32 位和运算结果为 64 位两类。与前面的数据处理指令不同，指令中的所有操作数、目的寄存器必须为通用寄存器，不能对操作数使用立即数或被移位的寄存器，同时，目的寄存器和操作数 1 必须是不同的寄存器。乘法指令与乘加指令共有以下 6 条：

- MUL 32 位乘法指令。
- MLA 32 位乘加指令。
- SMULL 64 位有符号数乘法指令。
- SMLAL 64 位有符号数乘加指令。
- UMULL 64 位无符号数乘法指令。
- UMLAL 64 位无符号数乘加指令。

1）MUL 指令。MUL 指令的语法：

```
MUL{<cond>}{S}    <Rd>,<Rm>,<Rs>
```

MUL 指令完成将操作数 1 与操作数 2 的乘法运算，并把结果放置到目的寄存器中，同时可以根据运算结果设定 CPSR 中相应的条件标志位。其中，操作数 1 和操作数 2 均为 32 位的有符号数或无符号数。

示例：

```
MUL R0,R1,R2          ; R0 = R1 × R2
MULS R0,R1,R2         ; R0 = R1 × R2,同时设定 CPSR 中的相关条件标志位
```

2）MLA 指令。MLA 指令的语法：

```
MLA{<cond>}{S}    <Rd>,<Rm>,<Rs> <Rn>
```

MLA 指令完成将操作数 1 与操作数 2 的乘法运算，再将乘积加上操作数 3 并把结果放置到目的寄存器中，同时可以根据运算结果设定 CPSR 中相应的条件标志位。其中，操作数 1 和操作数 2 均为 32 位的有符号数或无符号数。

示例：

```
MLA R0, R1, R2, R3        ; R0 = R1 × R2 + R3
MLAS R0, R1, R2, R3       ; R0 = R1 × R2 + R3,同时设定 CPSR 中的相关条件标志位
```

3）SMULL 指令。SMULL 指令的语法：

```
SMULL{<cond>}{S}    <RdLo>,<RdHi>,<Rm> <Rs>
```

SMULL 指令完成将操作数 1 与操作数 2 的乘法运算，并把结果的低 32 位放置到目的寄存器 Low 中，结果的高 32 位放置到目的寄存器 High 中，同时可以根据运算结果设定 CPSR 中相应的条件标志位。其中，操作数 1 和操作数 2 均为 32 位的有符号数。

示例：

```
SMULL R0, R1, R2, R3      ; R0 = (R2 × R3)的低 32 位
                          ;R1 = (R2 × R3)的高 32 位
```

4）SMLAL 指令。SMLAL 指令的语法：

```
SMLAL{<cond>}{S}  <RdLo>,<RdHi>,<Rm><Rs>
```

SMLAL 指令完成将操作数 1 与操作数 2 的乘法运算，并把结果的低 32 位同目的寄存器 Low 中的值相加后又放置到目的寄存器 Low 中，结果的高 32 位同目的寄存器 High 中的值相加后又放置到目的寄存器 High 中，同时可以根据运算结果设定 CPSR 中相应的条件标志位。其中，操作数 1 和操作数 2 均为 32 位的有符号数。对于目的寄存器 Low，在指令执行前存放 64 位加数的低 32 位，指令执行后存放结果的低 32 位。对于目的寄存器 High，在指令执行前存放 64 位加数的高 32 位，指令执行后存放结果的高 32 位。

示例：

```
SMLAL R0, R1, R2, R3      ; R0 = (R2 × R3)的低 32 位 + R0
                          ;R1 = (R2 × R3)的高 32 位 + R1
```

5）UMULL 指令。UMULL 指令的语法：

```
UMULL {<cond>}{S}  <RdLo>,<RdHi>,<Rm><Rs>
```

UMULL 指令完成将操作数 1 与操作数 2 的乘法运算，并把结果的低 32 位放置到目的寄存器 Low 中，结果的高 32 位放置到目的寄存器 High 中，同时可以根据运算结果设定 CPSR 中相应的条件标志位。其中，操作数 1 和操作数 2 均为 32 位的无符号数。

示例：

```
UMULL R0, R1, R2, R3     ;R0 = (R2 × R3)的低 32 位
                         ;R1 = (R2 × R3)的高 32 位
```

6）UMLAL 指令。UMLAL 指令的语法：

```
UMLAL{<cond>}{S}  <RdLo>,<RdHi>,<Rm><Rs>
```

UMLAL 指令完成将操作数 1 与操作数 2 的乘法运算，并把结果的低 32 位同目的寄存器 Low 中的值相加后又放置到目的寄存器 Low 中，结果的高 32 位同目的寄存器 High 中的值相加后又放置到目的寄存 器 High 中，同时可以根据运算结果设定 CPSR 中相应的条件标志位。其中，操作数 1 和操作数 2 均为 32 位的无符号数。对于目的寄存器 Low，在指令执行前存放 64 位加数的低 32 位，指令执行后存放结果的低 32 位。对于目的寄存器 High，在指令执行前存放 64 位加数的高 32 位，指令执行后存放结果的高 32 位。

示例：

```
UMLAL R0, R1, R2, R3      ;R0 = (R2 × R3)的低 32 位 + R0
                          ;R1 = (R2 × R3)的高 32 位 + R1
```

4. 跳转指令

跳转指令用于实现程序流程的跳转，在 ARM 程序中有两种方法可以实现程序流程的跳转：

- 使用专门的跳转指令。
- 直接向程序计数器 PC 写入跳转地址值。

通过向程序计数器PC写入跳转地址值，可以实现在4GB的地址空间中的任意跳转，在跳转之前结合使用MOV LR，PC等类似指令，可以保存将来的返回地址值，从而实现在4GB连续的线性26位地址空间的子程序使用。

ARM指令集中的跳转指令可以完成从当前指令向前或向后的32MB的地址空间的跳转，包括以下4条指令：

- B跳转指令。
- BL带返回的跳转指令。
- BLX带返回和状态切换的跳转指令。
- BX带状态切换的跳转指令。

（1）B指令

B指令的语法：

```
B{L}{<cond>} <target_address>
```

B指令是最简单的跳转指令。一旦遇到一个B指令，ARM处理器将立即跳转到给定的目标地址，从那里继续执行。注意存储在跳转指令中的实际值是相对当前PC值的一个偏移量，而不是一个绝对地址，它的值由汇编器来计算（参考寻址方式中的相对寻址）。它是24位有符号数，左移两位后有符号扩充为32位，表示的有效偏移为26位（前后32MB的地址空间）。

（2）BL指令

BL指令的语法：

```
B{L}{<cond>} <target_address>
```

BL是另一个跳转指令，但跳转之前，会在寄存器R14中保存PC的当前内容，因此，可以通过将R14的内容重新加载到PC中，来返回到跳转指令之后的那个指令处执行。该指令是实现子程序使用的一个基本但常用的手段。以下指令：

```
BL Label
```

当程序无条件跳转到标号Label处执行时，同时将当前的PC值保存到R14中。

（3）BLX指令

BLX指令的语法：

```
BLX    <target_add>
```

BLX指令从ARM指令集跳转到指令中所指定的目标地址，并将处理器的工作状态由ARM状态切换到Thumb状态，该指令同时将PC的当前内容保存到寄存器R14中。因此，当子程序使用Thumb指令集，而用户使用ARM指令集时，可以通过BLX指令实现子程序的使用和处理器工作状态的切换。同时，子程序的返回可以通过将寄存器R14的值复制到PC中来完成。

（4）BX指令

BX指令的语法：

```
BX {<cond>} <Rm>
```

BX 指令跳转到指令中所指定的目标地址，目标地址处的指令既可以是 ARM 指令，也可以是 Thumb 指令。

5. 程序状态寄存器存取指令

ARM 微处理器支持程序状态寄存器存取指令，用于在程序状态寄存器和通用寄存器之间传送数据，程序状态寄存器存取指令包括以下两条：

- MRS 程序状态寄存器到通用寄存器的数据传送指令。
- MSR 通用寄存器到程序状态寄存器的数据传送指令。

（1） MRS 指令

MRS 指令的语法：

```
MRS{cond} Rd,PSR
```

MRS 指令用于将程序状态寄存器的内容传送到通用寄存器中。该指令一般用在以下几种情况：

- 当需要改变程序状态寄存器的内容时，可用 MRS 将程序状态寄存器的内容读入通用寄存器，修改后再写回程序状态寄存器。
- 当在异常处理或子程序切换时，需要保存程序状态寄存器的值，可先用该指令读出程序状态寄存器的值，然后保存。

示例：

```
MRS R0, CPSR    ;传送 CPSR 的内容到 R0
MRS R0, SPSR    ;传送 SPSR 的内容到 R0
```

（2） MSR 指令

MSR 指令的语法：

```
MSR{cond} PER_field,#immed_8r
MSR{cond} PER_field,Rm
```

MSR 指令用于将操作数的内容传送到程序状态寄存器的特定域中。其中，操作数可以为通用寄存器或立即数。<域>用于设定程序状态寄存器中需要操作的位，32 位的程序状态寄存器可分为 4 个域：

- 位［31:24］为条件标志位域，用 f 表示。
- 位［23:16］为状态位域，用 s 表示。
- 位［15:8］为扩充位域，用 x 表示。
- 位［7:0］为控制位域，用 c 表示。

该指令通常用于恢复或改变程序状态寄存器的内容，在使用时，一般要在 MSR 指令中指明将要操作的域。

示例：

```
MSR CPSR, R0      ;传送 R0 的内容到 CPSR
MSR SPSR, R0      ;传送 R0 的内容到 SPSR
MSR CPSR_c, R0    ;传送 R0 的内容到 SPSR,但只修改 CPSR 中的控制位域
```

3.7 ARM 汇编程序设计

3.7.1 伪操作

ARM 汇编语言源程序中语句由指令、伪操作和宏指令组成。伪操作不像机器指令那样在计算机运行期间由机器执行，它是在汇编程序源程序汇编期间由汇编程序处理的。宏是一段独立的程序代码，在程序中通过宏指令调用该宏。当程序被汇编时，汇编程序将对每个宏调用作展开，用宏定义体取代源程序中的宏指令。本节介绍以下类型的 ARM 伪操作和宏指令。

1. 符号定义伪操作

符号定义（Symbol Definition）伪操作用于定义 ARM 汇编程序中的变量，对变量进行赋值以及定义寄存器名称。包括以下伪操作：

- GBLA、GBLL 及 GBLS：声明全局变量。
- LCLA、LCLL 及 LCLS：声明局部变量。
- SETA、SETL 及 SETS：给变量赋值。
- RLIST：为通用寄存器列表定义名称。
- CN：为协处理器的寄存器定义名称。
- CP：为协处理器定义名称。
- DN 及 SN：为 VFP 的寄存器定义名称。
- FN：为 FPA 的浮点寄存器定义名称。

2. 数据定义伪操作

数据定义（Data Definition）伪操作包括以下的伪操作：

- LTORG：声明一个数据缓冲池的开始。
- MAP：定义一个结构化的内存表的首地址。
- FIELD：定义结构化的内存表中的一个数据域。
- SPACE：分配一块内存单元，并用 0 初始化。
- DCB：分配一段字节的内存单元，并用指定的数据初始化。
- DCD 及 DCDU：分配一段字的内存单元，并用指定的数据初始化。
- DCDO：分配一段字的内存单元，并将这个单元的内容初始化成该单元相对于静态基值寄存器的偏移量。
- DCFD 及 DCFDU：分配一段双字的内存单元，并用双精度的浮点数据初始化。
- DCFS 及 DCFSU：分配一段字的内存单元，并用单精度的浮点数据初始化。
- DCI：分配一段字节的内存单元，用指定的数据初始化，指定内存单元中存放的是代码，而不是数据。
- DCQ 及 DCQU：分配一段双字的内存单元，并用 64 位的整数数据初始化。
- DCW 及 DCWU：分配一段半字的内存单元，并用指定的数据初始化。

3. 汇编控制伪操作

汇编控制（Assembly Control）伪操作包括下面的伪操作：

- IF、ELSE 及 ENDIF：能够根据条件把一段源代码包括在汇编语言程序内或者将其排除在程序之外。
- WHILE 及 WEND：能够根据条件重复汇编相同的或者几乎相同的一段源代码。
- MACRO 及 MEND：MACRO 伪操作标识宏定义的开始，MEND 标识宏定义的结束，用 MACRO 及 MEND 定义一段代码，称为宏定义体，这样在程序中就可以通过宏指令多次调用该代码段。
- MEXIT：用于从宏中跳转出去。

4. 信息报告伪操作

信息报告（Reporting）伪操作包括：

- ASSERT：在汇编编译器对汇编程序的第二遍扫描中，如果其中 ASSERTION 中条件不成立，ASSERT 伪操作将报告该错误信息。
- INFO：INFO 伪操作支持在汇编处理过程的第一遍扫描或者第二遍扫描时报告诊断信息。
- OPT：OPT 伪操作可以在源程序中设置列表选项。
- TTL 及 SUBT：TTL 伪操作在列表文件的每一页的开头插入一个标题，该 TTL 伪操作将作用在其后的每一页，直到遇到新的 TTL 伪操作；SUBT 伪操作在列表文件的每一页的开头插入一个子标题。

5. 其他的伪操作

这些杂类的伪操作包括：

- ALIGN。
- AREA。
- CODE 16 及 CODE 32。
- END。
- ENTRY。
- EQU。
- EXPORT 或 GLOBAL。
- EXTERN。
- GET 或 INCLUDE。
- IMPORT。
- INCBIN。
- KEEP。
- NOFP。
- REQUIRE。
- REQUIRE8 及 PRESERVE8。
- RN。
- ROUT。

3.7.2 ARM 汇编语言伪指令

ARM 中伪指令不是真正的 ARM 指令或者 Thumb 指令，这些伪指令在汇编编译器对源程序进行汇编处理时被替换成对应的 ARM 或者 Thumb 指令（序列）。ARM 伪指令包括 ADR、ADRL、LDR 和 NOP。

1. ADR（小范围的地址读取伪指令）

该指令将基于 PC 的地址值或基于寄存器的地址值读取到寄存器中。

语法格式：

```
ADR{cond} register,expr
```

其中，cond 为可选的指令执行的条件。

register 为目标寄存器。

expr 为基于 PC 或者基于寄存器的地址表达式，其取值范围如下：

- 当地址值不是字对齐时，其取值范围为 -255 ~ 255。
- 当地址值是字对齐时．其取值范围为 -1020 ~ 1020。
- 当地址值是 16B 对齐时，其取值范围将更大。

使用说明：

在汇编编译器处理源程序时，ADR 伪指令被编译器替换成一条合适的指令。通常，编译器用一条 ADD 指令或 SUB 指令来实现该 ADR 伪指令的功能。如果不能用一条指令来实现 ADR 伪指令的功能，编译器将报告错误。

因为 ADR 伪指令中的地址是基于 PC 或者基于寄存器的，所以 ADR 读取到的地址为位置无关的地址。当 ADR 伪指令中的地址是基于 PC 时，该地址与 ADR 伪指令必须在同一个代码段中。

示例：

```
start MOV r0,#10        ;因为 PC 值为当前指令地址值加 8B
      ADR r4,start      ;本 ADR 伪指令将被编译器替换成 SUB r4,pc,#0xc
```

2. ADRL（中等范围的地址读取伪指令）

该指令将基于 PC 或基于寄存器的地址值读取到寄存器中。ADRL 伪指令比 ADR 伪指令可以读取更大范围的地址。ADRL 伪指令在汇编时被编译器替换成两条指令。

语法格式：

```
ADRL{cond} register,expr
```

其中，cond 为可选的指令执行的条件，register 为目标寄存器，expr 为基于 PC 或者基于寄存器的地址表达式，其取值范围如下：

- 当地址值不是字对齐时，其取值范围为 -64 ~ 64 KB；
- 当地址值是字对齐时，其取值范围为 -256 ~ 256 KB；
- 当地址值是 16B 对齐时，其取值范围将更大。

使用说明：

在汇编编译器处理源程序时，ADRL 伪指令被编译器替换成两条合适的指令，即使一条指令可以完成该伪指令的功能，编译器也将用两条指令来替换该 ADRL 伪指令。如果不能用两条指令来实现 ADRL 伪指令的功能，编译器将报告错误。

示例：

```
start   MOV r0,#10                ;因为 PC 值为当前指令地址值加 8 B
        ADRL r4,start + 60000     ;本 ADRL 伪指令将被编译器替换成下面两条指令
                                  ;ADD r4,PC,#0xe800
                                  ;ADD r4,r4,#0x254
```

3. LDR（大范围的地址读取伪指令）

LDR 伪指令将一个 32 位的常数或者一个地址值读取到寄存器中。

语法格式：

```
LDR{cond} register, =[expr|label - expr]
```

其中，cond 为可选的指令执行的条件，register 为目标寄存器，expr 为 32 位的常量。编译器将根据 expr 的取值情况，对 LDR 伪指令进行如下处理：

- 当 expr 表示的地址值没有超过 MOV 或 MVN 指令中地址的取值范围时，编译器用合适的 MOV 或者 MVN 指令代替该 LDR 伪指令。
- 当 expr 表示的地址值超过了 MOV 或 MVN 指令中地址的取值范围时，编译器将该常数放在数据缓冲区中，同时用一条基于 PC 的 LDR 指令读取该常数。
- Label - expr 为基于 PC 的地址表达式或者是外部表达式。当 Label - expr 为基于 PC 的地址表达式时，编译器将 label - expr 表示的数值放在数据缓冲区中，同时用一条基于 PC 的 LDR 指令读取该数值。当 Label - expr 为外部表达式，或者非当前段的表达式时，汇编编译器将在目标文件中插入连接重定位伪操作，这样连接器将在连接时生成该地址。

使用说明：

LDR 伪指令主要有以下两种用途：

- 当需要读取到寄存器中的数据超过了 MOV 及 MVN 指令可以操作的范围时，可以使用 LDR 伪指令将该数据读取到寄存器中。
- 将一个基于 PC 的地址值或者外部的地址值读取到寄存器中。由于这种地址值是在连接时确定的，所以这种代码不是位置无关的。同时 LDR 伪指令处的 PC 值到数据缓冲区中的目标数据所在的地址的偏移量要小于 4 KB。

示例：

例 3-1 将 0xff0 读取到 R1 中。

```
LDR R1, =0XFF0
```

汇编后将得到：

```
MOV R1,0XFF0
```

例 3-2 将 0xfff 读取到 R1 中。

```
LDR R1, =0xFFF
```

汇编后将得到：

```
LDR R1, [PC,OFFSET_TO_LPOOL]
LPOOL   DCD 0XFFF
```

例 3-3 将外部地址 ADDR1 读取到 R1 中。

```
LDR R1, = ADDR1
```

汇编后将得到：

```
LDR R1,[PC,OFFSET_TO_LPOOL]
LPOOL DCD ADDR1
```

4. NOP（空操作伪指令）

NOP 伪指令在汇编时将被替换成 ARM 中的空操作，比如可能为 MOV R0 和 R0 等。

语法格式：

```
NOP
```

使用说明：

NOP 伪指令不影响 CPSR 中的条件标志位。

3.7.3 ARM 汇编语言语句格式

ARM 汇编语言语句格式如下所示：

```
{symbol} {instruction|directive|pseudo - instruction} {;comment}
```

其中：

- instruction 为指令。在 ARM 汇编语言中，指令不能从一行的行头开始。在一行语句中，指令的前面必须有空格或者符号。
- directive 为伪操作。
- pseudo - instruction 为伪指令。
- symbol 为符号。在 ARM 汇编语言中，符号必须从一行的行头开始，并且符号中不能包含空格。在指令和伪指令中符号用作地址标号（label）；在有些伪操作中，符号用作变量或者常量。
- comment 为语句的注释。在 ARM 汇编语言中注释以分号（;）开头。注释的结尾即为一行的结尾。注释也可以单独占用一行。

在 ARM 汇编语言中，各个指令、伪指令及伪操作的助记符必须全部用大写字母，或者全部用小写字母，不能在一个伪操作助记符中既有大写字母又有小写字母。

在源程序中，语句之间可以插入空行，以使源代码的可读性更好。

如果一条语句很长，为了提高可读性，可以将该长语句分成若干行来写。这时在一行的末尾用“\”表示下一行将续在本行之后。注意，在“\”之后不能再有其他字符，空格和制表符也不能有。

1. ARM 汇编语言中的符号

在 ARM 汇编语言中，符号（Symbols）可以代表地址（Addresses）、变量（Variables）和数字常量（Numeric Constants）。当符号代表地址时又称为标号（Label）。当标号以数字开头时，其作用范围为当前段（当没有使用 ROUT 伪操作时），这种标号又称为局部标号（Local Lable）。

符号包括变量、数字常量、标号和局部标号。

符号的命名规则如下：

- 符号由大小写字母、数字以及下画线组成。
- 局部标号以数字开头，其他的符号都不能以数字开头。
- 符号是区分大小写的。
- 符号中的所有字符都是有意义的。
- 符号在其作用范围内必须唯一，即在其作用范围内不能有同名的符号。
- 程序中的符号不能与系统内部变量或者系统预定义的符号同名。
- 程序中的符号通常不要与指令助记符或者伪操作同名，当程序中的符号与指令助记符或者伪操作同名时，用双竖线将符号括起来，如 ‖ prequire ‖，这时双竖线并不是符号的组成部分。

（1）变量

程序中变量的值在汇编处理过程中可能会发生变化。在 ARM 汇编语言中变量有数字变量、逻辑变量和串变量 3 种类型。变量的类型在程序中是不能改变的。

数字变量的取值范围为数字常量和数字表达式所能表示的数值的范围。关于数字常量和数字表达式在后面有介绍。

逻辑变量的取值范围为｛true｝及｛false｝。

串变量的取值范围为串表达式可以表示的范围。

在 ARM 汇编语言中，使用 GBLA、GBLL 及 GBLS 声明全局变量；使用 LCLA、LCLL 及 LCLS 声明局部变量；使用 SETA、SETL 及 SETS 为这些变量赋值。

（2）数字常量

数字常量是 32 位的整数。当作为无符号整数时，其取值范围为 $0 \sim 2^{32}-1$；当作为有符号整数时，其取值范围为 $-2^{31} \sim 2^{31}-1$。汇编编译器并不区分一个数是无符号的还是有符号的，事实上 $-n$ 与 $2^{32}-n$ 在内存中是同一个数。

进行大小比较时，认为数字常量都是无符号数。按照这种规则有：$0 < -1$。

在 ARM 汇编语言中，使用 EQU 来定义数字常量。数字常量一经定义，其数值就不能再修改。

（3）汇编时的变量替换

如果在串变量前面有一个 $ 字符，在汇编时编译器将用该串变量的数值取代该串变量。

例 3-4 如果 STR1 的值为 pen，则汇编后 STR2 的值为 This is a pen。

```
GBLS STR1
GBLS STR2
STR1 SETS "pen"
STR2 SETS "This is a $STR1"
```

对于数字变量来说，如果该变量前面有一个 $ 字符，在汇编时编译器将该数字变量的数值转换成十六进制的串，然后用该十六进制的串取代 $ 字符后的数字变量。

对于逻辑变量来说，如果该逻辑变量前面有一个 $ 字符，在汇编时编译器将该逻辑变量替换成它的取值（T 或者 F）。

如果程序中需要字符 $，则用 $$ 来表示，编译器将不进行变量替换，而是将 $$ 当做 $。

例 3-5 本例说明数字变量的替换和 $$ 的用法。汇编后得到 STR1 的值为 abc$B0000000E。

```
GBLS STR1
GBLS B
GBLA NUM1
NUM1 SETA   14
B    SETS   "CHANGED"
STR1 SETS   "abc $$B $NUM1"
```

使用"."来表示变量名称的结束。

例 3-6 本例说明使用"."来分割出变量名的用法。汇编后 STR2 的值为 bbbAAACCC。

```
GBLS STR1
GBLS STR2
STR1 SETS "AAA"
STR2 SETS "bbb $STR1. CCC"
```

（4）标号

标号是表示程序中的指令或者数据地址的符号。根据标号的生成方式可以有以下 3 种：

1）基于 PC 的标号：基于 PC 的标号是位于目标指令前或者程序中数据定义伪操作前的标号。这种标号在汇编时将被处理成 PC 值加上（或减去）一个数字常量。它常用于表示跳转指令的目标地址，或者代码段中所嵌入的少量数据。

2）基于寄存器的标号：基于寄存器的标号通常用 MAP 和 FIELD 伪操作定义，也可以用 EQU 伪操作定义，这种标号在汇编时将被处理成寄存器的值加上（或减去）一个数字常量。它常用于访问位于数据段中的数据。

3）绝对地址：绝对地址是一个 32 位的数字量。它可以寻址的范围为 $0\sim2^{32}-1$，即直接可以寻址整个内存空间。

2. ARM 汇编语言中的表达式

表达式是由符号、数值、单目或多目操作符以及括号组成的。在一个表达式中，各种元素的优先级如下所示：

- 括号内的表达式优先级最高。
- 各种操作符有一定的优先级。
- 相邻的单目操作符的执行顺序为由右到左，单目操作符优先级高于其他操作符。
- 优先级相同的双目操作符执行顺序为由左到右。

下面分别介绍表达式中的各元素。

(1) 字符串表达式

字符串表达式由字符串、字符串变量、操作符以及括号组成。字符串的最大长度为512 B，最小长度为0。下面介绍字符串表达式的组成元素。

1) 字符串。字符串由包含在双引号内的一系列的字符组成。字符串的长度受到ARM汇编语言语句长度的限制。

当在字符串中包含美元符号$或者引号"时，用$$表示一个$，用""表示一个"。

例3-7 本例说明字符串中包含$及"的方法。

```
abc SETS "this string contains only one "" double quote"
def SETS "this string contains only one  $$dollar symbol"
```

2) 字符串变量。字符串变量用伪操作GBLS或者LCLS声明，用SETS赋值。取值范围与字符表达式相同。

3) 操作符。与字符串表达式相关的操作符有LEN、CHR、STR等。

- 字符串变量的声明和赋值：

字符串变量的声明使用GBLS或者LCLS伪操作。

字符串变量的赋值使用SETS伪操作。

- 字符串表达式应用举例：

```
GBLS STRING1                    ;声明字符串变量STRING1
STRINGl SETS "AAACCC"           ;变量STRING1赋值为"AAACCC"
```

(2) 数字表达式

数字表达式由数字常量、数字变量、操作符和括号组成。

数字表达式表示的是个32位的整数：当作为无符号整数时，其取值范围为$0 \sim 2^{32}-1$；当作为有符号整数时，其取值范围为$-2^{31} \sim 2^{31}-1$。汇编编译器并不区分一个数是无符号的还是有符号的，事实上$-n$与$2^{32}-n$在内存中是同一个数。

进行大小比较时，数字表达式表示的都是无符号数。按照这种规则，$0 < -1$。

1) 整数数字量。在ARM汇编语言中，整数数字量有以下几种格式：十进制数、十六进制数、n进制数。当使用DCQ或者DCQU伪操作声明时，该数字量表示的数的范围为$0 \sim 2^{64}-1$。其他情况下数字量表示的数的范围为$0 \sim 2^{32}-1$。

例3-8 本例列举一些数字量。

```
a     SETA   34906
addr  DCD   0xAl0E
LDR   r4, =&1000000F
c3    SETA   8_74007
DCQ   0x0123456789abcdef
```

2) 浮点数字量。

单精度的浮点数表示范围为：最大值为3.40282347e+38；最小值为1.17549435e-38。

双精度的浮点数表示范围为：最大值为1.79769313486231571e+308；最小值为

2.2250738585072O138e-308。

3）数字变量。数字变量用伪操作 GBLA 或者 LCLA 声明，用 SETA 赋值，它代表一个 32 位的数字量。

（3）基于寄存器和基于 PC 的表达式

基于寄存器的表达式表示了某个寄存器的值加上（或减去）一个数字表达式。基于 PC 的表达式表示了 PC 寄存器的值加上（或减去）一个数字表达式。基于 PC 的表达式通常由程序中的标号与一个数字表达式组成。相关的操作符有以下几种：

1）BASE。BASE 操作符返回基于寄存器的表达式中的寄存器编号。

2）INDEX。INDEIX 操作符返回基于寄存器的表达式相对于其基址寄存器的偏移量。

3）+、-。+、-为正负号。它们可以放在数字表达式或者基于 PC 的表达式前面。

（4）逻辑表达式

逻辑表达式由逻辑量、逻辑操作符、关系操作符以及括号组成。取值范围为 {FALSE} 和 {TURE}。

1）关系操作符。关系操作符用于表示两个同类表达式之间的关系。关系操作符和它的两个操作数组成一个逻辑表达式，其取值为 {FALSE} 或 {TURE}。

2）逻辑操作符。逻辑操作符进行两个逻辑表达式之间的基本逻辑操作。操作的结果为 {FALSE} 或 {TURE}。

3.7.4 ARM 汇编语言程序格式

本小节介绍 ARM 汇编语言程序的基本格式以及子程序间调用的格式。

1. 汇编语言程序格式

ARM 汇编语言以段（Section）为单位组织源文件。段是相对独立的、具有特定名称的、不可分割的指令或者数据序列。段又可以分为代码段和数据段，代码段存放执行代码，数据段存放代码运行时需要用到的数据。一个 ARM 源程序至少需要一个代码段，大的程序可以包含多个代码段和数据段。

ARM 汇编语言源程序经过汇编处理后生成可执行的映像文件（类似于 Windows 系统下的 EXE 文件），可执行映像文件格式为：*.axm、*.bin、*.elf、*.hex。该可执行的映像文件通常包括下面 3 部分：

- 一个或多个代码段。代码段通常是只读的。
- 零个或多个包含初始值的数据段。这些数据段通常是可读写的。
- 零个或多个不包含初始值的数据段。这些数据段被初始化为 0，通常是可读写的。

连接器根据一定的规则将各个段安排到内存中的相应位置。源程序中段之间的相邻关系与执行的映像文件中段之间的相邻关系并不一定相同。

下面通过一个简单的例子，说明 ARM 汇编语言源程序的基本结构。

```
        AREA EXAMPLE1,CODE,READONLY
        ENTRY
start
```

```
MOV r0.#10
MOV r1,#3
ADD r0,r0,rl
END
```

在 ARM 汇编语言源程序中，使用伪操作 AREA 定义一个段。AREA 伪操作表示了一个段的开始，同时定义了这个段的名称及相关属性。在本例中定义了一个只读的代码段，其名称为 EXAMPLE1。

ENTRY 伪操作标识了程序执行的第一条指令。一个 ARM 程序中可以有多个 ENTRY，至少要有一个 ENTRY。初始化部分的代码以及异常中断处理程序中都包含了 ENTRY。如果程序包含了 C 代码，C 语言库文件的初始化部分也包含了 ENTRY。

本程序的程序体部分实现了一个简单的加法运算。

END 伪操作告诉汇编编译器源文件的结束。每一个汇编模块必须包含一个 END 伪操作，指示本模块的结束。

2. 汇编语言子程序调用

在 ARM 汇编语言中，子程序调用是通过 BL 指令完成的。BL 指令的语法格式如下：

```
BL subname
```

其中，subname 是调用的子程序的名称。

BL 指令完成两个操作：将子程序的返回地址放在 LR 寄存器中，同时将 PC 寄存器值设置成目标子程序的第一条指令地址。

在子程序返回时可以通过将 LR 寄存器的值传送到 PC 寄存器中来实现。

子程序调用时通常使用寄存器 R0 ~ R3 来传递参数和返回结果，这些在后面的编程模型中还会详细介绍。

下面是一个子程序调用的例子。子程序 DOADD 完成加法运算，操作数放在 R0 和 R1 寄存器中，结果放在 R0 中。

```
        AREA EXAMPLE2,CODE,READONLY
        ENTRY
start   MOV r0,#10          ;设置输入参数 R0
        MOV r1,#3           ;设置输入参数 R1
        BL doadd            ;调用子程序 doadd
doadd   ADD r0,r0,r1        ;子程序
        MOV pc,lr           ;从子程序中返回
        END
```

3. C 语言与汇编混合编程

(1) 在 C\ C ++ 程序中使用内嵌的汇编指令

在 ARM C 语言程序中，使用关键字__ asm 来标识一段汇编指令程序。如：

```
__ asm        ;2 个下划线
{
```

```
    汇编语言程序
    ~~~~~~~~~
    汇编语言程序
}
```

其中一条指令占多行时，要使用续行符号（\）。必须小心使用物理寄存器，如 R0 ~ R3、SP、LR 和 CPSR 中的 N、Z、C、V 标志位，因为计算汇编代码中的 C 表达式时，可能会使用这些物理寄存器，并会修改 N、Z、C、V 标志位。

（2）从汇编程序中访问 C 程序变量

在 C 程序中声明的全局变量可以被汇编程序通过地址间接访问。具体访问方法如下：

1）使用 IMPORT 伪指令声明这个全局变量。

2）使用 LDR 指令读取该全局变量的内存地址，通常该全局变量的内存地址存放在程序的数据缓冲池中。

3）根据该数据类型，使用相应的 LDR 指令读取该全局变量的值；使用相应的 STR 指令修改该全局变量的值。

```
        AREA    globals,CODE,READONLY
        EXPORT asmsub
        IMPORT    glovbvar          ;声明外部变量 glovbvar
asmsub
        LDR R1, = glovbvar          ;装载变量地址
        LDR R0,[R1]                 ;读出数据
        ADD R0,R0,#1                ;加 1 操作
        STR R0,[R1]                 ;保存变量值
        MOV PC, LR
        END
```

（3）C 程序与汇编程序互相调用规则

寄存器的使用规则：

- 子程序间通过寄存器 R0 ~ R3 来传递参数。
- 在子程序中，使用寄存器 R4 ~ R11 来保存局部变量。
- 寄存器 R12 用于保存 SP，在函数返回时使用该寄存器出栈，记作 IP。
- 寄存器 R13 用于数据栈指针，记作 SP，寄存器 SP 在进入子程序时的值和退出子程序时的值必须相等。
- 寄存器 R14 称为链接寄存器，记作 LR，它用于保存子程序的返回地址。
- 寄存器 R15 是程序计数器，记作 PC。

3.7.5 汇编程序设计举例

在本节中通过例子来说明 ARM 汇编与 C 语言程序设计方法。

（1）start. S 汇编代码

start. S 是芯片的启动代码，是芯片上电后执行的第一段用户代码。首先，在文件开头定

义了异常向量表；然后，使能了内核管理模式；接着，定义了各种工作模式使用的栈空间；最后，跳转到main()函数。

```
.text
.global _start
.global irq_handler
_start:
        b      reset
        ldr    pc,_undefined_instruction
        ldr    pc,_software_interrupt
        ldr    pc,_prefetch_abort
        ldr    pc,_data_abort
        ldr    pc,_not_used
        ldr    pc,_irq
        ldr    pc,_fiq

_undefined_instruction:        .word   _undefined_instruction
_software_interrupt:           .word   _software_interrupt
_prefetch_abort:               .word   _prefetch_abort
_data_abort:                   .word   _data_abort
_not_used:                     .word   _not_used
_irq:                          .word   _irq
_fiq:                          .word   _fiq

reset:
        mrs     r0,cpsr
        bic     r0,r0,#0x1f
        orr     r0,r0,#0xd3
        msr     cpsr,r0             @ enable svc mode of cpu

init_stack:
        ldr     r0,stacktop         @ get stack top pointer
        mov     sp,r0
        sub     r0,#128 * 4         @ 512 byte  for irq mode of stack
        msr     cpsr,#0xd2
        mov     sp,r0
        sub     r0,#128 * 4         @ 512 byte  for irq mode of stack
        ms      r cpsr,#0xd1
        mov     sp,r0
        sub     r0,#0
        msr     cpsr,#0xd7
        mov     sp,r0
        sub     r0,#0
```

```
        msr     cpsr,#0xdb
        mov     sp,r0
        sub     r0,#0
        msr     cpsr,#0x10
        mov     sp,r0               @ 1024 byte  for user mode of stack

        b       main

.align  5
irq_handler:
    sub  lr,lr,#4
    stmfd sp!,{r0-r12,lr}
    bl   do_irq
    ldmfd sp!,{r0-r12,pc}^

stacktop:    .word     stack+4*512
.data
stack:       .space  4*512
```

(2) main. c 源代码

main. c 文件一般定义程序所使用的寄存器地址，在初始化完成后进入 while 循环，具体程序根据应用功能所定。

本章小结

本章主要介绍 Cortex－A8 处理器的寻址方式、存储器组织、异常处理以及 Cortex－A8 处理器的汇编语言的指令集。Cortex－A8 的寻址方式包括寄存器寻址、立即数寻址、寄存器移位寻址、寄存器间接寻址、变址寻址、多寄存器寻址、堆栈寻址以及块拷贝寻址。Cortex－A8 处理器的指令集主要包括存储器访问指令、数据处理指令两大类指令。最后以 startup. s 启动代码为例介绍了 ARM 汇编程序设计规范。

思考题

1. 简述 Cortex－A8 微处理器的几种工作模式。
2. 举例说明 Cortex－A8 微处理器的存储格式。
3. 简述机器指令 LDR 与汇编伪指令的区别。
4. 简述 CPSR 状态寄存器中各有效位的含义。
5. 简述 Cortex－A8 微处理器的异常类型。
6. 什么是寻址？简述 Cortex－A8 微处理器的寻址方式。
7. 编程实现 64 位加法、64 位减法、64 位求负数功能，结果放在 R1、R0 寄存器中。

8. B 指令、BL 指令、BLX 指令和 BX 指令用于实现程序流程的跳转，有何异同？

9. 简述汇编语言的程序结构。

10. ALIGN 伪操作的指令的作用是什么？什么情况下需要伪操作？在 AREA 伪操作中有 ALIGN 属性，它与单独的 ALIGN 伪操作有什么不同？

11. 如何在 C 语言程序中内嵌汇编程序？如何在汇编程序中访问 C 程序变量？

12. 程序设计：使用 LDR 指令读取 0x40003100 上的数据，将数据加 1，若结果小于 10 则使用 STR 指令把结果写回原地址，若结果大于等于 10，则把 0 写回原地址。然后再次读取 0x40003100 上的数据，将数据加 1，判断结果是否小于 10……周而复始循环。

第4章　GPIO 编程

4.1　S5PV210 芯片硬件资源

S5PV210 是一款 32 位精简指令集计算机（RISC），具有低成本、低功耗、高性能的微处理器解决方案，适用于手机及一般应用。它集成了 ARM Cortex－A8 的内核，并实现了 ARM 构架的 V7－A 的配套外设。

为了为 3 G 和 4 G 通信服务提供优化的硬件性能，S5PV210 采用 64 位的内部总线架构。这包括许多强大的硬件加速器，用来完成运动视频处理、显示控制和缩放等任务。集成多格式编解码器（MFC）支持 MPEG－1/2/4、H. 263、H. 264 的编解码及 VC1 的解码。这种硬件加速器支持实时视频会议和模拟电视输出、HTSC 的 HDMI 接口和 PAL 模式。

S5PV210 拥有一个外部存储器，能够承受高端通信服务所需要的大记忆频宽。内存系统具有支持并行访问和 DRAM 端口的闪存/ROM 的外部存储器，以满足高带宽。DRAM 控制器支持 LPDDR1、DDR2 或 LPDDR2。闪存/ ROM 端口支持 NAND 闪存、NOR 闪存、OneNAND 闪存、SRAM 和 ROM 类型外部存储器。

为了降低系统总成本和提高整体功能，S5PV210 包括许多硬件外设，如 TFT 24 位真彩色 LCD 控制器、摄像头接口、MIPIDSI、CSI－2、电源管理的系统管理器、ATA 接口、4 个 UART、24 通道 DMA、5 个定时器、通用 I / O 端口、3 个 I^2S、S / PDIF、3 个（通用）的 IIC－B 接口、2 个 HS－SPI、USB2. 0、工作在高速（480 Mbit/s）的 USB 2. 0 OTG 主机、SD 主机和高速多媒体卡接口、4 个 PLL 时钟产生器。

S5PV210 的硬件系统框图如图 4-1 所示。

4.1.1　微处理器

微处理器的主要特性包括：

- ARM Cortex－A8 处理器是第一款基于 ARMv7 架构的应用处理器。
- 随着扫描速度达到 1 GHz，ARM Cortex－A8 处理器满足了功耗优化移动设备的要求，这些设备要求工作低于 30 mW，并且性能优化的消费应用要求 2000 Dhrystone MIPS。
- 支持 ARM 用于超标量处理器技术增强的代码密度和性能，NEON 技术用于多媒体和信号处理，Jazelle－RTC 技术用于支持提前和及时的 Java 或其他语言编译。

ARM Cortex－A8 的其他特性包括：

- Thumb－2 技术用于更高技能、能源效率和代码密度。
- NEON 信号处理扩展。
- Jazelle RTC Java 语言加速技术。
- TrustZone 技术用于安全交易和数字版权管理。
- 13 级主整数流水线。

- 10 级 NEON 媒体流水线。
- 集成使用标准编译 RAM 的 L2 高速缓存。
- 性能和功耗优化的 L1 高速缓存。

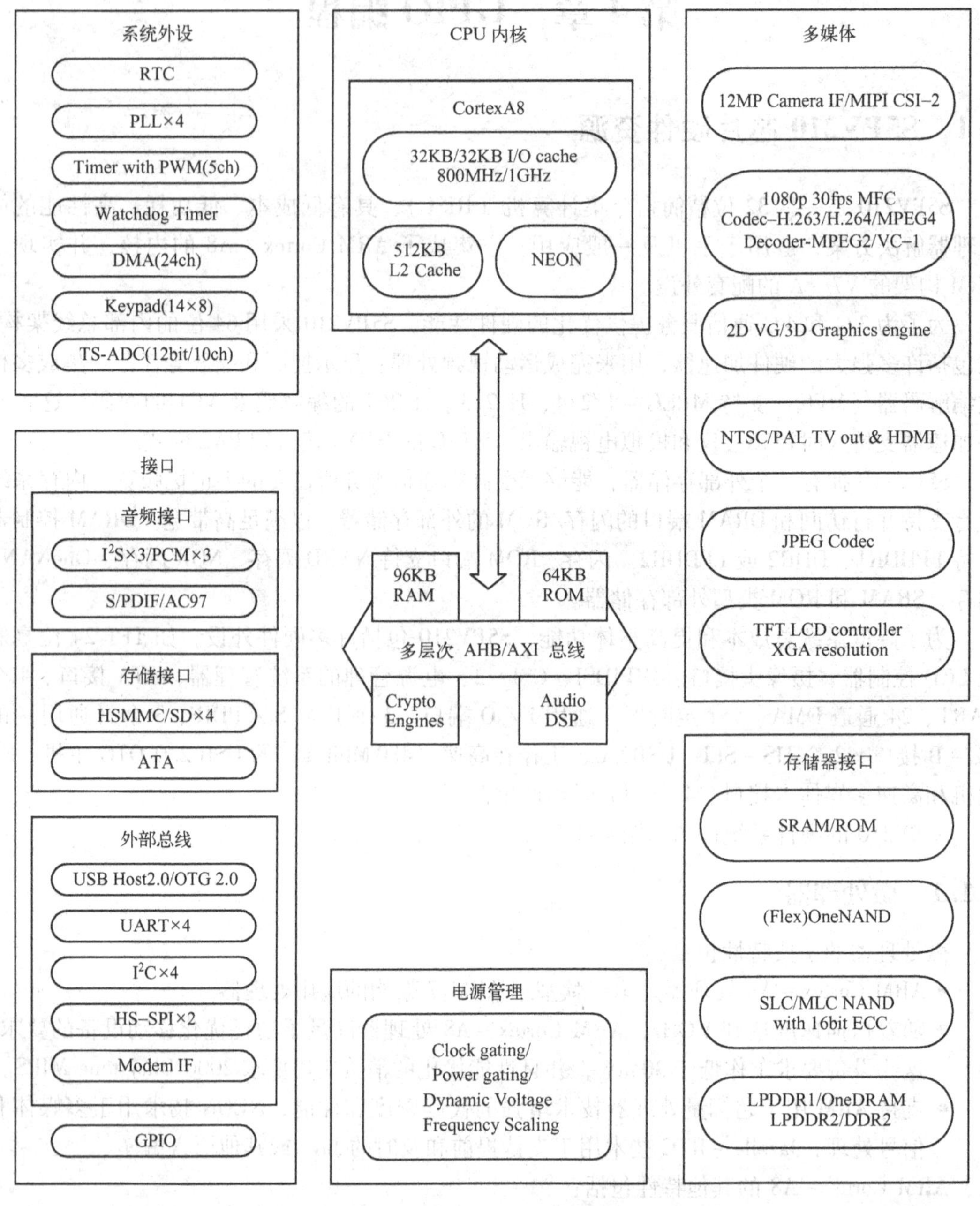

图 4-1 S5PV210 的硬件系统框图

4.1.2 内存子系统

内存子系统的主要特性包括：

1）高带宽内存矩阵子系统。
2）2 个独立的外接存储接口（1×16 静态混合存储端口和 2×32DRAM 端口）。
3）矩阵架构增加了整体带宽的同时访问能力：
- SRAM/ROM/NOR 接口。
- OneNAND 接口。
- NAND 接口。
- LPDDR1 接口。
- DDR2 接口。
- LPDDR2 接口。

4.1.3 多媒体

多媒体的主要特性包括：
（1）相机接口
- 多种输入支持。
- 多种输出支持。
- 数码变焦能力（DZI）。
- 多相机输入支持。
- 视频同步信号的可编程性。
- 输入横向支持高达已缩放的 4224 像素和未缩放的 8192 像素。
- 图像的镜像和旋转（X 轴镜像，Y 轴镜像，90°、180°和 270°旋转）。
- 各种格式图像生成。
- 拍摄框架控制支持。
- 图像效果支持。
（2）多格式视频编解码器（MFC）
- ITU－T H. 264，ISO/IEC 14496－10。
- ITU－T H. 263 版本 3。
- ISO/IEC 14496 MPEG－4。
- 编码支持 MPEG－4。
- ISO/IEC 13818－2 MPEG－2。
- SMPTE 421M VC－1。
（3）JPEG 编码
- 支持高达 8192×8192 像素的压缩/解压缩。
- 支持多种压缩格式。
- 支持多种解压缩格式。
- 支持通用的色彩空间旋转器。
（4）3D 图形引擎（SGX540）
- 支持一般硬件上的 3D 图形、矢量图形和视频的编解码。
- 平铺架构。
- 通用可扩展着色引擎——多线程的引擎，融合了像素和顶点着色器的功能。

- 支持工业标准 API - OGL - ES1.1 和 2.0 及开放的 VG1.0。
- 精密而严格的任务切换，负载平衡，以及电源管理。
- 在最小 CPU 互动情况下具有先进的几何 DMA 驱动操作。
- 可编程高品质图像，抗锯齿。
- 统一内存架构中完全虚拟化的内存寻址功能的操作系统。

(5) 2D 图形引擎

- 位块传送。
- 支持图像的最大尺寸为 8000×8000 像素。
- 窗口剪裁，90°/180°/270°旋转，X 轴/Y 轴。
- 反向寻址（X 正/反向，Y 正/反向）。
- 4 操作数的光栅操作（ROP4）。
- 阿尔法混合（固定的阿尔法值/每像素的阿尔法值）。
- 任意大小的像素图案绘制，图案缓存。
- 16/24/32bpp，24bpp 色彩格式。

(6) 模拟电视接口

- 输出视频格式：NTSC - M/ NTSC - J/ NTSC4.43/ PAL - B，D，G，H，I/ PAL - M/ PAL - N/ PAL - Nc/ PAL - 60。
- 支持的输入格式：ITU - R BT.601(YCbCr 4:4:4)。
- 支持 480i/p 和 576i 解决方案。
- 支持复合。

(7) 数字电视接口

- 高清晰度多媒体接口（HDMI）1.3。
- 支持高达 1080p 30 Hz 和 8 通道/112 kHz/24 位音频。
- 支持 480p、576p、720p、1080i、1080p（不支持 480i）。
- 支持 HDCP v1.1。

(8) 旋转器

- 支持图像格式：YCbCr422、YCbCr420、RGB565 和 RGB888。
- 支持旋转角度：90°、180°、270°、垂直旋转、水平旋转。

(9) 视频处理器

- BOB/2D - IPC 模式。
- 处理 YCbCr4:4:4 输出混合器混合图形和视频。
- 用 4 抽头/16 相多相滤波器完成 1/4X 至 16X 垂直缩放。
- 用 8 抽头/16 相多相滤波器完成 1/4X 至 16X 水平缩放。
- 平移和扫描，以及 NTSC/PAL 制式转换使用缩放。
- 在显示区域内灵活缩放视频或定位。
- 1/16 像素分辨率的平移和扫描模式。
- 灵活的后期视频处理。
- 视频资源输入尺寸达 1920×1080 像素。

(10) 视频混合器

• 输入视频和图形层的混合和重叠。
• 480i/p、576i/p、720p 和 1080i/p 显示尺寸。
• 4 层（一个视频层、两个图形层和一个背景层）。
（11）TFT - LCD 接口
• 24/18/16bpp 并行 RGB 液晶接口。
• 8/6bpp 系列 RGB 接口。
• 双 i80LCD 接口。
• 1/2/4/8bpp 托盘化或 8/16/24bpp 未托盘化的真彩 TFT。
• 典型屏幕尺寸：1024 × 768 像素、800 × 480 像素、640 × 480 像素、320 × 240 像素、160 × 160 像素等。
• 虚拟图像达 16 M 像素（4 K 像素 ×4 K 像素）。
• 5 个窗口层用于 PIP 或 OSD。
• 实时复用覆盖面。
• 可编程 OSD 窗口定位。
• 8 位阿尔法混合（平面/像素）。
• ITU - BT601/656 格式输出。

4.1.4 音频子系统

音频子系统的主要特性包括：
1）音频处理由可重构处理器（RP）管理。
2）低功耗音频子系统：
• 32 位带宽 64 深度的 5.1 声道 I^2S。
• 128 KB 音频播放输出缓存。
• 硬件混合器混合初级和次级的声音。

4.1.5 安全子系统

安全子系统的主要特性包括：
（1）片上安全引导 ROM
• 64 KB 安全引导 ROM。
（2）片上安全 RAM
• 96 KB 安全 RAM 用于安全功能。
（3）硬件加密加速器
• 安全集成 DES/ TDES、AES、SHA - 1、PRNG 和 PKA。
• 访问控制（安全域管理和 ARM 的 TrustZone 硬件）。
• 为安全敏感的应用启用增强安全的独立执行平台。
（4）安全 JTAG
• JTAG 用户的身份验证。
• JTAG 模式的访问控制。

4.1.6 接口

主要的接口特性包括：

(1) PCM 音频接口

- 16 位单声道音频接口。
- 仅主控模式。
- 支持 3 端口 PCM 接口。

(2) AC97 音频接口

- 独立通道用于立体声 PCM 输入和输出及单声道传声器输入。
- 16 位立体声（2 通道）音频。
- 可变采样率的 AC97 编解码器接口（48 kHz 及以下）。
- 支持 AC97 规格。

(3) SPDIF 接口

- 支持线性 PCM 达 24 位每个样点。
- 支持非线性 PCM 格式如 AC3、MPEG1 和 MPEG2。
- 2×24 位交替填充数据的缓存区。

(4) I^2S 总线接口

- 3 个 I^2S 总线用于基于 DMA 操作的音频编码接口。
- 串行每通道 8/16/24 位的数据传输。
- 支持 I^2S、MSB 对齐和 LSB 对齐数据格式。
- 支持 PCM5.1 声道。
- 多种位时钟频率和编码时钟频率支持。
- 支持 1 端口 5.1 声道 I^2S（在音频子系统中）和 2 端口 I^2S 通道。

(5) 调制解调器接口

- 异步直接/间接 16 位 SRAM 格式接口。
- 片上 16 KB 双端口 SRAM 缓冲直通接口。

(6) I^2C 总线接口

- 3 个多主 I^2C 总线。
- 在标准模式下 8 位串行定向及双向数据传输速率可达 100 kbit/s。
- 在快速模式下数据传输速率可达 400 kbit/s。

(7) ATA 控制器

- 与 ATA/ATAPI－6 标准兼容。

(8) UART

- 4 个带有基于 DMA 或中断操作的 UART。
- 支持 5 位、6 位、7 位或 8 位串行数据发送/接收。
- UART0 有 Rx/Tx 独立 256 B 的 FIFO，UART1 有 64 B 的 FIFO，UART2/3 有 16 B 的 FIFO。
- 可编程波特率。
- 支持 IrDA 1.0 SIR（115.2 kbit/s）模式。

- 循环测试模式。
- 波特率时钟产生非整数时钟。

（9）USB 2.0 OTG

- 兼容 OTG1.0a 版本及 USB2.0 版本。
- 支持高速达 480 Mbit/s。
- 片上 USB 收发器。

（10）USB Host 2.0

- 符合 USB Host2.0。
- 支持高速达 480 Mbit/s。
- 片上 USB 收发器。

（11）HS - MMC/SDIO 接口

- 兼容多媒体卡协议版本 4.3。
- 兼容 SD 内存卡协议版本 2.0。
- 基于 DMA 或中断操作。
- 128 B 用于 Tx/Rx 的 FIFO。
- 4 端口 HS - MMC 或 4 端口 SDIO。

（12）SPI 接口

- 符合串行外设接口协议版本 2.11。
- SPI0 有 Rx/Tx 独立 64 B FIFO，SPI1 有 16 B FIFO。
- 基于 DMA 或中断操作。

（13）GPIO

- 237 个多功能输入/输出端口。
- 控制 178 外部中断。
- GPA0：8 输入/输出端口，或 2 个带有流控制 UART。
- GPA1：4 输入/输出端口，或 2 个不带流控制 UART 或带流控制的 1 个 UART。
- GBP：8 输入/输出端口，或 2 个 SPI。
- GPC0：5 输入/输出端口，或 I^2S、PCM、AC97。
- GPC1：5 输入/输出端口，或 I^2S、SPDIF、LCD_FRM。
- GPD0：4 输入/输出端口，或 PWM。
- GPD1：6 输入/输出端口，或 $3 \times I^2C$、PWM、IEM。
- GPE0，1：13 输入/输出端口，或相机接口。
- GPF0，1，2，3：30 输入/输出端口，或 LCD 接口。
- GPG0，1，2，3：28 输入/输出端口，或 4 个 MMC 通道。
- GPH0，1，2，3：32 输入/输出端口，或键盘、扩展唤醒（32 位）、HDMI。
- GPI：低功耗 I^2S、PCM。
- GPJ0，1，2，3，4：35 输入/输出端口，或调制解调器 IF、CAMIF、CFCON、KEYPAD、SROM ADDR[22:16]。
- MP0_1，2，3：20 输入/输出端口，或控制 EBI 信号（SROM、NF、CF 和 OneNAND）。

• MP0_4，5，6，7：32 输入/输出存储端口——EBI。

4.1.7 系统外设

系统外设的主要特性有：

（1）实时时钟

• 完整的时钟功能：秒、分、小时、天、月、年。
• 32.768 kHz 操作。
• 报警中断。
• 计时中断。

（2）PLL

• 4 个片上 PLL：APLL/MPLL/EPLL/VPLL。
• APLL 产生 ARM 内核和 MSYS 时钟。
• MPLL 生成系统总线时钟和特殊时钟。
• EPLL 生成特殊时钟。
• VPLL 生成视频接口时钟。

（3）键盘

• 支持 14×8 矩阵键盘。
• 提供内部去抖动滤波器。

（4）脉冲宽度调制定时器

• 带有中断操作的 5 通道 32 位内部定时器。
• 带有 PWM 的 4 通道 32 位定时器。
• 可编程占空比、频率和极性。
• 死区产生器。
• 支持扩展时钟资源。

（5）系统定时器

• 在除睡眠模式的任何电源模式下精准定时器提供精确到 1 ms 的刻度。
• 在不停止相关定时器的情况下可改变中断间隔。

（6）DMA

• 基于 DMA 的宏块编程。
• 特定的指令集提供程序 DMA 传输的灵活性。
• 支持链表 DMA 功能。
• 支持 3 个增强型内置 DMA，每个 DMA 8 个通道。
• 支持内存到内存类型优化的 DMA 和两个外设到内存类型的优化 DMA。
• M2M DMA 支持 16 连拍，P2M DMA 支持 8 连拍。

（7）A－D 转换器和触屏接口

• 10 通道多路复用 ADC。
• 最大 500 ksamples/s 和 12 位分辨率。

（8）看门狗定时器

• 16 位看门狗定时器。

(9) 向量中断定时器

- 中断设备驱动程序的软件可以屏蔽掉特定的中断请求。
- 可嵌套具有优先级管理的中断源。

(10) 电源管理

- 部件的时钟门控。
- 多种可用低功耗模式，如空闲、停止、深停止、深度空闲模式和睡眠模式。
- 睡眠模式下的唤醒源为扩展中断、RTC 报警、定时器和按键接口。
- 停止和深睡眠模式下唤醒源为 MMC、触摸屏接口、系统时钟和睡眠模式。
- 深空闲模式唤醒源为 5.1 声道 I^2S 和停止模式的唤醒源。

4.1.8 封装与引脚

S5PV210 的引脚分配图如图 4-2 所示。

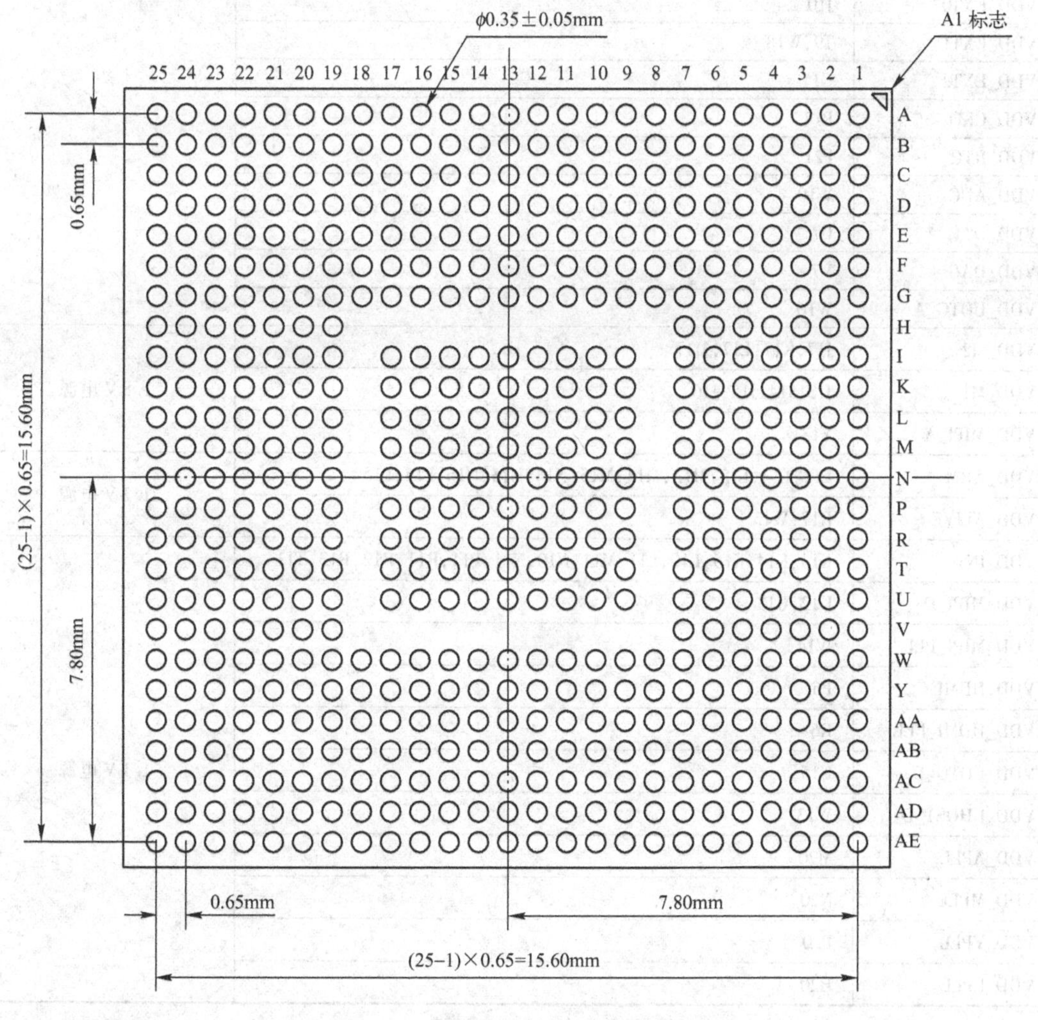

图 4-2　S5PV210 引脚分配底部图

S5PV210 电源引脚分配如表 4-1 所示。

表 4-1 S5PV210 电源引脚分配表

引脚名称	引脚位	引脚说明
VDD_UHOST_A	Y16	3.3 V 电源
VDD_HDMI_OSC	T7	
VDD_M0	K9,M9	
VDD_LCD	U10	
VDD_CAM	V19	
VDD_AUD	U9,U19	
VDD_MODEM	J7	
VDD_KEY	T17	
VDD_SYS0	P9,U16,U17	
VDD_SYS1	T19	
VDD_EXT0	J10	
VDD_EXT1	T9,W18	
VDD_EXT2	G11	
VDD_CKO	P17	
VDD_RTC	P21	
VDD_ADC	W10	
VDD_DAC_A	U7	
VDD_DAC	V7	
VDD_UOTG_A	W16	
VDD_M2	J17,K17,L17,M17	1.8 V 电源
VDD_M1	J13,J14,J15,J16	
VDD_MIPI_A	Y13	
VDD_ARM	L13,L14,L15,M13,M14,M15,N14,N15,N16,P14,P15	1.2 V 电源
VDD_ALIVE	R17,W15	
VDD_INT	K13,K14,K15,L10,L11,M11,N10,N11,P11,R11,R12,R13,T11	1.1 V 电源
VDD_MIPI_D	U12,U13	
VDD_MIPI_PLL	W14	
VDD_HDMI	P6	
VDD_HDMI_PLL	R6	
VDD_UOTG_D	U15	
VDD_UHOST_D	W13	
VDD_APLL	M20	
VDD_MPLL	N20	
VDD_VPLL	P20	
VDD_EPLL	R20	

S5PV210 的地线引脚分配如表 4-2 所示。

表 4-2　S5PV210 地线引脚分配表

引脚名称	引脚位	引脚说明
VSS	A1,A25,AE1,AE25,G19,G7,J12,K10,K11,K12,K16,K19,L12,L16,L9,M10,M12,M16,M19,N12,N17,N19,P10,P12,P13,P16,P19,R10,R14,R15,R16,R19,R9,T10,T12,T13,T14,T15,T16,W19,W7	地信号
VSS_APLL	M20	地信号
VSS_EPLL	R20	地信号
VSS_MPLL	N20	地信号
VSS_VPLL	P20	地信号
VSS_ADC	W11	地信号
VSS_DAC	V6	地信号
VSS_DAC_A	U6	地信号
VSS_HDMI	R7	地信号
VSS_HDMI_OSC	T6	地信号
VSS_HDMI_PLL	P7	地信号
VSS_MIPI	U11,U14	地信号
VSS_UHOST_A	AA15	地信号
VSS_UHOST_AC	AA16	地信号
VSS_UHOST_D	Y14	地信号
VSS_UOTG_A	Y17	地信号
VSS_UOTG_AC	Y15	地信号
VSS_UOTG_D	W17	地信号

S5PV210 的 UART 涉及的引脚如表 4-3 所示。

表 4-3　UART 引脚分配表

引脚名称	引脚位	方向	引脚说明
XURXD_0	C8	I	串口 0 接收数据信号/通用 IO 端口 PA0_0
XUTXD_0	D8	O	串口 0 发送数据信号/通用 IO 端口 PA0_1
XUCTSN_0	D9	I	串口 0 清除发送信号/通用 IO 端口 PA0_2
XURTSN_0	A7	O	串口 0 请求发送信号/通用 IO 端口 PA0_3
XURXD_1	G10	I	串口 1 接收数据信号/通用 IO 端口 PA0_4
XUTXD_1	F10	O	串口 1 发送数据信号/通用 IO 端口 PA0_5
XUCTSN_1	B8	I	串口 1 清除发送信号/通用 IO 端口 PA0_6
XURTSN_1	E10	O	串口 1 请求发送信号/通用 IO 端口 PA0_7
XURXD_2	AC20	I	串口 2 接收数据信号/音频串口接收数据信号/通用 IO 端口 PA1_0
XUTXD_2	AC14	O	串口 2 发送数据信号/音频串口发送数据信号/通用 IO 端口 PA1_1
XURXD_3	AC13	I	串口 3 接收数据信号/串口 2 清除发送信号/通用 IO 端口 PA1_2
XUTXD_3	AB13	O	串口 3 发送数据信号/串口 2 请求发送信号/通用 IO 端口 PA1_3

S5PV210 的 SPI 端口所涉及的引脚如表 4-4 所示。

表 4-4　SPI 引脚分配表

引脚名称	引　脚　位	方　　向	引脚说明
XSPICLK_0	B7	IO	通道 0 的 SPI 时钟/通用 IO 端口 PB0
XSPICSN_0	E9	IO	通道 0 的 SPI 芯片使能(从模式)/通用 IO 端口 PB1
XSPIMISO_0	J9	IO	通道 0 的 SPI 主输入/从输出线/通用 IO 端口 PB2
XSPIMOSI_0	J11	IO	通道 0 的 SPI 主输出/从输入线/通用 IO 端口 PB3
XSPICLK_1	G12	IO	通道 1 的 SPI 时钟/通用 IO 端口 PB4
XSPICSN_1	B11	IO	通道 1 的 SPI 芯片使能(从模式)/通用 IO 端口 PB5
XSPIMISO_1	G13	IO	通道 1 的 SPI 主输入/从输出线/通用 IO 端口 PB6
XSPIMOSI_1	A11	IO	通道 1 的 SPI 主输出/从输入线/通用 IO 端口 PB7

S5PV210 的 PWM/I^2C 引脚如表 4-5 所示。

表 4-5　PWM/I^2C 引脚分配表

引脚名称	引　脚　位	方　　向	引脚说明
XPWMTOUT_0	E8	O	PWM 计数器输出 0
XPWMTOUT_1	B9	O	PWM 计数器输出 1
XPWMTOUT_2	A8	O	PWM 计数器输出 2
XPWMTOUT_3	F12	O	PWM 计数器输出 3
XI2C0SDA	F11	IO	通道 0 的 I^2C 时钟
XI2C0SCL	C9	IO	通道 0 的 I^2C 数据
XI2C1SDA	AE23	IO	通道 1 的 I^2C 时钟
XI2C1SCL	AD22	IO	通道 1 的 I^2C 数据
XI2C2SDA	AC16	IO	通道 2 的 I^2C 时钟
XI2C2SCL	AE22	IO	通道 2 的 I^2C 数据

S5PV210 的 I^2S/PCM/SPDIF/AC97 引脚如表 4-6 所示。

表 4-6　I^2S/PCM/SPDIF/AC97 引脚分配表

引脚名称	引　脚　位	方　　向	引脚说明
XI2S1SCLK	AD1	IO	通道 1 的 I^2S 总线串行时钟/通道 1 的 PCM 串行移位时钟/从 AC97 编解码器到 AC97 控制器的 AC - link 位时钟 (12.288MHz) /通用 IO 端口 PC0_0
XI2S1CDCLK	AB3	IO	通道 1 的 I^2S 编解码器系统时钟/通道 1 的 PCM 外部时钟/AC97 编解码器的 AC - link 复位/通用 IO 端口 PC0_1
XI2S1LRCK	AC2	IO	通道 1 的 I^2S 总线通道选择时钟/通道 1 的 PCM 同步指示/从 AC97 控制器到 AC97 编解码器的 AC - link 帧同步（采样率 48 kHz）/通用 IO 端口 PC0_2
XI2S1SDI	AA5	I	通道 1 的 I^2S 总线串行数据输入/通道 1 的串行数据输入/AC97 编解码器的 AC - link 串行数据输入/通用 IO 端口 PC0_3

（续）

引脚名称	引　脚　位	方　　向	引脚说明
XI2S1SDO	AB4	O	通道 1 的 I^2S 总线串行数据输出/通道 1 的串行数据输出/AC97 编解码器的 AC – link 串行数据输出/通用 IO 端口 PC0_4
XPCM0SCLK	AA2	O	通道 0 的 PCM 串行移位时钟/SPDIF 音频数据输出/通道 2 的 I^2S 总线串行时钟/通用 IO 端口 PC1_0
XPCM0EXTCLK	AA1	I	通道 0 的 PCM 外部时钟/SPDIF 全局音频主时钟输入/通道 2 的 I^2S 编解码器系统时钟/通用 IO 端口 PC1_1
XPCM0FSYNC	AB1	O	通道 0 的 PCM 字同步指示/帧同步信号/通道 2 的 I^2S 总线通道选择时钟/通用 IO 端口 PC1_2
XPCM0SIN	AB2	I	通道 0 的串行数据输入/通道 2 的 I^2S 总线串行数据输入/通用 IO 端口 PC1_3
XPCM0SOUT	AC1	O	通道 0 的串行数据输出/通道 2 的 I^2S 总线串行数据输出/通用 IO 端口 PC1_4

S5PV210 的摄像处理器涉及的引脚如表 4–7 所示。

表 4–7　摄像处理器 A 引脚分配表

引脚名称	引　脚　位	方　　向	引脚说明
XCIPCLK	AC21	I	摄像处理器 A 的像素时钟/通用 IO 端口 PE0_0
XCIVSYNC	AA14	I	摄像处理器 A 的垂直同步/通用 IO 端口 PE0_1
XCIHREF	AB14	I	摄像处理器 A 的水平同步/通用 IO 端口 PE0_2
XCIDATA_0	AB15	I	摄像处理器 A 的 YCbCr 像素值(8 位模式)或 Y 像素值(16 位模式)/通用 IO 端口 PE0_3 到 PE0_7,通用 IO 端口 PE1_0 到 PE1_2
XCIDATA_1	AB16	I	
XCIDATA_2	AB20	I	
XCIDATA_3	AA19	I	
XCIDATA_4	AB21	I	
XCIDATA_5	Y18	I	
XCIDATA_6	AB17	I	
XCIDATA_7	AA17	I	
XCICLKENB	AA18	O	摄像处理器 A 的主时钟/通用 IO 端口 PE1_3
XCIFIELD	AB19	I	外部摄像处理器 A 的指定字段的信号/通用 IO 端口 PE1_4

S5PV210 微处理器的 LCD 引脚如表 4–8 所示。

表 4–8　LCD 引脚分配表

引脚名称	引　脚　位	方　　向	引脚说明
XVHSYNC	AA13	O	RGB 接口的水平同步信号/i80 接口 LCD 的 LCD0 芯片使能信号/601 接口的水平同步信号/通用 IO 端口 PF0_0
XVVSYNC	Y10	O	RGB 接口的垂直同步信号/i80 接口 LCD 的 LCD1 芯片使能信号/601 接口的垂直同步信号/通用 IO 端口 PF0_1
XVVDEN	AB10	O	RGB 接口的数据使能/i80 接口 LCD 的寄存器/状态选择信号/601 接口的数据使能信号/通用 IO 端口 PF0_2
XVVCLK	AA10	O	RGB 接口的视频时钟/i80 接口 LCD 的写使能信号/601 接口的数据时钟信号/通用 IO 端口 PF0_3

（续）

引脚名称	引脚位	方向	引脚说明
XVVD_0	AA9	IO	RGB 接口的 LCD 像素数据输出/i80 接口 LCD 的输入/输出视频数据/601 接口的 YUV422 格式数据输出/通用 IO 端口 PF0_4
XVVD_1	AB9	IO	RGB 接口的 LCD 像素数据输出/i80 接口 LCD 的输入/输出视频数据/601 接口的 YUV422 格式数据输出/通用 IO 端口 PF0_5
XVVD_2	AB8	IO	RGB 接口的 LCD 像素数据输出/i80 接口 LCD 的输入/输出视频数据/601 接口的 YUV422 格式数据输出/通用 IO 端口 PF0_6
XVVD_3	AB7	IO	RGB 接口的 LCD 像素数据输出/i80 接口 LCD 的输入/输出视频数据/601 接口的 YUV422 格式数据输出/通用 IO 端口 PF0_7
XVVD_4	Y9	IO	RGB 接口的 LCD 像素数据输出/i80 接口 LCD 的输入/输出视频数据/601 接口的 YUV422 格式数据输出/通用 IO 端口 PF1_0
XVVD_5	AB6	IO	RGB 接口的 LCD 像素数据输出/i80 接口 LCD 的输入/输出视频数据/601 接口的 YUV422 格式数据输出/通用 IO 端口 PF1_1
XVVD_6	AE7	IO	RGB 接口的 LCD 像素数据输出/i80 接口 LCD 的输入/输出视频数据/601 接口的 YUV422 格式数据输出/通用 IO 端口 PF1_2
XVVD_7	AC9	IO	RGB 接口的 LCD 像素数据输出/i80 接口 LCD 的输入/输出视频数据/601 接口的 YUV422 格式数据输出/通用 IO 端口 PF1_3
XVVD_8	AA8	IO	RGB 接口的 LCD 像素数据输出/i80 接口 LCD 的输入/输出视频数据/656 接口的 YUV422 格式数据输出/通用 IO 端口 PF1_4
XVVD_9	W9	IO	RGB 接口的 LCD 像素数据输出/i80 接口 LCD 的输入/输出视频数据/656 接口的 YUV422 格式数据输出/通用 IO 端口 PF1_5
XVVD_10	AE6	IO	RGB 接口的 LCD 像素数据输出/i80 接口 LCD 的输入/输出视频数据/656 接口的 YUV422 格式数据输出/通用 IO 端口 PF1_6
XVVD_11	AC8	IO	RGB 接口的 LCD 像素数据输出/i80 接口 LCD 的输入/输出视频数据/656 接口的 YUV422 格式数据输出/通用 IO 端口 PF1_7
XVVD_12	Y8	IO	RGB 接口的 LCD 像素数据输出/i80 接口 LCD 的输入/输出视频数据/656 接口的 YUV422 格式数据输出/通用 IO 端口 PF2_0
XVVD_13	AC7	IO	RGB 接口的 LCD 像素数据输出/i80 接口 LCD 的输入/输出视频数据/656 接口的 YUV422 格式数据输出/通用 IO 端口 PF2_1
XVVD_14	AD6	IO	RGB 接口的 LCD 像素数据输出/i80 接口 LCD 的输入/输出视频数据/656 接口的 YUV422 格式数据输出/通用 IO 端口 PF2_2
XVVD_15	AE5	IO	RGB 接口的 LCD 像素数据输出/i80 接口 LCD 的输入/输出视频数据/656 接口的 YUV422 格式数据输出/通用 IO 端口 PF2_3
XVVD_16	AD7	IO	RGB 接口的 LCD 像素数据输出/i80 接口 LCD 的输入/输出视频数据/通用 IO 端口 PF2_4
XVVD_17	AA7	IO	RGB 接口的 LCD 像素数据输出/i80 接口 LCD 的输入/输出视频数据/通用 IO 端口 PF2_5
XVVD_18	AD5	IO	RGB 接口的 LCD 像素数据输出/i80 接口 LCD 的输入/输出视频数据/通用 IO 端口 PF2_6
XVVD_19	AA6	IO	RGB 接口的 LCD 像素数据输出/i80 接口 LCD 的输入/输出视频数据/通用 IO 端口 PF2_7
XVVD_20	AB5	IO	RGB 接口的 LCD 像素数据输出/i80 接口 LCD 的输入/输出视频数据/通用 IO 端口 PF3_0
XVVD_21	AC5	IO	RGB 接口的 LCD 像素数据输出/i80 接口 LCD 的输入/输出视频数据/通用 IO 端口 PF3_1
XVVD_22	AC6	IO	RGB 接口的 LCD 像素数据输出/i80 接口 LCD 的输入/输出视频数据/通用 IO 端口 PF3_2
XVVD_23	Y7	IO	RGB 接口的 LCD 像素数据输出/i80 接口 LCD 的输入/输出视频数据/656 接口的数据时钟信号/通用 IO 端口 PF3_3

（续）

引脚名称	引 脚 位	方 向	引脚说明
XVVSYNC_LDI	W8	O	i80 接口 LCD 的垂直同步信号/通用 IO 端口 PF3_4
XVSYS_OE	AE4	O	RGB 接口的输出使能信号/601 接口的场信号/通用 IO 端口 PF3_5

S5PV210 微处理器的 EINT/KEYPAD 引脚如表 4-9 所示。

表 4-9　EINT / KEYPAD 引脚分配表

引脚名称	引 脚 位	方 向	引脚说明
XEINT_0	Y21	I	外部中断 0/通用 IO 端口 PH0_0
XEINT_1	W25	I	外部中断 1/通用 IO 端口 PH0_1
XEINT_2	W23	I	外部中断 2/通用 IO 端口 PH0_2
XEINT_3	Y25	I	外部中断 3/通用 IO 端口 PH0_3
XEINT_4	AA22	I	外部中断 4/通用 IO 端口 PH0_4
XEINT_5	W24	I	外部中断 5/通用 IO 端口 PH0_5
XEINT_6	W21	I	外部中断 6/通用 IO 端口 PH0_6
XEINT_7	AA25	I	外部中断 7/通用 IO 端口 PH0_7
XEINT_8	V20	I	外部中断 8/通用 IO 端口 PH1_0
XEINT_9	V22	I	外部中断 9/通用 IO 端口 PH1_1
XEINT_10	Y24	I	外部中断 10/通用 IO 端口 PH1_2
XEINT_11	W22	I	外部中断 11/通用 IO 端口 PH1_3
XEINT_12	AA24	IO	外部中断 12/HDMI 的 CEC 端口/通用 IO 端口 PH1_4
XEINT_13	AC23	I	外部中断 13/HDMI 的热插拔信号/通用 IO 端口 PH1_5
XEINT_14	AB25	I	外部中断 14/通用 IO 端口 PH1_6
XEINT_15	W20	I	外部中断 15/通用 IO 端口 PH1_7
XEINT_16	U20	IO	外部中断 16/键盘列数据/通用 IO 端口 PH2_0
XEINT_17	Y23	IO	外部中断 17/通用 IO 端口 PH2_1
XEINT_18	V21	IO	外部中断 18/通用 IO 端口 PH2_2
XEINT_19	AB24	IO	外部中断 19/通用 IO 端口 PH2_3
XEINT_20	AA21	IO	外部中断 20/通用 IO 端口 PH2_4
XEINT_21	AA23	IO	外部中断 21/通用 IO 端口 PH2_5
XEINT_22	AC25	IO	外部中断 22/通用 IO 端口 PH2_6
XEINT_23	Y20	IO	外部中断 23/通用 IO 端口 PH2_7
XEINT_24	AC24	I	外部中断 24/键盘行数据/通用 IO 端口 PH3_0
XEINT_25	AB22	I	外部中断 25/通用 IO 端口 PH3_1
XEINT_26	AD25	I	外部中断 26/通用 IO 端口 PH3_2
XEINT_27	Y22	I	外部中断 27/通用 IO 端口 PH3_3
XEINT_28	AD24	I	外部中断 28/通用 IO 端口 PH3_4
XEINT_29	AA20	I	外部中断 29/通用 IO 端口 PH3_5
XEINT_30	Y19	I	外部中断 30/通用 IO 端口 PH3_6
XEINT_31	AB23	I	外部中断 31/通用 IO 端口 PH3_7

S5PV210 微处理器的 I2S0/PCM2 引脚分配如表 4-10 所示。

表 4-10　I2S0 / PCM2 引脚分配表

引脚名称	引脚位	方向	引脚说明
XI2S0SCLK	AD2	IO	通道 0 的 I^2S 总线串行时钟（低功耗音频）/通道 2 的 PCM 串行移位时钟
XI2S0CDCLK	AC4	IO	通道 0 的 I^2S 编解码系统时钟（低功耗音频）/通道 2 的 PCM 外部时钟
XI2S0LRCK	AE3	IO	通道 0 的 I^2S 总线通道选择时钟（低功耗音频）/通道 2 的 PCM 词同步指示
XI2S0SDI	AE2	I	通道 0 的 I^2S 总线串行数据输入（低功耗音频）/通道 2 的串行数据输入
XI2S0SDO_0	AD3	O	通道 0 的 I^2S 总线串行数据输出（低功耗音频）/通道 2 的串行数据输出
XI2S0SDO_1	AC3	O	通道 0 的 I^2S 总线串行数据输出（低功耗音频）
XI2S0SDO_2	AA3	O	通道 0 的 I^2S 总线串行数据输出（低功耗音频）

S5PV210 微处理器的 Modem/CAMIF/CFCON/MIPI/KEYPAD/SROM 引脚分配如表 4-11 所示。

表 4-11　Modem/CAMIF/CFCON/MIPI/KEYPAD/SROM 引脚分配表

引脚名称	引脚位	方向	引脚说明
XMSMADDR_0	H1	I	调制解调器接口地址（XMSMADDR_13 应为‘0’）/外部视频播放器的像素数据输入/ATAPI 标准的 CF 卡地址信号/MIPI 位时钟/通用 IO 端口 PJ0_0
XMSMADDR_1	G6	I	调制解调器接口地址（XMSMADDR_13 应为‘0’）/外部视频播放器的像素数据输入/ATAPI 标准的 CF 卡地址信号/MIPI 退出时钟/通用 IO 端口 PJ0_1
XMSMADDR_2	E4	I	调制解调器接口地址（XMSMADDR_13 应为‘0’）/外部视频播放器的像素数据输入/ATAPI 标准的 CF 卡地址信号/TSI 系统时钟（66MHz）/通用 IO 端口 PJ0_2
XMSMADDR_3	H7	I	调制解调器接口地址（XMSMADDR_13 应为‘0’）/外部视频播放器的像素数据输入/CF 卡的 CF 等待信号/TSI 同步控制信号/通用 IO 端口 PJ0_3
XMSMADDR_4	G1	I	调制解调器接口地址（XMSMADDR_13 应为‘0’）/外部视频播放器的像素数据输入/CF 卡的中断信号/TSI 有效信号/通用 IO 端口 PJ0_4
XMSMADDR_5	H2	I	调制解调器接口地址（XMSMADDR_13 应为‘0’）/外部视频播放器的像素数据输入/CF 卡的 DMA 请求信号/TSI 输入数据/通用 IO 端口 PJ0_5
XMSMADDR_6	F5	I	调制解调器接口地址（XMSMADDR_13 应为‘0’）/外部视频播放器的像素数据输入/CF 卡的 DMA 复位信号/TSI 错误指示信号/通用 IO 端口 PJ0_6
XMSMADDR_7	D5	I	调制解调器接口地址（XMSMADDR_13 应为‘0’）/外部视频播放器的像素数据输入/CF 卡的 DMA 应答信号/通用 IO 端口 PJ0_7
XMSMADDR_8	F6	I	调制解调器接口地址（XMSMADDR_13 应为‘0’）/外部视频播放器的像素时钟信号/SROM 地址总线[22:16]/通用 IO 端口 PJ1_0
XMSMADDR_9	G2	I	调制解调器接口地址（XMSMADDR_13 应为‘0’）/外部视频播放器的帧同步信号/SROM 地址总线[22:16]/通用 IO 端口 PJ1_1
XMSMADDR_10	F1	I	调制解调器接口地址（XMSMADDR_13 应为‘0’）/外部视频播放器的水平同步信号/SROM 地址总线[22:16]/通用 IO 端口 PJ1_2
XMSMADDR_11	G3	I	调制解调器接口地址（XMSMADDR_13 应为‘0’）/外部视频播放器的场信号/SROM 地址总线[22:16]/通用 IO 端口 PJ1_3

（续）

引脚名称	引脚位	方向	引脚说明
XMSMADDR_12	E5	I	调制解调器接口地址（XMSMADDR_13 应为‘0’）/视频处理器 B 的主时钟/SROM 地址总线[22:16]/通用 IO 端口 PJ1_4
XMSMADDR_13	F2	I	调制解调器接口地址（XMSMADDR_13 应为‘0’）/按键接口的 8 位列数据/SROM 地址总线[22:16]/通用 IO 端口 PJ1_5
XMSMDATA_0	F3	IO	调制解调器接口数据/按键接口的 8 位列数据/CF 卡数据/通用 IO 端口 PJ2_0
XMSMDATA_1	E2	IO	调制解调器接口数据/按键接口的 8 位列数据/CF 卡数据/通用 IO 端口 PJ2_1
XMSMDATA_2	E1	IO	调制解调器接口数据/按键接口的 8 位列数据/CF 卡数据/通用 IO 端口 PJ2_2
XMSMDATA_3	D3	IO	调制解调器接口数据/按键接口的 8 位列数据/CF 卡数据/通用 IO 端口 PJ2_3
XMSMDATA_4	D1	IO	调制解调器接口数据/按键接口的 8 位列数据/CF 卡数据/通用 IO 端口 PJ2_4
XMSMDATA_5	E3	IO	调制解调器接口数据/按键接口的 8 位列数据/CF 卡数据/通用 IO 端口 PJ2_5
XMSMDATA_6	D2	IO	调制解调器接口数据/按键接口的 8 位列数据/CF 卡数据/通用 IO 端口 PJ2_6
XMSMDATA_7	C1	IO	调制解调器接口数据/按键接口的 14 位行数据/CF 卡数据/通用 IO 端口 PJ2_7
XMSMDATA_8	C2	IO	调制解调器接口数据/按键接口的 14 位行数据/CF 卡数据/通用 IO 端口 PJ3_0
XMSMDATA_9	D4	IO	调制解调器接口数据/按键接口的 14 位行数据/CF 卡数据/通用 IO 端口 PJ3_1
XMSMDATA_10	B1	IO	调制解调器接口数据/按键接口的 14 位行数据/CF 卡数据/通用 IO 端口 PJ3_2
XMSMDATA_11	C3	IO	调制解调器接口数据/按键接口的 14 位行数据/CF 卡数据/通用 IO 端口 PJ3_3
XMSMDATA_12	C4	IO	调制解调器接口数据/按键接口的 14 位行数据/CF 卡数据/通用 IO 端口 PJ3_4
XMSMDATA_13	B2	IO	调制解调器接口数据/按键接口的 14 位行数据/CF 卡数据/通用 IO 端口 PJ3_5
XMSMDATA_14	B3	IO	调制解调器接口数据/按键接口的 14 位行数据/CF 卡数据/通用 IO 端口 PJ3_6
XMSMDATA_15	A2	IO	调制解调器接口数据/按键接口的 14 位行数据/CF 卡数据/通用 IO 端口 PJ3_7
XMSMCSN	G8	I	调制解调器接口的片选信号/按键接口的 14 位行数据/CF 卡的内存条 0 片选信号/通用 IO 端口 PJ4_0
XMSMWEN	B4	I	调制解调器接口的写使能信号/按键接口的 14 位行数据/CF 卡的内存条 1 片选信号/通用 IO 端口 PJ4_1
XMSMRN	G9	I	调制解调器接口的读使能信号/按键接口的 14 位行数据/I/O 模式下的 CF 卡读选通脉冲/通用 IO 端口 PJ4_2
XMSMIRQN	A3	O	调制解调器接口的中断信号/按键接口的 14 位行数据/I/O 模式下的 CF 卡写选通脉冲/通用 IO 端口 PJ4_3
XMSMADVN	A4	I	调制解调器接口的选址有效信号/按键接口的 14 位行数据/SROM 地址总线[22:16]/通用 IO 端口 PJ4_4

S5PV210 微处理器的内存端口 0 引脚分配如表 4-12 所示。

表 4-12　内存端口 0 引脚分配表

引脚名称	引脚位	方向	引脚说明
XM0CSN_0	U3	O	内存端口 0 的 SROM 片选信号（最多支持两条）/通用 IO 端口 PO1_0
XM0CSN_1	T4	O	内存端口 0 的 SROM 片选信号（最多支持两条）/通用 IO 端口 PO1_1

（续）

引脚名称	引脚位	方向	引脚说明
XM0CSN_2	J1	O	内存端口0的SROM片选信号（最多支持两条）/内存端口0的NAND片选信号（内存条0）/通用IO端口PO1_2
XM0CSN_3	N9	O	内存端口0的SROM片选信号（最多支持两条）/内存端口0的NAND片选信号（内存条1）/通用IO端口PO1_3
XM0CSN_4	N3	O	内存端口0的SROM片选信号（最多支持两条）/内存端口0的NAND片选信号（内存条2）/OneNANDXL Flash片选信号/通用IO端口PO1_4
XM0CSN_5	N7	O	内存端口0的SROM片选信号（最多支持两条）/内存端口0的NAND片选信号（内存条3）/OneNANDXL Flash片选信号/通用IO端口PO1_5
XM0OEN	R4	O	内存端口0的SROM/OneNAND输出使能信号/通用IO端口PO1_6
XM0WEN	P4	O	内存端口0的SROM/OneNAND写使能信号/通用IO端口PO1_7
XM0BEN_0	T3	O	内存端口0的SROM位使能信号/通用IO端口PO2_0
XM0BEN_1	N6	O	内存端口0的SROM位使能信号/通用IO端口PO2_1
XM0WAITN	W2	I	内存端口0的SROM的n等待信号/通用IO端口PO2_2
XM0DATA_RDN	M7	O	内存端口0的SROM/OneNAND/NAND/CF输出使能信号/通用IO端口PO2_3
XM0FCLE	K1	O	内存端口0的NAND命令锁存器使能信号/OneNANDXL Flash地址有效信号/通用IO端口PO3_0
XM0FALE	K2	O	内存端口0的NAND地址锁存器使能信号/OneNANDXL Flash时钟信号/通用IO端口PO3_1
XM0FWEN	J2	O	内存端口0的NAND Flash写使能信号/OneNANDXL Flash复位信号/通用IO端口PO3_2
XM0FREN	M2	O	内存端口0的NAND Flash读使能信号/通用IO端口PO3_3
XM0FRNB_0	R3	I	内存端口0的NAND Flash准备/忙信号/OneNANDXL Flash中断信号（来自One-NAND设备）/通用IO端口PO3_4
XM0FRNB_1	M6	I	内存端口0的NAND Flash准备/忙信号/OneNANDXL Flash中断信号（来自One-NAND设备）/通用IO端口PO3_5
XM0FRNB_2	V3	I	内存端口0的NAND Flash准备/忙信号/通用IO端口PO3_6
XM0FRNB_3	L6	I	内存端口0的NAND Flash准备/忙信号/通用IO端口PO3_7
XM0ADDR_0	K5	O	内存端口0的地址总线/通用IO端口PO4_0
XM0ADDR_1	L7	O	内存端口0的地址总线/通用IO端口PO4_1
XM0ADDR_2	J4	O	内存端口0的地址总线/通用IO端口PO4_2
XM0ADDR_3	H5	O	内存端口0的地址总线/通用IO端口PO4_3
XM0ADDR_4	J6	O	内存端口0的地址总线/通用IO端口PO4_4
XM0ADDR_5	K4	O	内存端口0的地址总线/通用IO端口PO4_5
XM0ADDR_6	K6	O	内存端口0的地址总线/通用IO端口PO4_6
XM0ADDR_7	J5	O	内存端口0的地址总线/通用IO端口PO4_7
XM0ADDR_8	H4	O	内存端口0的地址总线/通用IO端口PO5_0

（续）

引脚名称	引脚位	方向	引脚说明
XM0ADDR_9	G4	O	内存端口0的地址总线/通用IO端口PO5_1
XM0ADDR_10	J3	O	内存端口0的地址总线/通用IO端口PO5_2
XM0ADDR_11	K7	O	内存端口0的地址总线/通用IO端口PO5_3
XM0ADDR_12	H6	O	内存端口0的地址总线/通用IO端口PO5_4
XM0ADDR_13	G5	O	内存端口0的地址总线/通用IO端口PO5_5
XM0ADDR_14	F4	O	内存端口0的地址总线/通用IO端口PO5_6
XM0ADDR_15	H3	O	内存端口0的地址总线/通用IO端口PO5_7
XM0DATA_0	K3	IO	内存端口0的数据总线/通用IO端口PO6_0
XM0DATA_1	L3	IO	内存端口0的数据总线/通用IO端口PO6_1
XM0DATA_2	L5	IO	内存端口0的数据总线/通用IO端口PO6_2
XM0DATA_3	M4	IO	内存端口0的数据总线/通用IO端口PO6_3
XM0DATA_4	N1	IO	内存端口0的数据总线/通用IO端口PO6_4
XM0DATA_5	N2	IO	内存端口0的数据总线/通用IO端口PO6_5
XM0DATA_6	P1	IO	内存端口0的数据总线/通用IO端口PO6_6
XM0DATA_7	N4	IO	内存端口0的数据总线/通用IO端口PO6_7
XM0DATA_8	L1	IO	内存端口0的数据总线/通用IO端口PO7_0
XM0DATA_9	L2	IO	内存端口0的数据总线/通用IO端口PO7_1
XM0DATA_10	L4	IO	内存端口0的数据总线/通用IO端口PO7_2
XM0DATA_11	M1	IO	内存端口0的数据总线/通用IO端口PO7_3
XM0DATA_12	M3	IO	内存端口0的数据总线/通用IO端口PO7_4
XM0DATA_13	M5	IO	内存端口0的数据总线/通用IO端口PO7_5
XM0DATA_14	N5	IO	内存端口0的数据总线/通用IO端口PO7_6
XM0DATA_15	P2	IO	内存端口0的数据总线/通用IO端口PO7_7

S5PV210微处理器的内存端口1引脚分配如表4-13所示。

表4-13　内存端口1引脚分配表

引脚名称	引脚位	方向	引脚说明
XM1ADDR_0	E21	O	内存端口1的DRAM地址总线（16位）
XM1ADDR_1	E20	O	内存端口1的DRAM地址总线（16位）
XM1ADDR_2	E17	O	内存端口1的DRAM地址总线（16位）
XM1ADDR_3	E15	O	内存端口1的DRAM地址总线（16位）
XM1ADDR_4	D18	O	内存端口1的DRAM地址总线（16位）
XM1ADDR_5	F15	O	内存端口1的DRAM地址总线（16位）
XM1ADDR_6	D19	O	内存端口1的DRAM地址总线（16位）
XM1ADDR_7	D20	O	内存端口1的DRAM地址总线（16位）
XM1ADDR_8	E18	O	内存端口1的DRAM地址总线（16位）

（续）

引脚名称	引脚位	方向	引脚说明
XM1ADDR_9	F16	O	内存端口1的DRAM地址总线（16位）
XM1ADDR_10	F19	O	内存端口1的DRAM地址总线（16位）
XM1ADDR_11	F14	O	内存端口1的DRAM地址总线（16位）
XM1ADDR_12	E19	O	内存端口1的DRAM地址总线（16位）
XM1ADDR_13	F18	O	内存端口1的DRAM地址总线（16位）
XM1ADDR_14	E16	O	内存端口1的DRAM地址总线（16位）
XM1ADDR_15	D21	O	内存端口1的DRAM地址总线（16位）
XM1DATA_0	A24	IO	内存端口1的DRAM数据总线（32位）
XM1DATA_1	C22	IO	内存端口1的DRAM数据总线（32位）
XM1DATA_2	B23	IO	内存端口1的DRAM数据总线（32位）
XM1DATA_3	A23	IO	内存端口1的DRAM数据总线（32位）
XM1DATA_4	B21	IO	内存端口1的DRAM数据总线（32位）
XM1DATA_5	A21	IO	内存端口1的DRAM数据总线（32位）
XM1DATA_6	C20	IO	内存端口1的DRAM数据总线（32位）
XM1DATA_7	C19	IO	内存端口1的DRAM数据总线（32位）
XM1DATA_8	B19	IO	内存端口1的DRAM数据总线（32位）
XM1DATA_9	B20	IO	内存端口1的DRAM数据总线（32位）
XM1DATA_10	A20	IO	内存端口1的DRAM数据总线（32位）
XM1DATA_11	A19	IO	内存端口1的DRAM数据总线（32位）
XM1DATA_12	C18	IO	内存端口1的DRAM数据总线（32位）
XM1DATA_13	A17	IO	内存端口1的DRAM数据总线（32位）
XM1DATA_14	B17	IO	内存端口1的DRAM数据总线（32位）
XM1DATA_15	C17	IO	内存端口1的DRAM数据总线（32位）
XM1DATA_16	D16	IO	内存端口1的DRAM数据总线（32位）
XM1DATA_17	C16	IO	内存端口1的DRAM数据总线（32位）
XM1DATA_18	D15	IO	内存端口1的DRAM数据总线（32位）
XM1DATA_19	C15	IO	内存端口1的DRAM数据总线（32位）
XM1DATA_20	E13	IO	内存端口1的DRAM数据总线（32位）
XM1DATA_21	E14	IO	内存端口1的DRAM数据总线（32位）
XM1DATA_22	F13	IO	内存端口1的DRAM数据总线（32位）
XM1DATA_23	C14	IO	内存端口1的DRAM数据总线（32位）
XM1DATA_24	D13	IO	内存端口1的DRAM数据总线（32位）
XM1DATA_25	B14	IO	内存端口1的DRAM数据总线（32位）
XM1DATA_26	A14	IO	内存端口1的DRAM数据总线（32位）
XM1DATA_27	C13	IO	内存端口1的DRAM数据总线（32位）
XM1DATA_28	B13	IO	内存端口1的DRAM数据总线（32位）

（续）

引脚名称	引脚位	方向	引脚说明
XM1DATA_29	A13	IO	内存端口 1 的 DRAM 数据总线（32 位）
XM1DATA_30	B12	IO	内存端口 1 的 DRAM 数据总线（32 位）
XM1DATA_31	A12	IO	内存端口 1 的 DRAM 数据总线（32 位）
XM1DQS_0	B22	IO	内存端口 1 的 DRAM 数据选通信号（4 位）
XM1DQS_1	B18	IO	内存端口 1 的 DRAM 数据选通信号（4 位）
XM1DQS_2	A15	IO	内存端口 1 的 DRAM 数据选通信号（4 位）
XM1DQS_3	D12	IO	内存端口 1 的 DRAM 数据选通信号（4 位）
XM1DQSn_0	A22	IO	内存端口 1 的 DRAM 差分选通信号（4 位）
XM1DQSn_1	A18	IO	内存端口 1 的 DRAM 差分选通信号（4 位）
XM1DQSn_2	B15	IO	内存端口 1 的 DRAM 差分选通信号（4 位）
XM1DQSn_3	C12	IO	内存端口 1 的 DRAM 差分选通信号（4 位）
XM1DQM_0	C21	O	内存端口 1 的 DRAM 数据屏蔽信号（4 位）
XM1DQM_1	D17	O	内存端口 1 的 DRAM 数据屏蔽信号（4 位）
XM1DQM_2	D14	O	内存端口 1 的 DRAM 数据屏蔽信号（4 位）
XM1DQM_3	C11	O	内存端口 1 的 DRAM 数据屏蔽信号（4 位）
XM1CKE_0	G15	O	内存端口 1 的 DRAM 时钟使能信号（2 位）
XM1CKE_1	G16	O	内存端口 1 的 DRAM 时钟使能信号（2 位）
XM1SCLK	A16	O	内存端口 1 的 DRAM 时钟信号
XM1nSCLK	B16	O	内存端口 1 的 DRAM 反时钟信号
XM1CSn_0	G18	O	内存端口 1 的 DRAM 片选信号（最多支持 2 个内存条）
XM1CSn_1	G14	O	内存端口 1 的 DRAM 片选信号（最多支持 2 个内存条）
XM1RASn	E12	O	内存端口 1 的 DRAM 行地址选通信号
XM1CASn	F17	O	内存端口 1 的 DRAM 列地址选通信号
XM1WEn	G17	O	内存端口 1 的 DRAM 写使能信号

S5PV210 微处理器的内存端口 2 引脚分配如表 4-14 所示。

表 4-14　内存端口 2 引脚分配表

引脚名称	引脚位	方向	引脚说明
XM2ADDR_0	L20	O	内存端口 2 的 DRAM 地址总线（16 位）
XM2ADDR_1	L19	O	内存端口 2 的 DRAM 地址总线（16 位）
XM2ADDR_2	L21	O	内存端口 2 的 DRAM 地址总线（16 位）
XM2ADDR_3	R23	O	内存端口 2 的 DRAM 地址总线（16 位）
XM2ADDR_4	F21	O	内存端口 2 的 DRAM 地址总线（16 位）
XM2ADDR_5	F20	O	内存端口 2 的 DRAM 地址总线（16 位）
XM2ADDR_6	H22	O	内存端口 2 的 DRAM 地址总线（16 位）
XM2ADDR_7	J19	O	内存端口 2 的 DRAM 地址总线（16 位）

（续）

引脚名称	引脚位	方向	引脚说明
XM2ADDR_8	G20	O	内存端口 2 的 DRAM 地址总线（16 位）
XM2ADDR_9	H19	O	内存端口 2 的 DRAM 地址总线（16 位）
XM2ADDR_10	K22	O	内存端口 2 的 DRAM 地址总线（16 位）
XM2ADDR_11	H23	O	内存端口 2 的 DRAM 地址总线（16 位）
XM2ADDR_12	J22	O	内存端口 2 的 DRAM 地址总线（16 位）
XM2ADDR_13	H20	O	内存端口 2 的 DRAM 地址总线（16 位）
XM2ADDR_14	J20	O	内存端口 2 的 DRAM 地址总线（16 位）
XM2ADDR_15	K20	O	内存端口 2 的 DRAM 地址总线（16 位）
XM2DATA_0	P23	IO	内存端口 2 的 DRAM 数据总线（32 位）
XM2DATA_1	R24	IO	内存端口 2 的 DRAM 数据总线（32 位）
XM2DATA_2	R25	IO	内存端口 2 的 DRAM 数据总线（32 位）
XM2DATA_3	P24	IO	内存端口 2 的 DRAM 数据总线（32 位）
XM2DATA_4	N23	IO	内存端口 2 的 DRAM 数据总线（32 位）
XM2DATA_5	M22	IO	内存端口 2 的 DRAM 数据总线（32 位）
XM2DATA_6	N22	IO	内存端口 2 的 DRAM 数据总线（32 位）
XM2DATA_7	M23	IO	内存端口 2 的 DRAM 数据总线（32 位）
XM2DATA_8	M21	IO	内存端口 2 的 DRAM 数据总线（32 位）
XM2DATA_9	M24	IO	内存端口 2 的 DRAM 数据总线（32 位）
XM2DATA_10	L23	IO	内存端口 2 的 DRAM 数据总线（32 位）
XM2DATA_11	M25	IO	内存端口 2 的 DRAM 数据总线（32 位）
XM2DATA_12	K25	IO	内存端口 2 的 DRAM 数据总线（32 位）
XM2DATA_13	K23	IO	内存端口 2 的 DRAM 数据总线（32 位）
XM2DATA_14	J25	IO	内存端口 2 的 DRAM 数据总线（32 位）
XM2DATA_15	K24	IO	内存端口 2 的 DRAM 数据总线（32 位）
XM2DATA_16	H25	IO	内存端口 2 的 DRAM 数据总线（32 位）
XM2DATA_17	H24	IO	内存端口 2 的 DRAM 数据总线（32 位）
XM2DATA_18	G23	IO	内存端口 2 的 DRAM 数据总线（32 位）
XM2DATA_19	G22	IO	内存端口 2 的 DRAM 数据总线（32 位）
XM2DATA_20	F23	IO	内存端口 2 的 DRAM 数据总线（32 位）
XM2DATA_21	E25	IO	内存端口 2 的 DRAM 数据总线（32 位）
XM2DATA_22	E24	IO	内存端口 2 的 DRAM 数据总线（32 位）
XM2DATA_23	E23	IO	内存端口 2 的 DRAM 数据总线（32 位）
XM2DATA_24	D25	IO	内存端口 2 的 DRAM 数据总线（32 位）
XM2DATA_25	D24	IO	内存端口 2 的 DRAM 数据总线（32 位）
XM2DATA_26	D23	IO	内存端口 2 的 DRAM 数据总线（32 位）
XM2DATA_27	F22	IO	内存端口 2 的 DRAM 数据总线（32 位）

（续）

引脚名称	引脚位	方向	引脚说明
XM2DATA_28	D22	IO	内存端口 2 的 DRAM 数据总线（32 位）
XM2DATA_29	B25	IO	内存端口 2 的 DRAM 数据总线（32 位）
XM2DATA_30	C23	IO	内存端口 2 的 DRAM 数据总线（32 位）
XM2DATA_31	B24	IO	内存端口 2 的 DRAM 数据总线（32 位）
XM2DQS_0	N24	IO	内存端口 2 的 DRAM 数据选通信号（4 位）
XM2DQS_1	L24	IO	内存端口 2 的 DRAM 数据选通信号（4 位）
XM2DQS_2	F24	IO	内存端口 2 的 DRAM 数据选通信号（4 位）
XM2DQS_3	C24	IO	内存端口 2 的 DRAM 数据选通信号（4 位）
XM2DQSn_0	N25	IO	内存端口 2 的 DRAM 差分选通信号（4 位）
XM2DQSn_1	L25	IO	内存端口 2 的 DRAM 差分选通信号（4 位）
XM2DQSn_2	F25	IO	内存端口 2 的 DRAM 差分选通信号（4 位）
XM2DQSn_3	C25	IO	内存端口 2 的 DRAM 差分选通信号（4 位）
XM2DQM_0	P25	O	内存端口 2 的 DRAM 数据屏蔽信号（4 位）
XM2DQM_1	L22	O	内存端口 2 的 DRAM 数据屏蔽信号（4 位）
XM2DQM_2	H21	O	内存端口 2 的 DRAM 数据屏蔽信号（4 位）
XM2DQM_3	E22	O	内存端口 2 的 DRAM 数据屏蔽信号（4 位）
XM2CKE_0	J24	O	内存端口 2 的 DRAM 时钟使能信号（2 位）
XM2CKE_1	G21	O	内存端口 2 的 DRAM 时钟使能信号（2 位）
XM2SCLK	G24	O	内存端口 2 的 DRAM 时钟信号
XM2nSCLK	G25	O	内存端口 2 的 DRAM 反时钟信号
XM2CSn_0	N21	O	内存端口 2 的 DRAM 片选信号（最多支持 2 个内存条）
XM2CSn_1	K21	O	内存端口 2 的 DRAM 片选信号（最多支持 2 个内存条）
XM2RASn	J21	O	内存端口 2 的 DRAM 行地址选通信号
XM2CASn	J23	O	内存端口 2 的 DRAM 列地址选通信号
XM2WEn	P22	O	内存端口 2 的 DRAM 写使能信号

S5PV210 微处理器的 JTAG 引脚分配如表 4-15 所示。

表 4-15　JTAG 引脚分配表

引脚名称	引脚位	方向	引脚说明
XJTRSTN	P5	I	测试复位
XJTMS	R5	I	测试模式选择
XJTCK	U4	I	测试时钟输入
XJTDI	T5	I	测试数据输入
XJTDO	W3	O	测试数据输出
XJDBGSEL	P3	I	JTAG 选择信号（0：内核；1：外设）

S5PV210 微处理器的 RESET 引脚分配如表 4-16 所示。

S5PV210 微处理器的 Clock 引脚分配如表 4-17 所示。

表 4-16　RESET 引脚分配表

引 脚 名 称	引脚位	方向	引 脚 说 明
XOM_0	T23	I	操作模式控制信号
XOM_1	T22	I	操作模式控制信号
XOM_2	V23	I	操作模式控制信号
XOM_3	U21	I	操作模式控制信号
XOM_4	V25	I	操作模式控制信号
XOM_5	V24	I	操作模式控制信号
XDDR2SEL	AB18	I	DDR 类型选择信号（0：LPDDR1，1：LPDDR2/DDR2）
XPWRRGTON	U22	O	功率调节使能信号
XNRESET	U23	I	系统复位信号
XCLKOUT	AE24	O	时钟输出信号
XNRSTOUT	T20	O	外部设备复位控制信号
XNWRESET	T21	I	系统热启动信号
XRTCCLKO	R22	O	RTC 时钟输出信号

表 4-17　Clock 引脚分配表

引 脚 名 称	引脚位	方向	引 脚 说 明
XRTCXTI	T24	I	32 kHz 时钟输入（RTC）
XRTCXTO	T25	O	32 kHz 时钟输出（RTC）
XXTI	U24	I	内部振荡电路时钟输入
XXTO	U25	O	内部振荡电路时钟输出
XUSBXTI	AD20	I	内部 USB 电路时钟输入
XUSBXTO	AE20	O	内部 USB 电路时钟输出

S5PV210 微处理器的 ADC/DAC/HDMI/MIPI 引脚分配如表 4-18 所示。

表 4-18　ADC/DAC/HDMI/MIPI 引脚分配表

引 脚 名 称	引脚位	方向	引 脚 说 明
XADCAIN_0	AC11	I	ADC 模拟输入（10 位）
XADCAIN_1	AC12	I	ADC 模拟输入（10 位）
XADCAIN_2	AB11	I	ADC 模拟输入（10 位）
XADCAIN_3	AC10	I	ADC 模拟输入（10 位）
XADCAIN_4	Y11	I	ADC 模拟输入（10 位）
XADCAIN_5	W12	I	ADC 模拟输入（10 位）
XADCAIN_6	Y12	I	ADC 模拟输入（10 位）
XADCAIN_7	AA12	I	ADC 模拟输入（10 位）
XADCAIN_8	AA11	I	ADC 模拟输入（10 位）
XADCAIN_9	AB12	I	ADC 模拟输入（10 位）
XDACOUT	U5	O	DAC 模拟输出

（续）

引脚名称	引脚位	方向	引脚说明
XDACIREF	W5	I	外部电阻连接端
XDACVREF	V5	I	参考电压输入
XDACCOMP	V4	O	外部电容连接端
XHDMITX0P	T2	O	HDMI 物理层 TX0 +
HDMITX0N	T1	O	HDMI 物理层 TX0 -
XHDMITX1P	U2	O	HDMI 物理层 TX1 +
HDMITX1N	U1	O	HDMI 物理层 TX1 -
XHDMITX2P	V2	O	HDMI 物理层 TX2 +
HDMITX2N	V1	O	HDMI 物理层 TX2 -
XHDMITXCP	R2	O	HDMI 物理层 TX 时钟 +
HDMITXCN	R1	O	HDMI 物理层 TX 时钟 -
XHDMIREXT	W1	I	HDMI 物理层阻抗
XHDMIXTI	Y2	I	HDMI 物理层时钟输入
XHDMIXTO	Y1	O	HDMI 物理层时钟输出
XMIPIMDP0	AE17	IO	MIPI - DPHY 接口主数据线 0 的 D + 信号
XMIPIMDP1	AE16	IO	MIPI - DPHY 接口主数据线 1 的 D + 信号
XMIPIMDP2	AE14	IO	MIPI - DPHY 接口主数据线 2 的 D + 信号
XMIPIMDP3	AE13	IO	MIPI - DPHY 接口主数据线 3 的 D + 信号
XMIPIMDN0	AD17	IO	MIPI - DPHY 接口主数据线 0 的 D - 信号
XMIPIMDN1	AD16	IO	MIPI - DPHY 接口主数据线 1 的 D - 信号
XMIPIMDN2	AD14	IO	MIPI - DPHY 接口主数据线 2 的 D - 信号
XMIPIMDN3	AD13	IO	MIPI - DPHY 接口主数据线 3 的 D - 信号
XMIPISDP0	AD12	IO	MIPI - DPHY 接口从数据线 0 的 D + 信号
XMIPISDP1	AD11	IO	MIPI - DPHY 接口从数据线 1 的 D + 信号
XMIPISDP2	AD9	IO	MIPI - DPHY 接口从数据线 2 的 D + 信号
XMIPISDP3	AD8	IO	MIPI - DPHY 接口从数据线 3 的 D + 信号
XMIPISDN0	AE12	IO	MIPI - DPHY 接口从数据线 0 的 D - 信号
XMIPISDN1	AE11	IO	MIPI - DPHY 接口从数据线 1 的 D - 信号
XMIPISDN2	AE9	IO	MIPI - DPHY 接口从数据线 2 的 D - 信号
XMIPISDN3	AE8	IO	MIPI - DPHY 接口从数据线 3 的 D - 信号
XMIPIMDPCLK	AE15	IO	MIPI - DPHY 接口主时钟线的 D + 信号
XMIPIMDNCLK	AD15	IO	MIPI - DPHY 接口主时钟线的 D - 信号
XMIPISDPCLK	AD10	IO	MIPI - DPHY 接口从时钟线的 D + 信号
XMIPISDNCLK	AE10	IO	MIPI - DPHY 接口从时钟线的 D - 信号
XMIPIVREG_0P4V	AC15	IO	MIPI - DPHY 接口的调节电容

S5PV210 微处理器的 USB OTG/USB HOST 1.1 引脚分配如表 4-19 所示。

S5PV210 微处理器的 E - fuse 引脚分配如表 4-20 所示。

表 4-19　USB OTG/USB HOST 1.1 引脚分配表

引脚名称	引脚位	方向	引脚说明
XUOTGDRVVUBS	AC19	O	USB OTG 电荷泵使能信号
XUHOSTPWREN	AD23	O	主 USB 电荷泵使能信号
XUHOSTOVERCUR	AC22	I	主 USB 过电流标志信号
XUOTGDP	AD21	IO	USB OTG 数据信号线 D +
XUOTGREXT	AE18	IO	USB OTG 外部链接电阻 44.2Ω（±1%）
XUOTGDM	AE21	IO	USB OTG 数据信号线 D -
XUHOSTDP	AE19	IO	主 USB 数据信号线 D +
XUHOSTREXT	AC17	IO	主 USB 外部链接电阻 44.2Ω（±1%）
XUHOSTDM	AD19	IO	主 USB 数据信号线 D -
XUOTGID	AD18	IO	USB OTG 迷你接口识别信号
XUOTGVBUS	AC18	IO	USB OTG 迷你接口电源

表 4-20　E - fuse 引脚分配表

引脚名称	引脚位	方向	引脚说明
XEFFSOURCE_0	AD4	I	用于熔断 ROM 保护器的控制信号

4.2　S5PV210 的 GPIO

4.2.1　GPIO 概述

GPIO 的英文全称是 General - Purpose Input /Output Ports，中文意思是通用 I/O 端口。在嵌入式系统中，经常需要控制许多结构简单的外部设备或者电路，这些设备有的需要通过 CPU 控制，有的需要 CPU 提供输入信号。并且，许多设备或电路只要求有开/关两种状态就够了，比如 LED 的亮与灭。对这些设备的控制，使用传统的串口或者并口就显得比较复杂，所以，在嵌入式微处理器上通常提供一种“通用可编程 I/O 端口”，也就是 GPIO。

每个 GPIO 端口至少需要两个寄存器，一个是做控制用的“通用 IO 端口控制寄存器”，还有一个是存放数据的“通用 I/O 端口数据寄存器”。数据寄存器的每一位是和 GPIO 的硬件引脚对应的，而数据的传递方向是通过控制寄存器设置的，通过控制寄存器可以设置每一位引脚的数据流向。

在实际的 MCU 中，GPIO 是有多种形式的。比如：有的数据寄存器可以按照位寻址，有些却不能按照位寻址，这在编程时就要区分。比如传统的 8051 系列，就区分成可位寻址和不可位寻址两种寄存器。另外，很多 MCU 的 GPIO 接口除必须具备两个标准寄存器外，还提供上拉寄存器，可以设置 IO 的输出模式是高阻、带上拉的电平输出还是不带上拉的电平输出，简化外围电路。

4.2.2 S5PV210 芯片的 GPIO 特性

S5PV210 芯片包含 237 根多功能的 GPIO 引脚和 142 根内存接口引脚，共分为 35 组通用 GPIO 端口和 2 组内存端口，其中：

- GPA0：8 线输入/输出端口，或 2 × UART 带流控制端口。
- GPA1：5 线输入/输出端口，或 2 × UART 不带流控制或 1 × UART 带流控制端口。
- GPB：8 线输入/输出端口，或 2 × SPI 端口。
- GPC0：5 线输入/输出端口，或 I^2S、PCM、AC97 端口。
- GPC1：5 线输入/输出端口，或 I^2S、SPDIF、LCD_FRM 端口。
- GPD0：4 线输入/输出端口，或 PWM 端口。
- GPD1：6 线输入/输出端口，或 3 × I^2C、PWM、IEM 端口。
- GPE0，1：13 线输入/输出端口，或 Camera I/F 端口。
- GPF0，1，2，3：30 线输入/输出端口，或 LCD I/F 端口。
- GPG0，1，2，3：28 线输入/输出端口，或 4 × MMC 通道端口。
- GPH0，1，2，3：32 线输入/输出端口，或键盘及最大 32 位的睡眠可唤醒接口。
- GPI：低功率 I^2S、PCM，或由 AUDIO_SS PDN 寄存器控制的 PDN 掉电配置端口。
- GPJ0，1，2，3，4：35 线输入/输出端口，或 Modem IF、CAMIF、CFCON、KEYPAD、SROM ADDR[22:16] 端口。
- MP0_1，2，3：20 线输入/输出端口，或 EBI（SROM、NF、OneNAND）控制信号端口。
- MP0_4，5，6，7：32 线输入/输出内存端口，或 EBI 端口。
- MP1_0 - 8：71 线 DRAM1 端口。
- MP2_0 - 8：71 线 DRAM2 端口。
- ETC0、ETC1、ETC2、ETC4：28 线输入/输出 ETC 端口，或 JTAG 端口等。

4.2.3 GPIO 功能概括图

GPIO 功能概括图如图 4-3 所示。

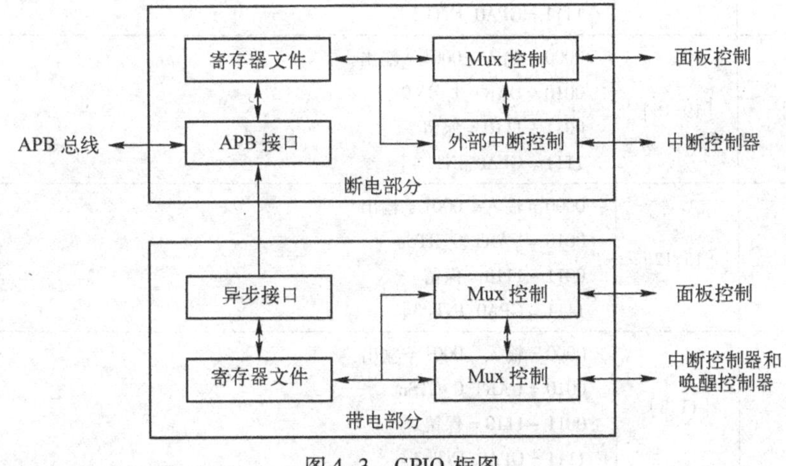

图 4-3 GPIO 框图

在 S5PV210 芯片中，GPIO 被分为以下 3 类。

表 4-21　GPIO 分类

I/O 类型	I/O 组	描　述
A	GPA0，GPA1，GPC0，GPC1，GPD0，GPD1，GPE0，GPE1，GPF0，GPF1，GPF2，GPF3，GPH0，GPH1，GPH2，GPH3，GPI，GPJ0，GPJ1，GPJ2，GPJ3，GPJ4	正常 I/O（3.3 V I/O）
B	GPB，GPG0，GPG1，GPG2，GPG3，MP0	快速 I/O（3.3 V I/O）
C	MP1，MP2	DRAM I/O（1.8 V I/O）

4.3　S5PV210 的 GPIO 常用寄存器

1. 端口控制寄存器（GPnCON）

在 S5PV210 芯片中，大多数的引脚都可以复用，因此必须对每个引脚进行配置。端口控制寄存器（GPnCON）定义了每个引脚的功能。

例如：GPA0CON 控制寄存器定义如表 4-22 所示（其他端口控制寄存器定义类似）。

表 4-22　GPA0CON 寄存器定义

GPA0CON	位	描　述	初始状态
GPA0CON[7]	[31:28]	0000 = 输入　0001 = 输出 0010 = UART_1_RTSn 0011 ~ 1110 = 保留 1111 = GPA0_INT[7]	0000
GPA0CON[6]	[27:24]	0000 = 输入　0001 = 输出 0010 = UART_1_CTSn 0011 ~ 1110 = 保留 1111 = GPA0_INT[6]	0000
GPA0CON[5]	[23:20]	0000 = 输入　0001 = 输出 0010 = UART_1_TXD 0011 ~ 1110 = 保留 1111 = GPA0_INT[5]	0000
GPA0CON[4]	[19:16]	0000 = 输入　0001 = 输出 0010 = UART_1_RXD 0011 ~ 1110 = 保留 1111 = GPA0_INT[4]	0000
GPA0CON[3]	[15:12]	0000 = 输入　0001 = 输出 0010 = UART_0_RTSn 0011 ~ 1110 = 保留 1111 = GPA0_INT[3]	0000
GPA0CON[2]	[11:8]	0000 = 输入　0001 = 输出 0010 = UART_0_CTSn 0011 ~ 1110 = 保留 1111 = GPA0_INT[2]	0000

（续）

GPA0CON	位	描　述	初始状态
GPA0CON[1]	[7:4]	0000 = 输入　0001 = 输出 0010 = UART_0_TXD 0011 ~ 1110 = 保留 1111 = GPA0_INT[1]	0000
GPA0CON[0]	[3:0]	0000 = 输入　0001 = 输出 0010 = UART_0_RXD 0011 ~ 1110 = 保留 1111 = GPA0_INT[0]	0000

2. 端口数据寄存器（GPnDAT）

如果端口被配置为输出端口，可以向 GPnDAT 的相应位写数据。如果端口被配置成输入端口，可以从 GPnDAT 的相应位读出数据。

例如：GPA0DAT 数据寄存器定义如表 4-23 所示（其他端口数据寄存器定义类似）。

表 4-23　GPA0DAT 端口数据寄存器定义

GPA0DAT	位	描　述	初始状态
GPA0DAT[7:0]	[7:0]	当端口设置为输入端口时，相应的位是引脚状态。当端口设置为输出端口时，引脚状态与相应的位相同。当端口被描述为功能引脚时，将读取不确定的值	0x00

3. 端口上拉寄存器（GPnPUD）

端口上拉寄存器控制了每个端口的上拉电阻的允许/禁止。如果端口的上拉电阻被允许，无论在哪种状态下（输入、输出、DATAn、EINTn 等），上拉电阻都起作用。

例如：GPA0PUD 端口上拉寄存器定义如表 4-24 所示（其他端口上拉寄存器定义类似）。

表 4-24　GPA0PUD 端口上拉寄存器定义

GPA0PUD	位	描　述	初始状态
GPA0PUD[n]	[2n+1:2n] n=0 ~ 7	00 = 禁止上拉/下拉 01 = 允许下拉 10 = 允许上拉 11 = 保留	0x5555

4.4　GPIO 编程实例

1. 电路连接

该实例电路通过 GPD0_0 引脚连接蜂鸣器，并通过 GPH2_0/1/2/3 引脚连接 4 只独立按键，通过 GPJ2_0/1/2/3 引脚连接 LED 等。对 S5PV210 的 GPIO 口进行编程，用查询方式获取按键状态，当按键按下时，对应的 LED 闪亮，蜂鸣器鸣响一声。当按键松开时，对应的 LED 熄灭。其中按键 S1 连接电路和蜂鸣器连接电路如图 4-4 所示。

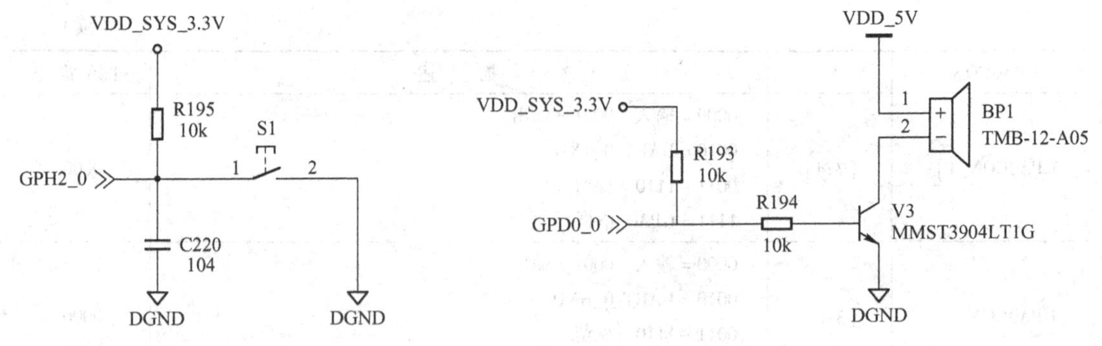

图 4-4　GPIO 硬件电路

2. 寄存器设置

为了达到读取按键及控制蜂鸣器的目的，需要通过配置 GPD0CON 寄存器将 GPD0_0 引脚配置为输出方式，LED 控制引脚寄存器 GPJ2CON 将 GPJ2_0/1/2/3 引脚配置为输出功能，通过配置按键输入引脚寄存器 GPH2CON 将 GPH2_0/1/2/3 引脚配置为输入功能。

3. 程序编写

蜂鸣器控制程序 buzzer. c 文件代码如下：

```
#define GPD0CON     (*(volatile unsigned long *)0xE02000A0)
#define GPD0DAT     (*(volatile unsigned long *)0xE02000A4)
//初始化 buzzer
void buzzer_init(void)
{
    GPD0CON |=1 <<0;
}
void buzzer_on(void)
{
    GPD0DAT |=1 <<0;
}
void buzzer_off(void)
{
    GPD0DAT &= ~(1 <<0);
}
```

main. c 程序代码如下：

```
//LED
#define GPJ2CON         (*(volatile unsigned long *)0xE0200280)
#define GPJ2DAT         (*(volatile unsigned long *)0xE0200284)
//KEY
#define GPH2CON         (*(volatile unsigned long *)0xE0200C40)
#define GPH2DAT         (*(volatile unsigned long *)0xE0200C44)
//灯输出与按键输入
#define GPJ2_0_OUTPUT   (1 << (0 * 4))
```

```
#define GPJ2_1_OUTPUT    (1 << (1 * 4))
#define GPJ2_2_OUTPUT    (1 << (2 * 4))
#define GPJ2_3_OUTPUT    (1 << (3 * 4))
#define GPH2_0_INTPUT  ~ (0xf << (0 * 4))
#define GPH2_1_INTPUT  ~ (0xf << (1 * 4))
#define GPH2_2_INTPUT  ~ (0xf << (2 * 4))
#define GPH2_3_INTPUT  ~ (0xf << (3 * 4))
//延时函数
void delay(unsigned long count)
{
    volatile unsigned long i = count;
    while(i --);
}
void main()
{
    unsigned long dat;
    //LED:设置寄存器 GPJ2CON 使 GPJ2_0/1/2/3 引脚为输出功能
    GPJ2CON = GPJ2_0_OUTPUT|GPJ2_1_OUTPUT|GPJ2_2_OUTPUT|GPJ2_3_OUTPUT;
    //KEY:设置寄存器 GPH2CON 使 GPH2_0/1/2/3 引脚为输入功能
    GPH2CON = GPH2_0_INTPUT&GPH2_1_INTPUT&GPH2_2_INTPUT&GPH2_3_INTPUT;
    buzzer_init();
    while(1)
    {
        //读取 KEY 相关的引脚值,用于判断 KEY 是否被按下
        dat = GPH2DAT;
        //判断 KEY1:GPH2_0
        if(dat &(1 <<0))            //KEY1 被按下,则 LED1 亮,否则 LED1 灭
        {
            GPJ2DAT |= 1 <<0;  //OFF
            buzzer_off();
        }
        else
        {
            GPJ2DAT &= ~(1 <<0);//ON
            buzzer_on();
            delay(0x10000);
        }
        //判断 KEY2:GPH2_1
        if(dat &(1 <<1))            //KEY2 被按下,则 LED2 亮,否则 LED2 灭
        {
            GPJ2DAT |= 1 <<1;
            buzzer_off();
        }
```

```
            else
            {
                GPJ2DAT &= ~(1 <<1);
                buzzer_on();
                delay(0x10000);
            }
            //判断 KEY3:GPH2_2
            if(dat &(1 <<2))            //KEY3 被按下,则 LED3 亮,否则 LED3 灭
            {
                GPJ2DAT |=(1 <<2);
                buzzer_off();
            }
            else
            {
                GPJ2DAT &= ~(1 <<2);
                buzzer_on();
                delay(0x10000);
            }
            //判断 KEY4:GPH2_3
            if(dat &(1 <<3))            //KEY4 被按下,则 LED4 亮,否则 LED4 灭
            {
                GPJ2DAT |=1 <<3;
                buzzer_off();
            }
            else
            {
                GPJ2DAT &= ~(1 <<3);
                buzzer_on();
                delay(0x10000);
            }
        }
    }
```

本章小结

本章首先介绍了 S5PV210 微处理器的硬件资源和外部接口，然后给出其封装形式，分功能列表详细说明了 S5PV210 各部件的相关引脚及其定义。针对 GPIO 引脚，详细介绍了 GPIO 的功能、常用寄存器和使用方法。最后通过实例介绍了 GPIO 引脚的读写操作。

思考题

1. S5PV210 微处理器是哪种封装形式？这种封装有什么优缺点？

2. S5PV210 微处理器有多少 GPIO 端口？有多少 GPIO 引脚？
3. 如何对复用的 GPIO 引脚进行配置？
4. 端口上拉寄存器的功能是什么？何种情况下需要上拉？
5. 如何在 C 程序中给 32 位的寄存器中的某几位置 1 而不影响其他位的值？
6. 如何在 C 程序中给 32 位的寄存器中的某几位置 0 而不影响其他位的值？
7. 如何在 C 程序中编程检测 32 位寄存器中的某位是否为 1？
8. 如何在 C 程序中编程检测 32 位寄存器中的某位是否为 0？

第 5 章　存储器管理

5.1　存储器分类

5.1.1　存储器组织结构

在复杂的嵌入式系统中，存储器系统的组织结构按作用可以划分为 4 级：寄存器、Cache、主存储器和辅助存储器，如图 5-1 所示。一般将寄存器、Cache、主存储器称为内存，辅助存储器称为外存。当然，对于简单的嵌入式系统来说，没有必要把存储器系统设计成 4 级，最简单的只需寄存器和主存储器即可。

寄存器包含在微处理器内部，用于指令执行时的数据存放，如 R0、R15 等。Cache 是高速缓存。主存储器是程序执行代码及数据的存放区，通常采用 SDRAM 类型的存储芯片。辅助存储器通常是 Flash 类型的芯片，其作用类似于通用计算机中的外存。

主存储器和辅助存储器内部的存储单元靠地址来识别，存储器芯片收到 n 位地址信号就选定一个具体的存储单元。存储器芯片通常还需要一根使能信号引脚，它控制着存储器芯片数据引脚的三态。另外，还需要读/写控制信号引脚，它们控制着存储器的数据传送方向。存储器工作示意图如图 5-2 所示。

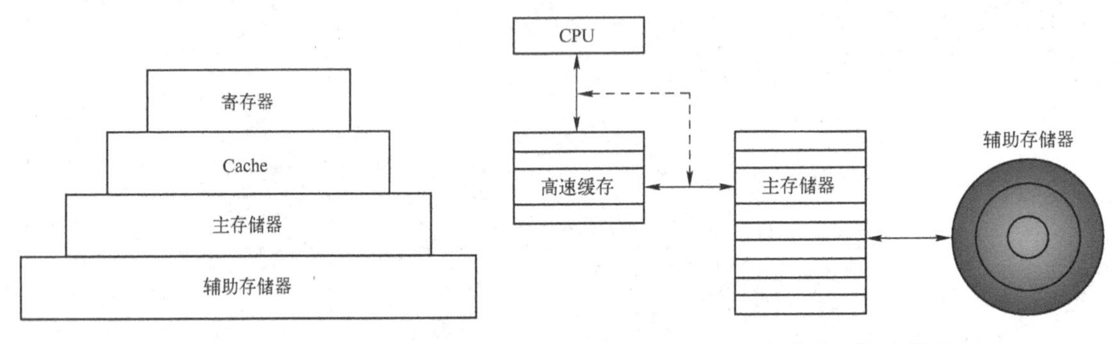

图 5-1　存储器组织结构　　　　图 5-2　存储器工作示意图

5.1.2　随机存储器和只读存储器

存储器根据其存取方式分成两类：随机存储器（RAM）和只读存储器（ROM）。RAM 是易失性存储器，ROM 是非易失性存储器。随机存储器一般用作内存，可以读出/写入数据。之所以称为随机，是因为其读写时可以从存储器的任意地址处进行，而不必从开始地址处进行。随机存储器又分为两大类：静态随机存储器（SRAM）和动态随机存储器（DRAM），其与 CPU 接口如图 5-3 和图 5-4 所示。SRAM 中的存储单元内容在通电状态下是始终不会丢失的，因而，其存储单元不需要定时刷新。DRAM 中的存储单元内容在通电状态下会丢失，需要定期刷新。因此增加 RAS（行地址选择）和 CAS（列地址选择）信号线，这样可以减少地址引脚，并方便刷新操作。SRAM 和 DRAM 的特点如下：

- SRAM 读/写速度比 DRAM 快。
- SRAM 比 DRAM 功耗大。
- DRAM 集成度高，因而存储容量更大。
- DRAM 需要周期性的刷新，而 SRAM 不需要。

SDRAM 是一种改善了结构的增强型的 DRAM，由于数据存储的频率就是系统时钟频率，克服了异步内存需要 CPU 等待的性能瓶颈，大大提升了性能。DDR（Double Data Rate）SDRAM，即双倍速内存，是在 SDRAM 内存基础上发展而来的，结构与 SDRAM 差不多，但是它把 SDRAM 在系统时钟的上升沿传输数据修改成上升沿和下降沿都传输数据，速度提升了两倍。DDR2 SDRAM 是由电子设备工程联合委员会进行开发的新生代内存技术标准，拥有两倍于 DDR 内存预读取能力，以前只用在 PC 上，目前最新的嵌入式处理器也支持 DDR2 接口，如 S5PV210 微处理器。

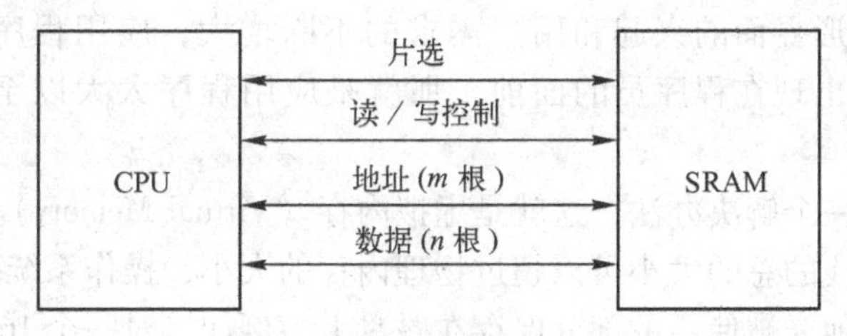

图 5-3　SRAM 与 CPU 接口

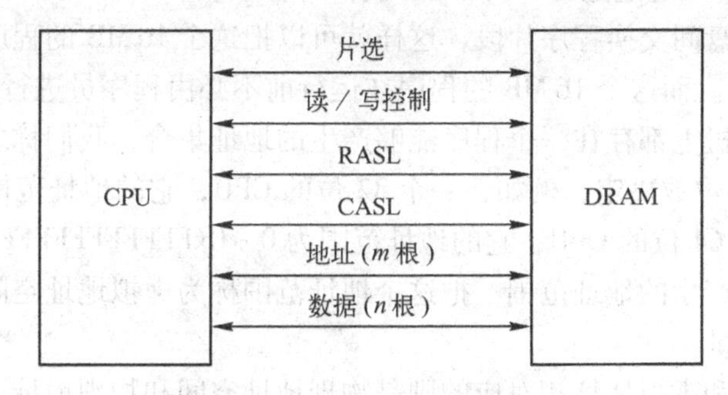

图 5-4　DRAM 与 CPU 接口

只读存储器（ROM）通常又分成 EPROM、EEPROM 和闪存（Flash）。目前，闪存作为只读存储器在嵌入式系统中被大量采用，闪存使用标准电压既可擦写和编程，因此，闪存在标准电压的系统内就可进行编程写入。NOR 和 NAND 是现在市场上两种主要的非易失闪存技术。1988 年，Intel 公司首先开发出 NOR Flash 技术；1989 年，东芝公司开发出了 NAND Flash 结构的存储器。NAND Flash 与 NOR Flash 的特点如下：

- NOR Flash 的读取速度比 NAND Flash 稍快一些，NAND Flash 的擦除和写入速度比 NOR Flash 快很多。
- Flash 芯片在写入操作时，需要先进行擦除操作。NAND Flash 的擦除单元更小，因此相应的擦除电路更少。
- 接口方面它们也有差别，NOR Flash 带有 SRAM 接口，有足够的地址引脚来寻址，可以很容易地存取其内部的每一个字节，可以像其他 SRAM 存储器那样与微处理器连接；NAND Flash 器件使用复杂的 I/O 口来串行地存、取数据，各个产品或厂商的方法还各不相同，因此，与微处理器的接口复杂。

- NAND Flash 读和写操作采用 512 B 的块，这一点类似硬盘管理操作，很自然地，基于 NAND Flash 的存储器就可以取代硬盘或其他块设备。

5.2 内存管理单元

5.2.1 虚拟内存与虚拟地址

内存管理单元，全称为 Memory Manage Unit，简称 MMU。许多年以前，当人们还在使用 DOS 或是更古老的操作系统的时候，计算机的内存还非常小，一般都是以 K 为单位进行计算。相应地，当时的程序规模也不大，所以内存容量虽然小，但还是可以容纳当时的程序的。但随着图形界面的兴起和用户需求的不断增大，应用程序的规模也随之膨胀起来，终于一个难题出现在程序员的面前，那就是应用程序太大以至于内存容纳不下该程序。

于是人们找到了一个解决办法，这就是虚拟内存（Virtual Memory）。虚拟内存的基本思想是程序、数据、堆栈的总的大小可以超过物理内存的大小，操作系统把当前使用的部分保留在内存中，而把其他未被使用的部分保存在磁盘上。例如，对一个 16 MB 的程序和一个内存只有4 MB 的机器，OS 通过选择，可以决定各个时刻将哪 4 MB 的内容保留在内存中，并在需要时在内存和磁盘间交换程序片段，这样就可以把这个 16 MB 的程序运行在一个只具有 4 MB 内存的机器上了。而这个 16 MB 的程序在运行前不必由程序员进行分割。

任何时候，计算机上都存在一个程序能够产生的地址集合，我们称之为地址范围。这个范围的大小由 CPU 的位数决定，例如，一个 32 位的 CPU，它的地址范围是 0 ~ 0xFFFFFFFF（4 GB），而对于一个 64 位的 CPU，它的地址范围为 0 ~ 0xFFFFFFFFFFFFFFFF（64 TB）。这个范围就是程序能够产生的地址范围，把这个地址范围称为虚拟地址空间，该空间中的某一个地址称之为虚拟地址。

与虚拟地址空间和虚拟地址相对应的则是物理地址空间和物理地址，大多数时候系统所具备的物理地址空间只是虚拟地址空间的一个子集，这里举一个最简单的例子直观地说明这两者，对于内存为 256MB 的 32 位的嵌入式系统来说，它的虚拟地址空间范围是 0 ~ 0xFFFFFFFF（4 GB），而物理地址空间范围是 0x000000000 ~ 0x0FFFFFFF（256 MB）。

5.2.2 地址映射

在没有使用虚拟存储器的机器上，虚拟地址被直接送到内存总线上，使具有相同地址的物理存储器被读写。而在使用了虚拟存储器的情况下，虚拟地址不是被直接送到内存地址总线上，而是送到内存管理单元——MMU，其功能是把虚拟地址映射为物理地址。因此 MMU 的一个关键功能就是管理地址重定位，也就是将处理器发出的虚拟地址转换成主存储器系统的物理地址。

大多数使用虚拟存储器的系统都使用一种称为分页（Paging）的技术。虚拟地址空间划分成称为页（Page）的单位，而相应的物理地址空间也被进行划分，单位是页框（Frame）。页和页框的大小必须相同。

如图 5-5 所示，当一条指令将 0 号地址的值传递进寄存器时，内核执行的过程如下：

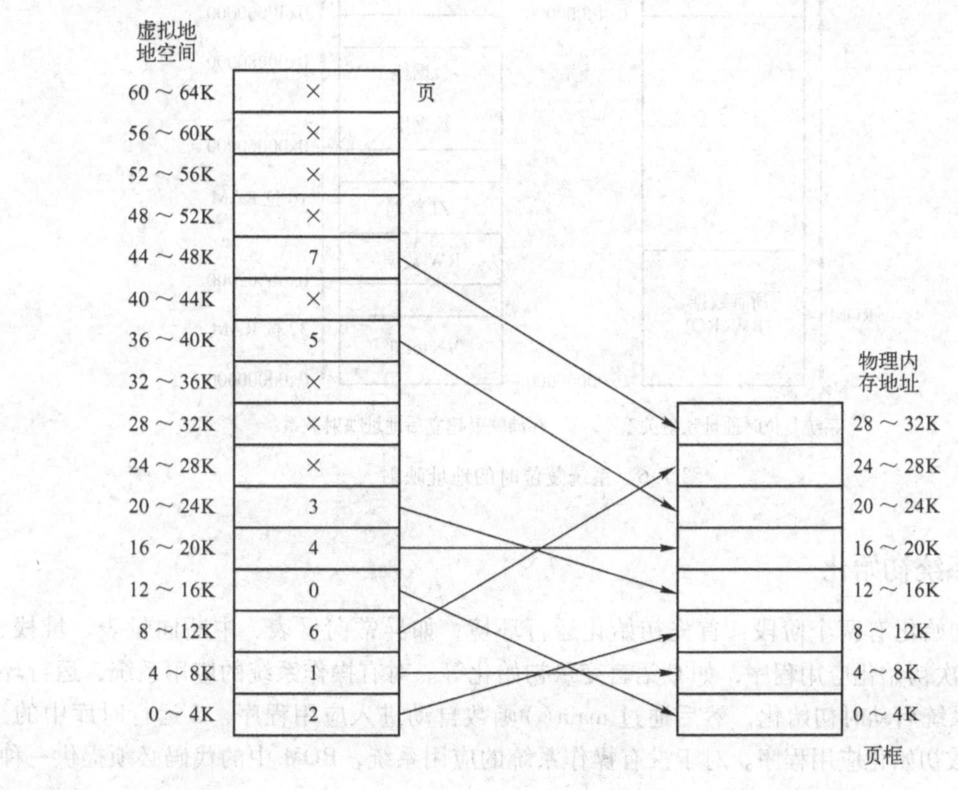

图 5-5　地址映射示意图

首先，虚拟地址 0 将被送往 MMU，MMU 看到该虚拟地址落在页 0 范围内（页 0 范围是 0～4095），从图 5-5 可以看出，页 0 所对应（映射）的页框为 2（页框 2 的地址范围是 8192～12287），因此 MMU 将该虚拟地址转化为物理地址 8192，并把地址 8192 送到地址总线上。内存对 MMU 的映射一无所知，它只看到一个对地址 8192 的读请求并执行它。MMU 从而把 0～4096 的虚拟地址映射到 8192～12287 的物理地址。

图 5-5 只是一幅示意图。在实际的嵌入式系统中，通常采用多级页表（也称快表）的方式进行地址转换。页表中每条项目都描述部分内存映射到物理地址之间的转换，页表按照虚拟地址组织，除了描述虚拟页到物理页的转换，页表还提供页的访问权限和存储属性。

嵌入式系统中通常有多种存储器，这是为了充分发挥各种存储器的特点，达到好的性价比。下面以一个包含 Flash、16 位 RAM 和 32 位 RAM 的系统为例，讲述系统的地址映射。

在这个例子中，系统上电前，所有的程序和数据都保存在 Flash 中，系统上电后，异常中断处理和数据栈就被移到 32 位的 RAM 中，这使得异常中断处理的速度较快；RW 数据以及 ZI 数据移到 16 位 RAM 中；其他的 RO 代码在 Flash 中运行。在系统复位时，Flash 位于地址 0 处，复位后开始执行的指令把 Flash 映射到别的非 0 地址段，而把 RAM 映射到地址 0 处，具体的地址映射模式如图 5-6 所示。

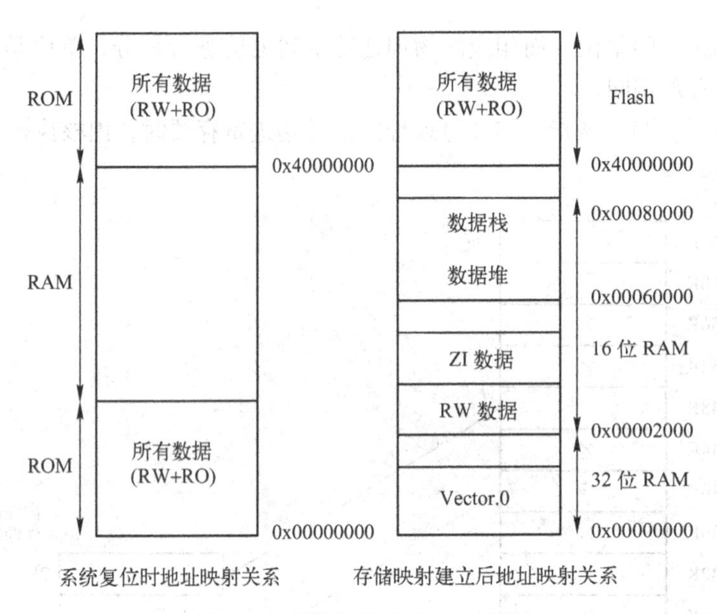

图 5-6　系统复位时的地址映射

5.2.3　系统初始化

系统初始化有两个阶段：首先初始化运行环境，如异常向量表、中断向量表、堆栈、I/O等；其次初始化应用程序，如 C 语言变量初始化等。对有操作系统的应用系统，运行环境在操作系统启动时初始化，然后通过 main( ) 函数自动进入应用程序，C 运行时库中的_main( ) 函数初始化应用程序。对于没有操作系统的应用系统，ROM 中的代码必须提供一种应用程序初始化自身和开始执行的方法。

通常初始化代码位于复位后执行的代码，完成下面的内容：标识初始化代码的入口；设置异常向量表、中断向量表；初始化存储器系统；初始化堆栈指针；初始化一些关键的 I/O 口；初始化中断系统需要的 RAM 变量；使能中断；如果需要，切换处理器模式；如果需要，切换处理器状态。

运行环境初始化后，接下来就是应用程序初始化，然后进入 C 程序。

1. 初始化运行环境

应用程序开始执行前，一些运行环境必须被初始化。如果应用程序有操作系统支持，初始化被 BootLoader 完成；如果应用程序没有操作系统，可以通过 C 运行时库完成运行环境初始化，并在 main( ) 中调用应用程序。ARM 处理器复位后处于 Svc 模式、中断禁止和 ARM 状态。

主要完成以下操作：

1）设置初始入口地址。一个可执行映像必须有一个入口。一个嵌入式 ROM 映像入口地址通常在 0，入口可以通过汇编语言 ENTRY 来定义。系统中可能有多个入口，当系统中有多个入口时，其中某个入口必须通过_entry 来指定为初始入口。如果包含 C 程序的系统程序中有 main( ) 函数，在 C 运行时库初始化代码中也有一个入口。

2）设置异常向量表。异常向量表包含一系列不能修改的指令，用以跳转到各异常的响应程序。

3）初始化存储器系统。如果系统中有内存管理或保护单元，必须在初始化前做两件事情：其一是中断禁止；其二是没有进行依赖于 RAM 的程序调用。

4）初始化堆栈。用来初始化代码、初始化堆栈指针寄存器，可以初始化部分或所有的堆栈指针，这取决于系统中用到的中断和异常。通常，SP_abt 和 SP_und 在简单系统中没有用到，当然也可以初始化它们以用于调试。在处理器切换到用户模式，开始执行应用程序前设置 SP_und。

5）初始化一些关键的 I/O 口设备。关键的 I/O 设备是使能中断前必须初始化的 I/O 设备。通常系统在此处初始化这些设备，如果没有初始化，当中断使能时，这些设备可能导致不期望的中断。

6）初始化中断系统需要的 RAM 变量。如果中断系统有缓冲区指针用来读取数据到内存缓冲区，该指针必须在中断使能前被初始化。

7）中断使能。如果需要，初始化代码现在能通过清除 CPSR 寄存器的中断禁止位来使能中断了，这是安全使能中断的最简单的方法。

8）切换处理器模式。程序执行到这仍然处于 Svc 模式，如果应用程序运行在 USR 模式，在此处切换到 USR 模式并初始化 USR 模式堆栈寄存器 SP_Usr。

9）切换处理器状态。所有的 RAM 核包括有 Thumb 功能的处理器，复位时都处于 ARM 状态，初始化代码都会是 ARM 状态。如果应用程序编译成 Thumb 代码，链接器会自动添加 ARM 状态到 Thumb 状态的小代码段，以实现由 ARM 状态到 Thumb 状态的切换。当然，也可以手动写初始化代码来完成切换。

2. 初始化应用程序

应用程序的初始化包括：

- 通过复制初始化数据到可写数据段来初始化非 0 可写数据。
- 对 ZI 数据段清零。
- 存储器初始化后，程序控制权交给应用程序的入口，如 C 运行时库。

5.3 S5PV210 的存储系统

5.3.1 S5PV210 的存储系统框图

S5PV210 芯片的存储系统框图如图 5-7 所示。

MMU 本身有少量存储空间存放从虚拟地址到物理地址的匹配表，此表称为 TLB（快表，也称页表）。TLB 中内容包括：虚址及其对应的物理地址、权限、域和映射类型。

当 CPU 对一虚拟地址进行存取时，首先搜索 TLB 表以查找对应的物理地址等信息，该过程称为转换表遍历（Translation Table Walk，TTW）。经过 TTW 过程后，将查到的信息保存到 TLB。然后根据 TLB 表项的物理地址进行读写。MMU 可以锁定某些 TLB 表项，以提高特定地址的变换速度。

使能 MMU 时存储访问过程如图 5-8 所示。

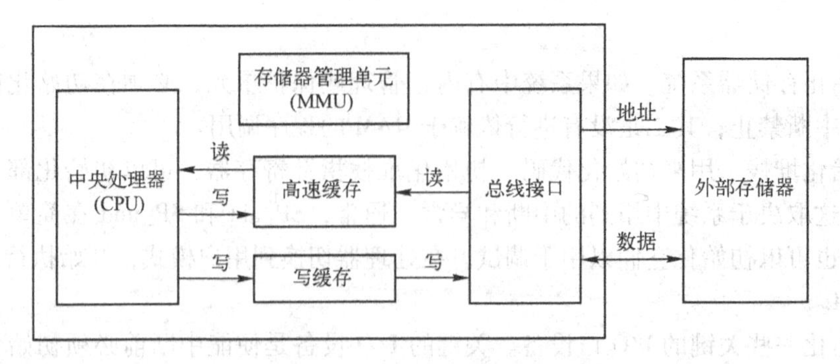

图 5-7　存储系统框图

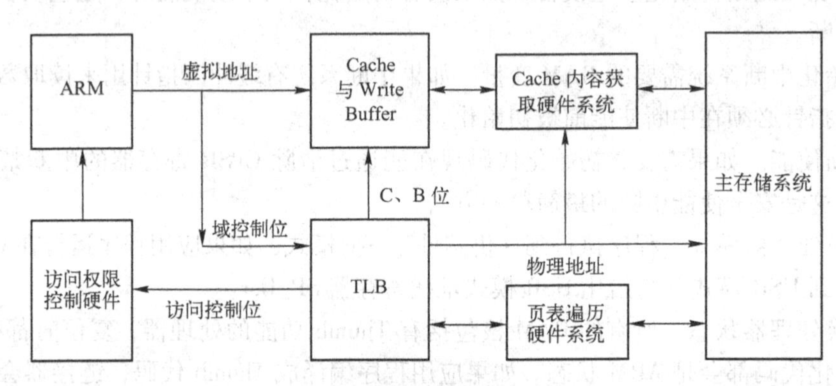

图 5-8　使能 MMU 时存储访问过程

5.3.2　S5PV210 的虚拟内存映射

如图 5-9 所示，S5PV210 微处理器的虚拟地址由虚拟页号和页内偏移量两部分组成。例如，如果页的大小是 4 KB，则虚拟地址的 0 ~ 11 位是偏移量，第 12 位以上是虚拟页号。

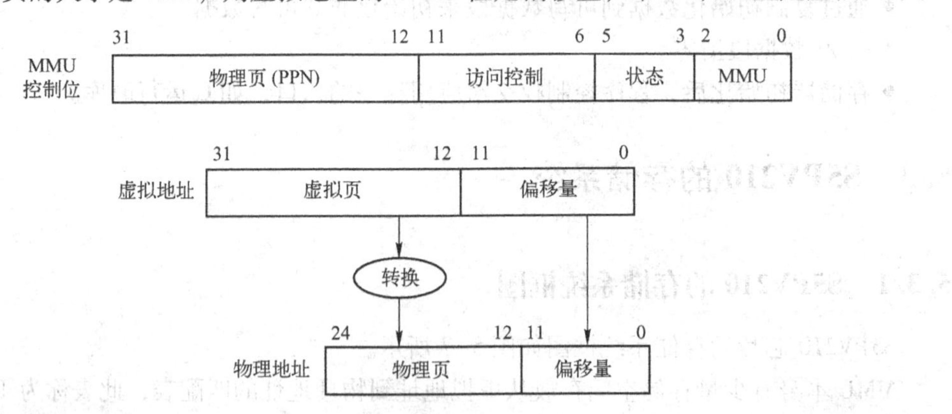

图 5-9　虚拟页到物理页转换图

MMU 使用页表将虚拟页编号转换到物理页，并根据页内偏移量访问物理页的正确偏移处。每一个页表项（PTE）包括以下信息：

- 有效标志：表示页表本条目是否有效。
- 本页表条目描述的物理页编号。
- 访问控制位：表示是否可以写。

S5PV210 存储器地址映射如图 5-10 所示。内部存储器地址映射如图 5-11 所示。

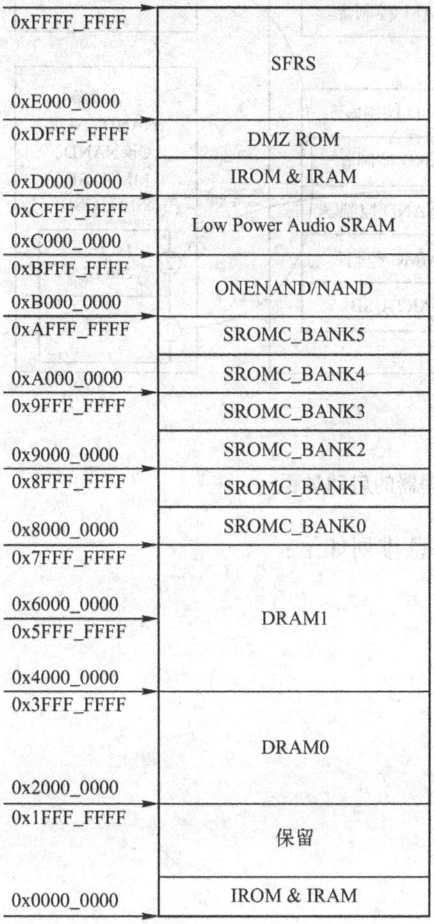

0xFFFF_FFFF
SFRS
0xE000_0000
0xDFFF_FFFF
DMZ ROM
IROM & IRAM
0xD000_0000
0xCFFF_FFFF
Low Power Audio SRAM
0xC000_0000
0xBFFF_FFFF
ONENAND/NAND
0xB000_0000
0xAFFF_FFFF
SROMC_BANK5
SROMC_BANK4
0xA000_0000
0x9FFF_FFFF
SROMC_BANK3
SROMC_BANK2
0x9000_0000
0x8FFF_FFFF
SROMC_BANK1
SROMC_BANK0
0x8000_0000
0x7FFF_FFFF
0x6000_0000
DRAM1
0x5FFF_FFFF
0x4000_0000
0x3FFF_FFFF
DRAM0
0x2000_0000
0x1FFF_FFFF
保留
IROM & IRAM
0x0000_0000

图 5-10 S5PV210 的地址映射

0xD000_0000
iROM 64kB 安全区域
0xD000_FFFF
0xD001_0000
不可用
0xD001_FFFF
0xD002_0000
安全区域
iRAM 96KB
非安全区域
0xD003_FFFF
0xD003_8000
不可用
0xD800_0000
DMZ ROM 非安全区域
0xDFFF_FFFF

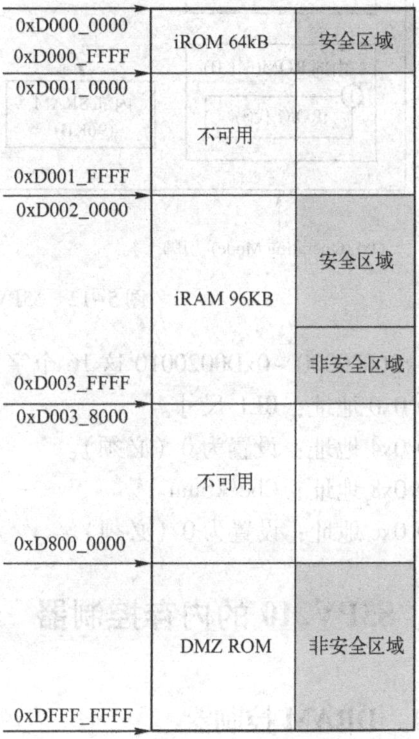

图 5-11 内部存储器地址映射

5.3.3 S5PV210 微处理器的启动过程

如图 5-12 所示，S5PV210 上电将从 IROM 处执行固化的启动代码 BL0，它对时钟等初始化、对启动设备进行判断，并从启动设备中复制 BL1（最大 16KB）到 IRAM（地址 0xD0020000 处，其中 0xD0020010 之前的 16 个字节存储 BL1 的校验信息和 BL1 的尺寸）中，并对 BL1 进行校验，校验成功后转入 BL1 进行执行。

- BL0：是指 S5PV210 微处理器的 IROM 中固化的启动代码。
- BL1：是指在 IRAM 自动从外存储器（nand/sd/usb）中复制的 uboot.bin 二进制文件的头 16 KB 代码。
- BL2：是指在代码重定向后在内存中执行的 UBOOT 的完整代码。

上述三者之间的关系是：BL0 将 BL1 加载到 IRAM，然后 BL1 在 IRAM 中运行并将 BL2 加载到 SDRAM，BL2 加载嵌入式操作系统内核。BL 是 bootloader 的简称。

S5PV210 微处理器的 IRAM 的地址范围是 0xD0020000 ~ 0xD003FFF，上电后执行完固化的 BL0，并将启动设备的代码复制到 IRAM 中，并跳转到 0xD0020010 处执行。

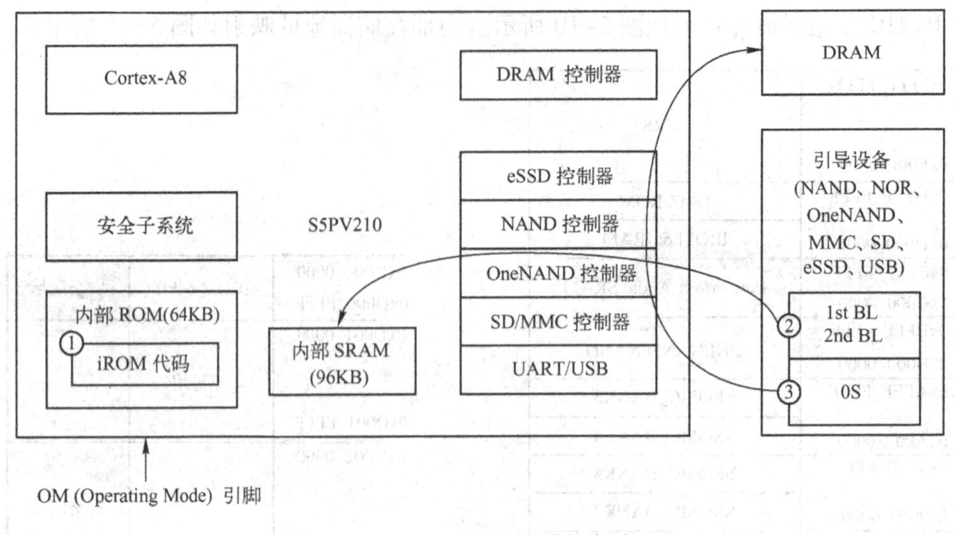

图 5-12　S5PV210 微处理器的启动过程

0xD0020000 ~ 0xD0020010 这 16 个字节头部信息排列如下：

- 0x0 地址：BL1 尺寸。
- 0x4 地址：设置为 0（必须）。
- 0x8 地址：CheckSum。
- 0xc 地址：设置为 0（必须）。

5.4　S5PV210 的内存控制器

5.4.1　DRAM 控制器

DRAM 控制器是高级微控制总线结构（AMBA）AXI。为了支持高速存储设备，DRAM 控制器使用 SEC DDR PHY 接口。该控制器使用高级嵌入式调度器来有效地利用存储器设备，以及使用优化的管道层从而最小化延迟时间。S5PV210 有两个独立的 DRAM 控制器和接口，即 DMC0 和 DMC1。DMC0 和 DMC1 支持的最大内存容量分别为 512 MB 和 1 GB，但每个控制器必须使用同种类型的内存芯片。

DRAM 控制器的主要特性有：

- 与 JEDEC DDR2 兼容，低功率 DDR 和低功率的 DDR2 SDRAM 标准。
- 使用 SEC LPDDR2 PHY 接口来支持高速存储设备。
- 支持两个外部芯片的选择和每个芯片包含 1/2/4/8 个存储体（Bank）。
- 支持 128 MB、256 MB、512 MB、1 GB、2 GB 和 4 GB 的密度存储设备。
- 支持 16/32 位的存储数据带宽。

图 5-13 给出了控制器的总体模块图。该模块图显示了总线接口模块、调度器模块、存储器接口模块（该模块与 SEC LPDDR2 PHY 连接）。

总线接口模块保存了用于存储接口的总线协议，该接口来自 AXI 从端口并用于指导排队。此外，它还用于缓存写入数据，或者把读入的数据通过 AXI 总线发送到 Master。它还在

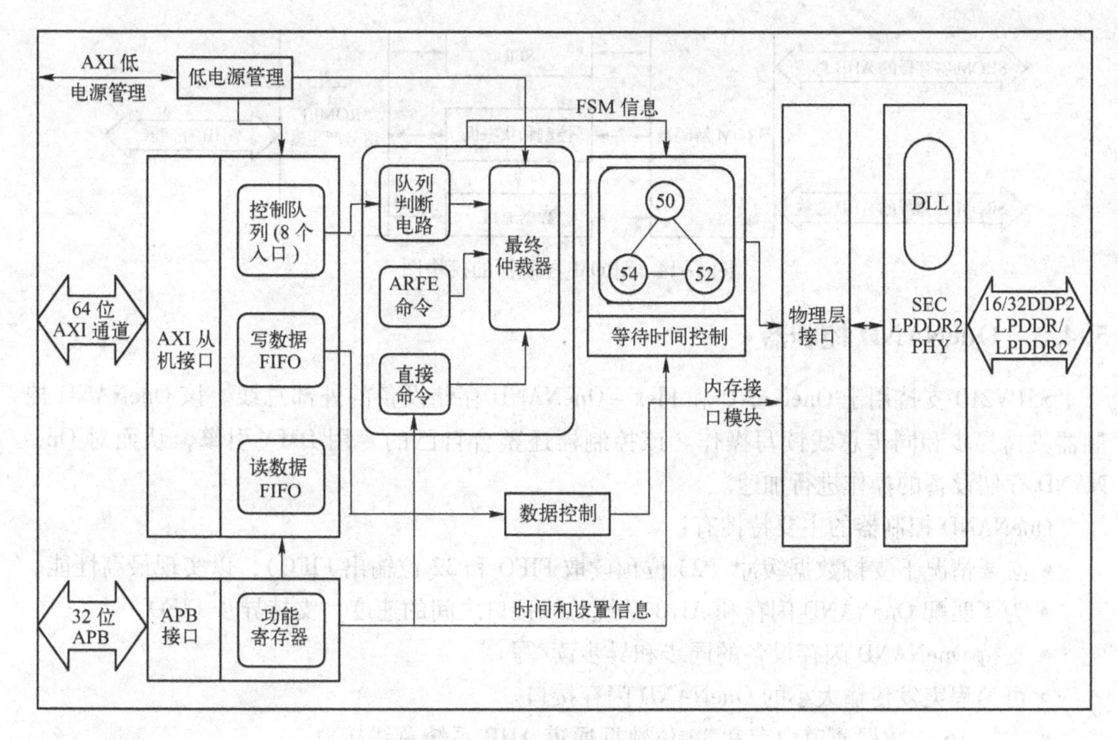

图 5-13　DRAM 控制器总体模块图

AXI Master 没准备好的情况下用来读取 FIFO，同时该总线接口模块有一个 AXI 低功耗频道接口和一个 APB 接口，该接口用于具体功能注册和直接命令。

调度器模块使用存储器 FSM 信息来审核命令队列的总线协议并将命令转化为存储器命令类型，该类型会被发送到存储器接口模块。该模块还控制着存储器和 AXI 总线之间的读写数据流。

存储器接口模块根据来自调度器的存储器命令来更新每个存储体的状态，并把存储体的状态送回给调度器。该模块根据存储器延时来创建存储器命令，并通过 PHY 接口将命令发送到 SEC LPDDR2 PHY。

5.4.2　SROM 控制器

S5PV210 SROM 支持外置 8/16 位 NOR Flash/PROM/SRAM 存储器，共支持 6 个高达 16 MB 的存储体。

SROM 控制器的主要特性有：

- 支持 SRAM，各种 ROM 和 NOR 闪存。
- 仅支持 8 位或 16 位的数据总线。
- 地址空间：每存储体可达 16 MB。
- 支持 6 个存储体。
- 内存的起始地址固定。
- 支持字节和半字。

SROM 控制器的模块图如图 5-14 所示。

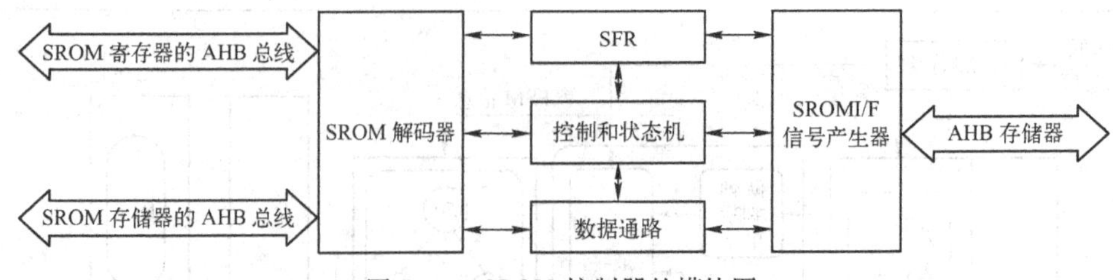

图 5-14　SROM 控制器的模块图

5.4.3　OneNAND 控制器

S5PV210 支持用于 OneNAND 和 Flex - OneNAND 存储设备的外部总线。该 OneNAND 控制器支持异步和同步总线读写操作。该控制器还整合自己的专用 DMA 引擎，从而对 OneNAND 存储设备的操作进行加速。

OneNAND 控制器的主要特性有：

- 必要情况下支持数据缓冲（23 位预读取 FIFO 和 32 位输出 FIFO），以实现最高性能。
- 为了匹配 OneNAND 闪存和 AHB 系统总线接口之间的速度，支持异步 FIFO。
- 支持 OneNAND 闪存设备的同步和异步读/写。
- 可编程突发传输大小的 OneNAND 闪存接口。
- 支持 16 位数据通道内存和 32 位数据通道 AHB 系统总线接口。
- 用一个单一的总线接口协议支持 OneNAND 家族的多种存储设备（OneNAND 和 Flex - OneNAND）。
- 最多支持两个 OneNAND 设备。默认情况下所有芯片可选。
- 支持 OneNAND 设备的复位功能。

OneNAND 控制器模块图如图 5-15 所示。

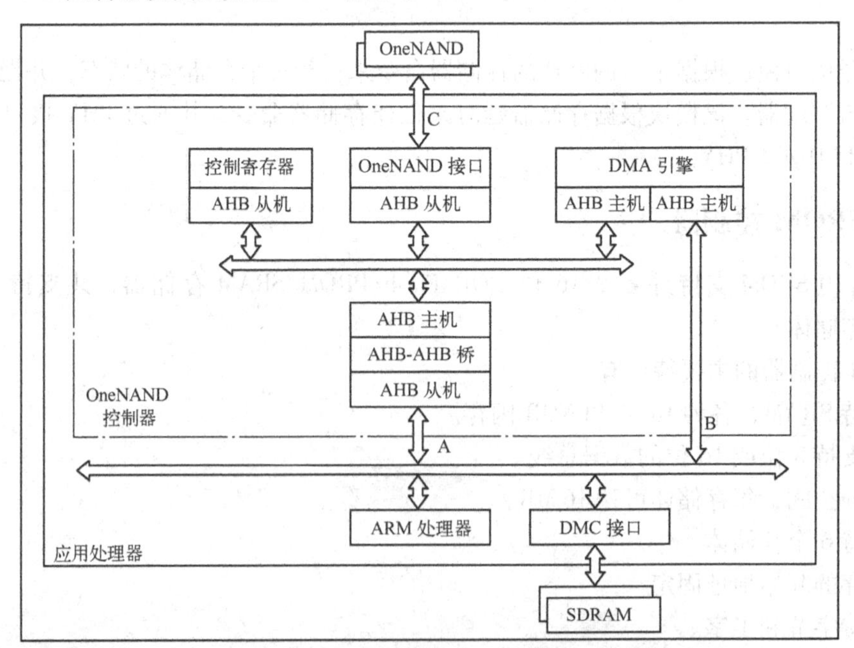

图 5-15　OneNAND 控制器模块图

5.4.4 NAND 闪存控制器

S5PV210 上的启动程序可以在外部 NAND 闪存中执行，它会将 NAND 闪存上的数据复制到 DRAM 中。为了保证 NAND 闪存数据的可靠性，S5PV210 包含了错误矫正代码（ECC）。当 NAND 闪存的内容被复制到 DRAM 之后，主程序会在 DRAM 上执行。

NAND 控制器的主要特性有：

- NAND 闪存接口：支持 512 B、2 KB、4 KB、8 KB 页面。
- 软件模式可以直接访问 NAND 闪存，例如用于读/擦除/编程 NAND 闪存。
- 支持 8 位 NAND 闪存接口总线。
- 支持 SLC 和 MLC NAND 闪存。
- 支持 1 /4 /8/12 /16 位 ECC。
- 支持字节/半字/字数据。

NAND 控制器模块图如图 5-16 所示。

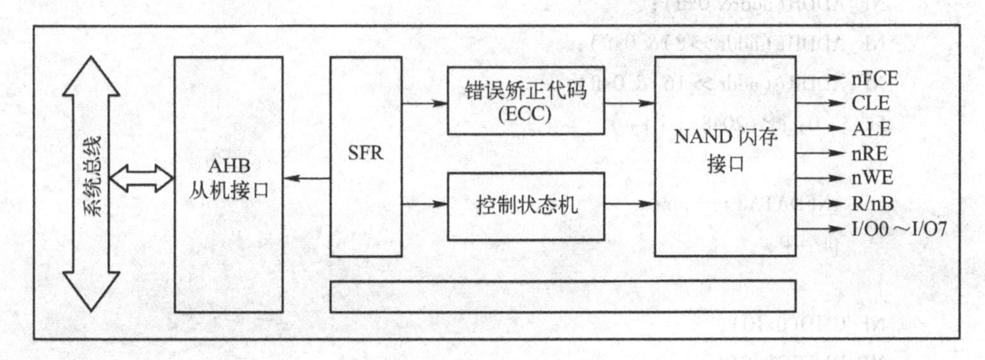

图 5-16 NAND 控制器模块图

NAND Flash 的读写擦除参考程序 nand. c 示例。

1. 初始化函数 Nand_init( ) 代码如下：

```
void Nand_Init(void)
{
    rNFCONF = 0x7771;
    rNFCONT = 0x03 ;
}
```

2. NAND Flash 复位函数

```
static void Nand_Reset(void)
{
    NF_nFCE_L();                    /* select this chip */
    NF_CLEAR_RB();                  /* clear the r/b bits */
    NF_CMD(CMD_RESET);              /* reset cmd */
    NF_DETECT_RB();                 /* detect the bit status */
```

```
    NF_nFCE_H();                        /* disa the chip */
}
```

3. NAND Flash 写页面数据

```
static int nand_write_page(unsigned char * buf, unsigned long addr)
{
    unsigned char * ptr = (unsigned char * )buf;
    unsigned int i;
    NF_nFCE_L();
    NF_CLEAR_RB();
    NF_CMD(0x80);
    addr = addr >> 11;              /* addr/2048 */
    NF_ADDR(0);
    NF_ADDR(0);
    NF_ADDR(addr& 0xff);
    NF_ADDR((addr >> 8) & 0xff);
    NF_ADDR((addr >> 16) & 0xff);
    for(i = 0; i < (2048); i ++ )
    {
        rNFDATA8 = * ptr;
        ptr ++ ;
    }
    NF_CMD(0x10);
    NF_DETECT_RB()
    NF_CMD(0x70);
    NF_WAITIO0();
    NF_nFCE_H();
    return 2048;
}
```

4. NAND Flash 擦除块数据

```
static int nand_erase_block(unsigned long addr)
{
    NF_nFCE_L();                //chip Enable
    NF_CLEAR_RB();
    NF_CMD(CMD_ERA1);
    addr = addr >> 11;
    NF_ADDR(addr & 0xff);
    NF_ADDR((addr >> 8) & 0xff);
    NF_ADDR((addr >> 16) & 0xff);
    NF_CMD(CMD_ERA2);
```

```
        NF_DETECT_RB()
        NF_CMD(0x70);
        NF_WAITIO0();
        /* chip Disable */
        NF_nFCE_H();
        return 0;
    }
```

5. 读函数

```
    static int nand_read_page(unsigned long addr, unsigned char * const buffer)
    {
        int i;
        addr = addr >> 11;

        //Nand_Reset();

        NF_nFCE_L();
        NF_CLEAR_RB();

        NF_CMD(CMD_READ1);
        NF_ADDR(0x0);
        NF_ADDR(0x0);
        NF_ADDR(addr&0xff);
        NF_ADDR((addr >> 8)&0xff);
        NF_ADDR((addr >> 16)&0xff);
        NF_CMD(CMD_READ2);
        //delay(500);
        NF_DETECT_RB();

        for(i = 0; i < 2048; i ++)
        {
            buffer[i] = NF_RDDATA8();
        }

        NF_nFCE_H();
        return 0;
    }
```

本章小结

本章介绍了嵌入式系统的存储器管理机制。首先介绍了嵌入式系统中的存储器分级；然后介绍了内存管理单元的作用，包括虚拟内存映射机制和 S5PV210 微处理器的启动过程；接着介绍了 S5PV210 微处理器的存储系统和内存控制器；最后通过实例介绍了 S5PV210 对于 NAND Flash 闪存的读写操作方法。

思考题

1. 随机存储器和只读存储器有何区别？
2. 请解释 SRAM、DRAM 和 SDRAM。
3. 简述内存管理单元的作用。
4. 试描述 ARM 存储器管理的分页功能和处理流程。
5. 嵌入式系统的初始化过程包括哪些步骤？
6. 简述 S5PV210 微处理器进行内存映射的机制。
7. 读以下程序，说明程序功能

```
.text
.global _start
_start:
    ldr r0, =0xE2700000
    mov r1, #0
    str r1, [r0]
    ldr sp, =0xD0037D80          ;设置栈,以便调用 c 函数
    ldr r0, =main
    ldr r1, =0xD0030000          ;0xd0030000 目标地址
    ldr r2, =redirt_end
    cmp r0, r1
    beq run_on_dram
copy_loop:
    ldr r3, [r0], #4             ;源
    str r3, [r1], #4             ;目的
    cmp r0, r2
    bne copy_loop
run_on_dram:
    ldr pc, =0xD0030008          ;跳转
halt:
    b halt
```

8. 读以下电路图，说明该内存单元应该如何和 S5PV210 微处理器进行硬件连接？如何进行虚拟内存地址映射？

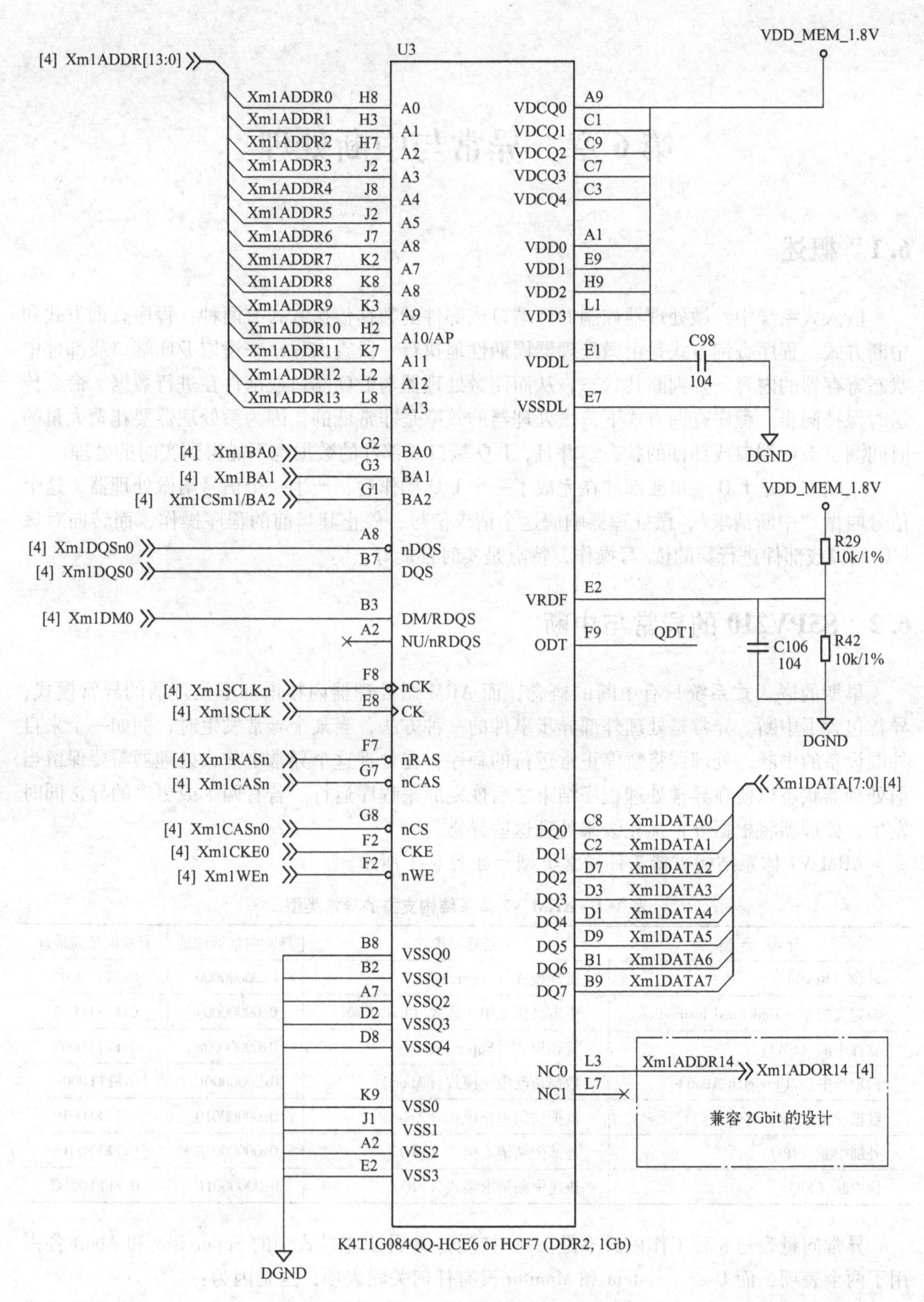

VDD_MEM_1.8V
U3
[4] Xm1ADDR[13:0]
Xm1ADDR0 H8 A0
Xm1ADDR1 H3 A1
Xm1ADDR2 H7 A2
Xm1ADDR3 J2 A3
Xm1ADDR4 J8 A4
Xm1ADDR5 J2 A5
Xm1ADDR6 J7 A8
Xm1ADDR7 K2 A7
Xm1ADDR8 K8 A8
Xm1ADDR9 K3 A9
Xm1ADDR10 H2 A10/AP
Xm1ADDR11 K7 A11
Xm1ADDR12 L2 A12
Xm1ADDR13 L8 A13
VDCQ0 A9
VDCQ1 C1
VDCQ2 C9
VDCQ3 C7
VDCQ4 C3
VDD0 A1
VDD1 E9
VDD2 H9
VDD3 L1
VDDL E1
VSSDL E7
C98
104
DGND
[4] Xm1BA0 G2 BA0
[4] Xm1BA1 G3 BA1
[4] Xm1CSm1/BA2 G1 BA2
[4] Xm1DQSn0 A8 nDQS
[4] Xm1DQS0 B7 DQS
[4] Xm1DM0 B3 DM/RDQS
A2 NU/nRDQS
VDD_MEM_1.8V
R29
10k/1%
VRDF E2
ODT F9 QDT1
C106
104
R42
10k/1%
DGND
[4] Xm1SCLKn F8 nCK
[4] Xm1SCLK E8 CK
[4] Xm1RASn F7 nRAS
[4] Xm1CASn G7 nCAS
[4] Xm1CASn0 G8 nCS
[4] Xm1CKE0 F2 CKE
[4] Xm1WEn F2 nWE
Xm1DATA[7:0] [4]
DQ0 C8 Xm1DATA0
DQ1 C2 Xm1DATA1
DQ2 D7 Xm1DATA2
DQ3 D3 Xm1DATA3
DQ4 D1 Xm1DATA4
DQ5 D9 Xm1DATA5
DQ6 B1 Xm1DATA6
DQ7 B9 Xm1DATA7
B8 VSSQ0
B2 VSSQ1
A7 VSSQ2
D2 VSSQ3
D8 VSSQ4
K9 VSS0
J1 VSS1
A2 VSS2
E2 VSS3
NC0 L3 Xm1ADDR14 Xm1ADOR14 [4]
NC1 L7
兼容 2Gbit 的设计
K4T1G084QQ-HCE6 or HCF7 (DDR2, 1Gb)
DGND

图 5-17　题 8 的图

第6章　异常与中断处理

6.1　概述

嵌入式系统中，微处理器控制I/O端口或部件的数据传送方式有两种：程序查询方式和中断方式。程序查询方式是由微处理器周期性地执行一段查询程序来读取I/O端口或部件中状态寄存器的内容，并判断其状态，从而使微处理器与I/O端口或部件在进行数据、命令传送时保持同步。程序查询方式下，微处理器的效率是非常低的，因为微处理器要花费大量的时间测试I/O端口或部件的状态。并且，I/O端口或部件的数据也不能得到实时的处理。

中断方式是I/O端口或部件在完成了一个I/O操作后，产生一个信号给微处理器，这个信号叫做“中断请求”，微处理器响应这个请求信号，停止其当前的程序操作，而转向对该I/O端口或部件进行新的读/写操作，特点是实时性能好。

6.2　S5PV210的异常与中断

早期的嵌入式系统只有中断的概念，而ARM微处理器内核增加了处理器的异常模式，异常包含了中断。异常是处理外部异步事件的一种方法，当某个异常发生时，例如一个来自外围设备的中断，处理器将暂停正常运行的程序；在处理这个异常之前，处理器需要保留当前处理器状态以便在异常处理程序结束之后恢复原来程序运行。若有两个或更多的异常同时发生，处理器将根据异常优先级来处理这些异常。

ARM V7体系结构支持7种异常类型，如表6-1所示。

表6-1　ARM V7体系结构支持的异常类型

异常类型	处理器模式	异常向量低地址	异常向量高地址
复位（Reset）	管理模式（Supervisor）	0x00000000	0xFFFF0000
未定义指令（Undefined Instruction）	未定义指令中止模式（Undefined）	0x00000004	0xFFFF0004
软件中断（SWI）	管理模式（Supervisor）	0x00000008	0xFFFF0008
预取指中止（Prefetch Abort）	数据访问中止模式（Abort）	0x0000000C	0xFFFF000C
数据中止（Data Abort）	数据访问中止模式（Abort）	0x00000010	0xFFFF0010
外部中断（IRQ）	外部中断请求模式（IRQ）	0x00000018	0xFFFF0018
快中断（FIQ）	快速中断请求模式（FIQ）	0x0000001C	0xFFFF001C

异常向量表与8种工作模式不是一一对应的。8种工作模式中的Supervisor和Abort各占用了两个表项，而User、System和Monitor没有任何关联表项，这是因为：

- User模式是程序正常运行模式，它不需要进行特殊的异常处理，即User不是异常模式，所以它没有占用任何表项。

● System 是特权模式，但是它不是异常模式，所以也不需要占用任何表项，System 与 User 完全共用寄存器，同时有能力进行模式切换（修改 PSR 寄存器的模式位），所以它是其他特权模式与 User 模式的交互桥梁。

● 对于 Secure Monitor 模式来说，是安全模式，需要协处理器来启动该模块才能工作。

在表 6-1 所示的处理器异常中，和中断有关的包括软中断异常、外部中断异常与快速中断异常。

6.3 SWI 软中断异常

软中断是软件实现的中断，也就是程序运行时其他程序对它的中断。软中断与硬中断的区别有：

1）软中断发生的时间是由程序控制的，而硬中断发生的时间是随机的。

2）软中断是由程序调用发生的，而硬中断是由外设引发的。

SWI 指令用于产生软中断，从用户模式变换到管理模式，CPSR 保存到管理模式的 SPSR 中。

SWI 指令格式如下：

```
SWI{cond}    immed_24          ;immed_24 为软中断号(服务类型)
```

使用 SWI 指令时，通常使用两种方法进行参数传递，SWI 异常中断处理程序就可以提供相关的服务。

3）指令中的 24 位立即数指定了用户请求的服务类型，参数通过通用寄存器传递。

例如：

```
mov   r0,#34          ;设置子功能号为 34
SWI   12              ;调用 12 号软中断
```

4）指令中的 24 位立即数被忽略，用户请求的服务类型由寄存器 R0 值决定，参数通过其他的通用寄存器传递。

例如：

```
mov   r0,#12          ;调用 12 号软中断
mov   r1,#34          ;设置子功能号为 34
SWI   0
```

SWI 异常中断处理程序中，取出 SWI 立即数的步骤如下：

1）首先确定引起软中断的 SWI 指令是 ARM 指令还是 Thumb 指令，这可通过对 SPSR 访问得到。

2）然后取得该 SWI 指令的地址，这可通过访问 LR 寄存器得到。

3）接着读出指令，分解出立即数。

程序如下：

```
T_bit              EQU              0X20
SWI_Handler
```

```
    STMFD    SP!,{R0-R3,R12,LR}        ;现场保护
    MOV      R1, SP                    ;得到参数指针
    MRS      R0,SPSR                   ;读取 SPSR
    STMFD    SP!,{R0}                  ;保存 SPSR
    TST      R0,#T_bit
    LDRNEH   R0,[LR,#-2]               ;若是 Thumb 指令,读取指令码(16 位)
    BICNE    R0,#0XFF00                ;取得 Thumb 指令的 8 位立即数
    LDREQ    R0,[LR,#-4]               ;若是 ARM 指令,读取指令码(32 位)
    BICEQ    R0,#0XFF000000            ;取得 ARM 指令的 24 位立即数
    ; R0 保存 SWI 号,而 R1 保存堆栈内寄存器指针
    BL       C_SWI_Handler             ;调用中断处理函数
    MSR      spsr_cf, r0               ;恢复 spsr
    LDMFD    SP!,{R0-R3,R12,PC}^       ;SWI 异常中断返回
```

虽然第一级 SWI 处理函数（完成中断向量号的提取）必须用汇编语言完成，但具体的中断处理函数可以使用 C 语言来完成，例如上面所调用的 C_SWI_Handler 句柄。

```
void C_SWI_Handler(int swi_num, int *regs)
{
    switch(swi_num)
    {
        case 0:
            regs[0] = regs[0] * regs[1];
            break;
        case 1:
            regs[0] = regs[0] + regs[1];
            break;
        case 2:
            regs[0] = (regs[0] * regs[1]) + (regs[2] * regs[3]);
            break;
    }
}
```

可以在汇编程序或者 C 程序中触发 SWI 中断，调用前设定所有必需的值并发出相关的 SWI。例如：

```
MOV  R0, #34
SWI  0x0
```

6.4 IRQ 中断与 FIQ 中断

ARM 微处理器有 IRQ 中断和 FIQ 中断两种硬件中断，其响应的优先级不同。实际上，ARM 内核只有两个外部中断输入信号 nIRQ 和 nFIQ，但对于一个系统而言，中断源可能多达几十个。为此在芯片中一般都有一个中断控制器来处理中断信号，在多个中断源中选择中

断响应信号。

IRQ 中断和 FIQ 中断发生时的处理步骤如下：

1）初始化微处理器中断有关的寄存器，开放中断。

2）I/O 端口或部件完成数据操作后产生中断请求信号。

3）当中断请求信号有效时，微处理器可能处在不可中断状态，等微处理器允许中断时保存当前状态，停止它现行的操作并开始进行中断源的识别。

4）在识别出优先级最高的中断源后，微处理器转到对应的中断服务例程入口，并应答中断，I/O 端口或部件收到应答信号后，撤销其中断请求。

5）微处理器读入或写出数据，当中断服务例程结束后，返回到原来的被中断程序处继续执行。

1. 中断源识别

嵌入式系统中，需要采用中断控制方式的 I/O 端口或部件有许多，而通常微处理器能够提供的中断请求信号线是有限的，如 ARM Cortex 核提供给外部的中断请求信号线仅有 IRQ 和 FIQ 两根。因此，当有中断产生时，微处理器就必须通过一定的方式识别出是哪个中断源发来的请求信号，以便转向其对应的中断服务程序例程，这就是中断源的识别。

S5PV210 芯片支持多达 93 个中断源以菊花链方式连接一起，如表 6-2 所示。

表 6-2　S5PV210 支持的 93 个中断源

模块	VIC 端口号	编号	中断请求	备注
VIC3 多媒体、音频、安全等	31	127		
	30	126		
	29	125		
	28	124		
	27	123		
	26	122		
	25	121		
	24	120		
	23	119		
	22	118		
	21	117		
	20	116		
	19	115		
	18	114		
	17	113		
	16	112		
	15	111		
	14	110		
	13	109		
	12	108		
	11	107		
	10	106	PENDN1(TSADC)	
	9	105	ADC1(TSADC)	

（续）

模块	VIC 端口号	编号	中断请求	备　注
VIC3 多媒体、音频、安全等	8	104		
	7	103		
	6	102		
	5	101		
	4	100	TSI	
	3	99	CEC	
	2	98	MMC3	
	1	97		
	0	96		
VIC2 多媒体、音频、安全等	31	95	SDM_FIQ(security)	
	30	94	SDM_IRQ(security)	
	29	93	PCM2	
	28	92	IntFeedCtrl_SSS	
	27	91	IntHash_SSS	
	26	90		
	25	89	KEYPAD	
	24	88	PENDN(TSADC)	
	23	87	ADC(TSADC)	
	22	86	SPDIF	
	21	85	PCM1	
	20	84	PCM0	
	19	83	AC97	
	18	82		
	17	81	I2S1	
	16	80	I2S0	
	15	79	TVENC	
	14	78	MFC	
	13	77	I2C_HDMI_DDC	
	12	76	HDMI	
	11	75	Mixer	
	10	74	3D	
	9	73	2D	
	8	72	JEPG	
	7	71	FIMC2	
	6	70	FIMC1	
	5	69	FIMC0	
	4	68	ROTATOR	
	3	67		
	2	66	LCD[2]	
	1	65	LCD[1]	
	0	64	LCD[0]	

（续）

模块	VIC 端口号	编号	中断请求	备　注
VIC1 ARM、电源、内存、接口、外存	31	63	ONENAND_AUDI	
	30	62	MIPI_DSI	
	29	61	MIPI_CSI	
	28	60	HSMMC2	
	27	59	HSMMC1	
	26	58	HSMMC0	
	25	57	MODEMIF	
	24	56	OTG(usb)	
	23	55	UHOST(usb)	
	22	54		
	21	53		
	20	52	I2C_HDMI_PHY	
	19	51	I2C2	
	18	50	AUDIO_SS	
	17	49		
	16	48	SPI1	
	15	47	SPI0	
	14	46	I2C0	
	13	45	UART3	
	12	44	UART2	
	11	43	UART1	
	10	42	UART0	
	9	41	CFC	
	8	40	NFC	
	7	39		
	6	38	IEM_IEC	
	5	37	IEM_APC	
	4	36	Cortex4(nCTIIRQ)	
	3	35	Cortex3(nDMAEXTERIRQ)	
	2	34	Cortex2(nDMAIRQ)	
	1	33	Cortex1(nDMASIRQ)	
	0	32	Cortex0(nPMUIRQ)	
VIC0 系统、DMA、定时器	31	31	FIMC3	
	30	30	GPIOINT	所有其他 GPIO 终端 Mux
	29	29	RTC_TIC	
	28	28	RTC_ALARM	
	27	27	WDT	
	26	26	系统定时器	
	25	25	TIMER4	
	24	24	TIMER3	
	23	23	TIMER2	

（续）

模块	VIC 端口号	编号	中断请求	备　注
VIC0 系统、DMA、定时器	22	22	TIMER1	
	21	21	TIMER0	
	20	20	PDMA1	
	19	19	PDMA0	
	18	18	MDMA	
	17	17		
	16	16	EINT16_31	EXT_INT[16]~[31]
	15	15	EINT15	EXT_INT[15]
	14	14	EINT14	EXT_INT[14]
	13	13	EINT13	EXT_INT[13]
	12	12	EINT12	EXT_INT[12]
	11	11	EINT11	EXT_INT[11]
	10	10	EINT10	EXT_INT[10]
	9	9	EINT9	EXT_INT[9]
	8	8	EINT8	EXT_INT[8]
	7	7	EINT7	EXT_INT[7]
	6	6	EINT6	EXT_INT[6]
	5	5	EINT5	EXT_INT[5]
	4	4	EINT4	EXT_INT[4]
	3	3	EINT3	EXT_INT[3]
	2	2	EINT2	EXT_INT[2]
	1	1	EINT1	EXT_INT[1]
	0	0	EINT0	EXT_INT[0]

2. 中断优先级仲裁

若嵌入式系统中有多个中断源，则这些中断源必须要进行中断优先级的排列。所谓优先级，指的是以下两层含义：

1）若有 2 个及 2 个以上的中断源同时提出中断请求，微处理器先响应哪个中断源，后响应哪个中断源？

2）若 1 个中断源提出中断请求，并得到响应后，又有 1 个中断源提出中断请求，后来的中断源能否中断前一个中断源的中断服务程序？

3. 中断控制器

S5PV210 的中断控制器由 4 个向量中断控制器（VIC）组成，可以支持多达 93 个中断源以菊花链方式连接一起。向量中断控制器的主要特点如下：

- 支持 93 个向量 IRQ 中断。
- 固定的硬件中断优先级。
- 可编程中断优先级。
- 支持硬件中断优先级屏蔽。
- 可编程中断优先级屏蔽。
- 产生 IRQ 与 FIQ。

- 产生软件中断。
- 测试寄存器。
- 原中断状态。
- 中断请求状态。
- 支持对限制访问特权模式。

6.5 中断相关寄存器

1. 中断状态寄存器 VICnIRQSTATUS

显示被 VICINTENABLE 和 VICINTSELECT 寄存器掩码后的中断状态，如表 6-3 所示。

表 6-3 中断状态寄存器 VICnIRQSTATUS

VICnIRQSTATUS	地址	位	描述	初始状态
IRQStatus	0：F2000000 1：F2100000 2：F2200000 3：F2300000	[31:0]	0＝中断未激活 1＝中断激活 每个中断源在寄存器中有一个对应位	0x00000000

2. 快中断状态寄存器 VICnFIQSTATUS

显示被 VICINTENABLE 和 VICINTSELECT 寄存器掩码后的 FIQ 中断状态，如表 6-4 所示。

表 6-4 快中断状态寄存器 VICnFIQSTATUS

VICnFIQSTATUS	地址	位	描述	初始状态
FIQStatus	0：F2000004 1：F2100004 2：F2200004 3：F2300004	[31:0]	0＝中断未激活 1＝中断激活 每个中断源在寄存器中有一个对应位	0x00000000

3. 中断源未决寄存器 VICnRAWINTR

显示被 VICINTENABLE 和 VICINTSELECT 寄存器掩码前的中断状态，如表 6-5 所示。

表 6-5 中断源未决寄存器 VICnRAWINTR

VICnRAWINTR	地址	位	描述	初始状态
RawInterrupt	0：F2000008 1：F2100008 2：F2200008 3：F2300008	[31:0]	0＝屏蔽前中断未激活 1＝屏蔽前中断激活 因为这个寄存器提供 raw 中断的直接视图，因此 reset 值未知 每个中断源在寄存器中有一个对应位	-

4. 中断选择寄存器 VICnINTSELECT

为中断要求选择中断类型，如表 6-6 所示。

表 6-6　中断选择寄存器 VICnINTSELECT

VICnINTSELECT	地　址	位	描　述	初始状态
IntSelect	0：F200000C 1：F210000C 2：F220000C 3：F230000C	[31:0]	0 = IRQ 中断 1 = FIQ 中断 每个中断源在寄存器中有一个对应位	0x00000000

5. 中断使能寄存器 VICnINTENABLE

使能中断请求线，允许中断到达处理器，如表 6-7 所示。

表 6-7　中断使能寄存器 VICnINTENABLE

VICnINTENABLE	地　址	位	描　述	初始状态
IntEnable	0：F2000010 1：F2100010 2：F2200010 3：F2300010	[31:0]	读： 0 = 禁止中断 1 = 允许中断 使用此寄存器使能中断 写： 0 = 无效 1 = 允许中断 重置时，禁止所有中断 每个中断源在寄存器中有一个对应位	0x00000000

6. 中断使能清除寄存器 VICnINTENCLEAR

清除 VICnINTENABLE 寄存器中的对应位，如表 6-8 所示。

表 6-8　中断使能清除寄存器 VICnINTENCLEAR

VICnINTENCLEAR	地　址	位	描　述	初始状态
IntEnable Clear	0：F2000014 1：F2100014 2：F2200014 3：F2300014	[31:0]	0 = 无效 1 = 清除相应中断位 每个中断源在寄存器中有一个对应位	0x00000000

7. 向量地址寄存器 VICnADDRESS

包含了目前活动的 ISR 的地址，如表 6-9 所示。

表 6-9　中断向量地址寄存器 VICnADDRESS

VICnADDRESS	地　址	位	描　述	初始状态
VectAddr	0：F2000F00 1：F2100F00 2：F2200F00 3：F2300F00	[31:0]	读取此寄存器返回 ISR 地址并且使当前中断得到响应。读取必须在存在一个激活的中断时执行 写任何值到此寄存器都会清除当前中断。写操作必须在中断服务结束时执行	0x00000000

8. 向量地址寄存器组 VICnVECTADDR[0～31]

包含 ISR 向量地址，如表 6-10 所示。

表 6-10　中断向量地址寄存器组 VICnVECTADDR[0~31]

VICnVECTADDR	地　址	位	描　述	初始状态
VectorAddr 0~31	0：F2000100~F200017C 1：F2100100~F210017C 2：F2200100~F220017C 3：F2300100~F230017C	[31:0]	包含 ISR 向量地址	0x00000000

9. 向量优先级寄存器 VICnVECTPRIORITY

表 6-11　中断向量优先级寄存器 VICnVECTPRIORITY

VICnVECTPRIORITY	地　址	位	描　述	初始状态
VectPriority	0：F2000200~F200027C 1：F2100200~F210027C 2：F2200200~F220027C 3：F2300200~F230027C	[31:4]	保留，0 为读取，不修改	0x0
		[3:0]	选择中断优先级。可以根据所需要的优先级，用十六进制值 0~15 编辑寄存器来选择 15 个中断优先级	0xF

其他与中断和快中断相关的寄存器定义略，可参见 S5PV210 用户手册。

6.6　S5PV210 的中断编程

6.6.1　中断跳转流程

ARM 处理器响应中断的时候，总是从固定的中断异常向量取地址开始的，而在高级语言环境下开发中断服务程序时，无法控制从固定地址处开始至中断服务程序的跳转流程。为了使得上层应用程序与硬件中断跳转联系起来，需要编写一段中间的服务程序来进行连接，这样的服务程序常被称为中断解析程序。

每个异常向量对应一个 4 B 的空间，正好放置一条跳转指令或者向 PC 寄存器赋值的数据访问指令。理论上可以通过这两种指令直接使得程序跳转到对应的中断处理程序中去，但实际上由于函数地址值为未知和其他一些问题，并不这么做。具体中断跳转流程如图 6-1 所示。

图 6-1 中箭头表示的流程都用 ARM 汇编语言编写，一般作为 boot 代码的一部分放在系统的底层模块中。填写向量表的操作可在上层应用程序中实现，如 C 语言中：

```
*(int *(0x00400018)) = (int)ISR_IRQ;
```

这样就将 IRQ 中断服务程序入口地址（0x00300260）填写到中断向量表中固定地址 0x00400018 开始的 4 B 空间了。如此一来，就可避免在应用程序中计算中断的跳转地址，并且可以很方便地选择不同的函数作为指定中断的服务程序。当然，在程序开发时要合理开辟好向量表，避免对向量表地址空间不必要的写操作。

因此，对中断的编程，涉及以下 4 部分程序：

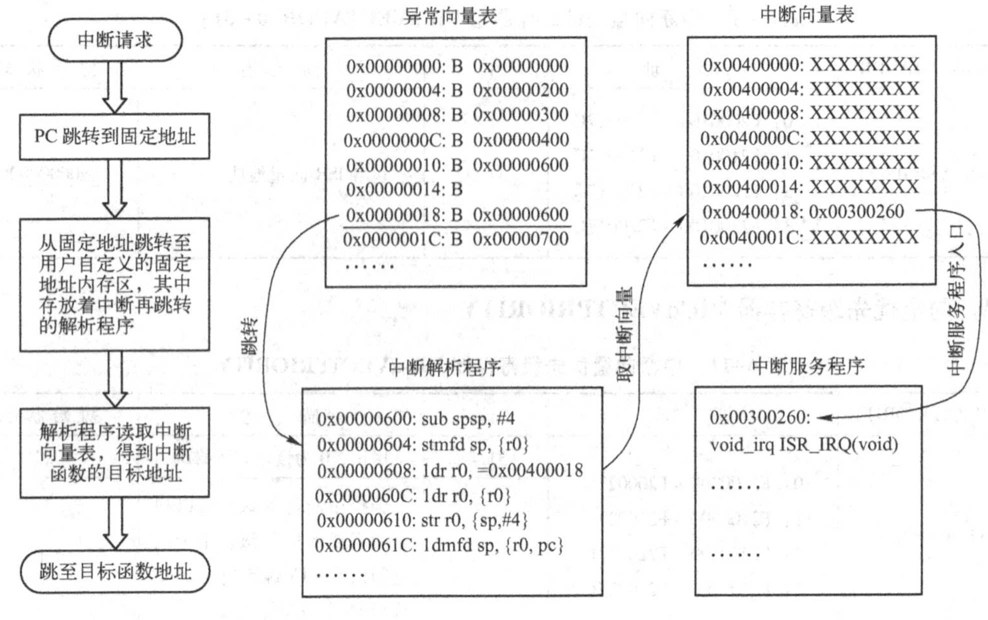

图 6-1　中断跳转流程

- 建立系统中断向量表，并且设置微处理器内核的程序状态寄存器 CPSR 中的 F 位和 I 位。一般情况下中断均需使用数据栈，因此，还需建立用户数据栈。这一部分内容对应的程序指令，通常编写在系统引导程序中。
- 设置各中断源的中断向量。通常需要利用向量地址寄存器来计算，若中断号还对应有子中断，需求出子中断的地址偏移。
- 中断控制初始化。主要是初始化微处理器内部的中断控制的寄存器。针对某个具体的中断源，设置其中断控制模式、中断是否屏蔽、中断优先级等。
- 完成 I/O 端口或部件具体操作功能的中断服务程序。中断服务程序中，在返回之前必须清除现场，返回中断前的状态。

6.6.2　中断示例硬件电路

S5PV210 共支持 93 个中断源，这里将使能其中的 8 个外部中断。该示例通过中断 XEINT16～XEINT27 连接 8 只独立按键，响应按键动作，驱动蜂鸣器鸣响和相应的 LED 灯亮。其中一只按键电路和蜂鸣器电路如图 6-2 所示。

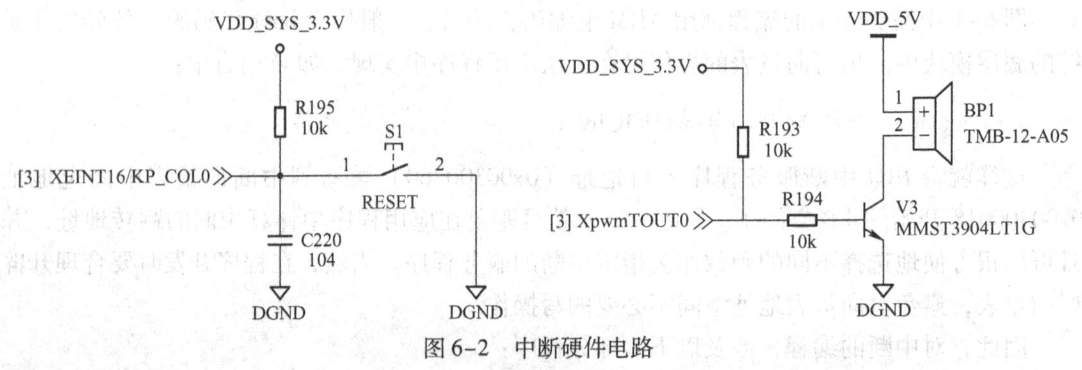

图 6-2　中断硬件电路

6.6.3 中断示例程序代码

1. start. S 汇编启动代码

start. S 启动代码功能：首先，在文件开头定义了异常向量表；然后，使能了内核管理模式；接着，定义了各种工作模式使用的栈空间；最后，跳转到 main( )函数。

```
.text
.global _start
.global irq_handler
_start:
        b       reset
        ldr     pc,_undefined_instruction
        ldr     pc,_software_interrupt
        ldr     pc,_prefetch_abort
        ldr     pc,_data_abort
        ldr     pc,_not_used
        ldr     pc,_irq
        ldr     pc,_fiq

_undefined_instruction: .word   _undefined_instruction
_software_interrupt:    .word   _software_interrupt
_prefetch_abort:        .word   _prefetch_abort
_data_abort:            .word   _data_abort
_not_used:              .word   _not_used
_irq:                   .word   _irq
_fiq:                   .word   _fiq

reset:
        mrs r0,cpsr
        bic     r0,r0,#0x1f
        orr     r0,r0,#0xd3
        msr     cpsr,r0                 @ enable svc mode of cpu

init_stack:
        ldr     r0,stacktop             /* get stack top pointer */
    /********svc mode stack********/
        mov     sp,r0
        sub     r0,#128*4               //512 byte for irq mode of stack
    /****irq mode stack**/
        msr     cpsr,#0xd2
        mov     sp,r0
        sub     r0,#128*4               //512 byte for irq mode of stack
    /***fiq mode stack***/
```

```
        msr     cpsr,#0xd1
        mov     sp,r0
        sub     r0,#0
    /***abort mode stack***/
        msr     cpsr,#0xd7
        mov     sp,r0
        sub     r0,#0
    /***undefine mode stack***/
        msr     cpsr,#0xdb
        mov     sp,r0
        sub     r0,#0
    /***sys mode and usr mode stack ***/
        msr     cpsr,#0x10
        mov     sp,r0                   //1024 byte for user mode of stack

        b       main

    .align 5
irq_handler:
    sub  lr,lr,#4
    stmfd sp!,{r0-r12,lr}
    bl   do_irq
    ldmfd sp!,{r0-r12,pc}^

stacktop:      .word         stack+4*512
.data

stack:         .space   4*512
```

2. main.c 源代码

main.c 文件定义了所使用的寄存器地址，调用 uart_init()函数初始化 UART 串口，初始化所使用的外部中断，进入 while 循环。另外，main()函数还定义了按键的中断处理程序。

```
#include "lib\stdio.h"
#include "int.h"
#define GPH2CON                  (*(volatile unsigned long *)0xE0200C40)
#define GPH2DAT                  (*(volatile unsigned long *)0xE0200C44)
#define GPH2_0_EINT16            (0xf<<(0*4))
#define GPH2_1_EINT17            (0xf<<(1*4))
#define GPH2_2_EINT18            (0xf<<(2*4))
#define GPH2_3_EINT19            (0xf<<(3*4))
#define EXT_INT_0_CON            (*((volatile unsigned long *)0xE0200E00))
#define EXT_INT_1_CON            (*((volatile unsigned long *)0xE0200E04))
```

```
#define EXT_INT_2_CON          ( * ( (volatile unsigned long * )0xE0200E08) )
#define EXT_INT_3_CON          ( * ( (volatile unsigned long * )0xE0200E0C) )
#define EXT_INT_0_MASK         ( * ( (volatile unsigned long * )0xE0200F00) )
#define EXT_INT_1_MASK         ( * ( (volatile unsigned long * )0xE0200F04) )
#define EXT_INT_2_MASK         ( * ( (volatile unsigned long * )0xE0200F08) )
#define EXT_INT_3_MASK         ( * ( (volatile unsigned long * )0xE0200F0C) )
#define EXT_INT_0_PEND         ( * ( (volatile unsigned long * )0xE0200F40) )
#define EXT_INT_1_PEND         ( * ( (volatile unsigned long * )0xE0200F44) )
#define EXT_INT_2_PEND         ( * ( (volatile unsigned long * )0xE0200F48) )
#define EXT_INT_3_PEND         ( * ( (volatile unsigned long * )0xE0200F4C) )
void uart_init( );

//延时函数
void delay( unsigned long count)
{
    volatile unsigned long i = count;
    while( i -- );
}

void isr_key( void)
{
    printf( "we get company:EINT16_31\r\n" );
    //clear VIC0ADDR
    intc_clearvectaddr( );
    //clear pending bit
    EXT_INT_2_PEND |= 1 << 0;
}

int main( void)
{
    int c = 0;
    //初始化串口
    uart_init( );
    //中断相关初始化
    system_initexception( );
    printf( " ************** Int test *************** \r\n" );
    //外部中断相关的设置
    //1111 = EXT_INT[16]
    GPH2CON |= 0xF;
    //010 = Falling edge triggered
    EXT_INT_2_CON |= 1 << 1;
    //unmasked
```

```
    EXT_INT_2_MASK &= ~(1<<0);
    //设置中断 EINT16_31 的处理函数
    intc_setvectaddr(NUM_EINT16_31, isr_key);
    //使能中断 EINT16_31
    intc_enable(NUM_EINT16_31);
    while(1)
    {
        printf("%d\r\n",c++);
        delay(0x100000);
    }
}
```

3. int. c 源代码

int. c 文件定义了中断功能涉及的寄存器、中断初始化函数和通用中断处理函数，具体代码如下：

```
#include "int.h"
#include "lib\stdio.h"

////Interrupt
#define VIC0_BASE    (0xF2000000)
#define VIC1_BASE    (0xF2100000)
#define VIC2_BASE    (0xF2200000)
#define VIC3_BASE    (0xF2300000)

//VIC0
#define VIC0IRQSTATUS    (*((volatile unsigned long *)(VIC0_BASE + 0x00)))
#define VIC0FIQSTATUS    (*((volatile unsigned long *)(VIC0_BASE + 0x04)))
#define VIC0RAWINTR    (*((volatile unsigned long *)(VIC0_BASE + 0x08)))
#define VIC0INTSELECT    (*((volatile unsigned long *)(VIC0_BASE + 0x0c)))
#define VIC0INTENABLE    (*((volatile unsigned long *)(VIC0_BASE + 0x10)))
#define VIC0INTENCLEAR    (*((volatile unsigned long *)(VIC0_BASE + 0x14)))
#define VIC0SOFTINT    (*((volatile unsigned long *)(VIC0_BASE + 0x18)))
#define VIC0SOFTINTCLEAR    (*((volatile unsigned long *)(VIC0_BASE + 0x1c)))
#define VIC0PROTECTION    (*((volatile unsigned long *)(VIC0_BASE + 0x20)))
#define VIC0SWPRIORITYMASK    (*((volatile unsigned long *)(VIC0_BASE + 0x24)))
#define VIC0PRIORITYDAISY    (*((volatile unsigned long *)(VIC0_BASE + 0x28)))
#define VIC0VECTADDR    (VIC0_BASE + 0x100)
#define VIC0VECPRIORITY    (*((volatile unsigned long *)(VIC0_BASE + 0x200)))
#define VIC0ADDR    (*((volatile unsigned long *)(VIC0_BASE + 0xf00)))
#define VIC0PERID0    (*((volatile unsigned long *)(VIC0_BASE + 0xfe0)))
#define VIC0PERID1    (*((volatile unsigned long *)(VIC0_BASE + 0xfe4)))
#define VIC0PERID2    (*((volatile unsigned long *)(VIC0_BASE + 0xfe8)))
#define VIC0PERID3    (*((volatile unsigned long *)(VIC0_BASE + 0xfec)))
```

```
#define VIC0PCELLID0    ( * ( ( volatile unsigned long * ) ( VIC0_BASE + 0xff0 ) ) )
#define VIC0PCELLID1    ( * ( ( volatile unsigned long * ) ( VIC0_BASE + 0xff4 ) ) )
#define VIC0PCELLID2    ( * ( ( volatile unsigned long * ) ( VIC0_BASE + 0xff8 ) ) )
#define VIC0PCELLID3    ( * ( ( volatile unsigned long * ) ( VIC0_BASE + 0xffc ) ) )
//VIC1
#define VIC1IRQSTATUS    ( * ( ( volatile unsigned long * ) ( VIC1_BASE + 0x00 ) ) )
#define VIC1FIQSTATUS    ( * ( ( volatile unsigned long * ) ( VIC1_BASE + 0x04 ) ) )
#define VIC1RAWINTR    ( * ( ( volatile unsigned long * ) ( VIC1_BASE + 0x08 ) ) )
#define VIC1INTSELECT    ( * ( ( volatile unsigned long * ) ( VIC1_BASE + 0x0c ) ) )
#define VIC1INTENABLE    ( * ( ( volatile unsigned long * ) ( VIC1_BASE + 0x10 ) ) )
#define VIC1INTENCLEAR    ( * ( ( volatile unsigned long * ) ( VIC1_BASE + 0x14 ) ) )
#define VIC1SOFTINT    ( * ( ( volatile unsigned long * ) ( VIC1_BASE + 0x18 ) ) )
#define VIC1SOFTINTCLEAR    ( * ( ( volatile unsigned long * ) ( VIC1_BASE + 0x1c ) ) )
#define VIC1PROTECTION    ( * ( ( volatile unsigned long * ) ( VIC1_BASE + 0x20 ) ) )
#define VIC1SWPRIORITYMASK    ( * ( ( volatile unsigned long * ) ( VIC1_BASE + 0x24 ) ) )
#define VIC1PRIORITYDAISY    ( * ( ( volatile unsigned long * ) ( VIC1_BASE + 0x28 ) ) )
#define VIC1VECTADDR    ( VIC1_BASE + 0x100 )
#define VIC1VECPRIORITY    ( * ( ( volatile unsigned long * ) ( VIC1_BASE + 0x200 ) ) )
#define VIC1ADDR    ( * ( ( volatile unsigned long * ) ( VIC1_BASE + 0xf00 ) ) )
#define VIC1PERID0    ( * ( ( volatile unsigned long * ) ( VIC1_BASE + 0xfe0 ) ) )
#define VIC1PERID1    ( * ( ( volatile unsigned long * ) ( VIC1_BASE + 0xfe4 ) ) )
#define VIC1PERID2    ( * ( ( volatile unsigned long * ) ( VIC1_BASE + 0xfe8 ) ) )
#define VIC1PERID3    ( * ( ( volatile unsigned long * ) ( VIC1_BASE + 0xfec ) ) )
#define VIC1PCELLID0    ( * ( ( volatile unsigned long * ) ( VIC1_BASE + 0xff0 ) ) )
#define VIC1PCELLID1    ( * ( ( volatile unsigned long * ) ( VIC1_BASE + 0xff4 ) ) )
#define VIC1PCELLID2    ( * ( ( volatile unsigned long * ) ( VIC1_BASE + 0xff8 ) ) )
#define VIC1PCELLID3    ( * ( ( volatile unsigned long * ) ( VIC1_BASE + 0xffc ) ) )
//VIC2
#define VIC2IRQSTATUS    ( * ( ( volatile unsigned long * ) ( VIC2_BASE + 0x00 ) ) )
#define VIC2FIQSTATUS    ( * ( ( volatile unsigned long * ) ( VIC2_BASE + 0x04 ) ) )
#define VIC2RAWINTR    ( * ( ( volatile unsigned long * ) ( VIC2_BASE + 0x08 ) ) )
#define VIC2INTSELECT    ( * ( ( volatile unsigned long * ) ( VIC2_BASE + 0x0c ) ) )
#define VIC2INTENABLE    ( * ( ( volatile unsigned long * ) ( VIC2_BASE + 0x10 ) ) )
#define VIC2INTENCLEAR    ( * ( ( volatile unsigned long * ) ( VIC2_BASE + 0x14 ) ) )
#define VIC2SOFTINT    ( * ( ( volatile unsigned long * ) ( VIC2_BASE + 0x18 ) ) )
#define VIC2SOFTINTCLEAR    ( * ( ( volatile unsigned long * ) ( VIC2_BASE + 0x1c ) ) )
#define VIC2PROTECTION    ( * ( ( volatile unsigned long * ) ( VIC2_BASE + 0x20 ) ) )
#define VIC2SWPRIORITYMASK    ( * ( ( volatile unsigned long * ) ( VIC2_BASE + 0x24 ) ) )
#define VIC2PRIORITYDAISY    ( * ( ( volatile unsigned long * ) ( VIC2_BASE + 0x28 ) ) )
#define VIC2VECTADDR    ( VIC2_BASE + 0x100 )
#define VIC2VECPRIORITY    ( * ( ( volatile unsigned long * ) ( VIC2_BASE + 0x200 ) ) )
#define VIC2ADDR    ( * ( ( volatile unsigned long * ) ( VIC2_BASE + 0xf00 ) ) )
#define VIC2PERID0    ( * ( ( volatile unsigned long * ) ( VIC2_BASE + 0xfe0 ) ) )
```

```
#define VIC2PERID1    ( * ( (volatile unsigned long * ) (VIC2_BASE + 0xfe4) ) )
#define VIC2PERID2    ( * ( (volatile unsigned long * ) (VIC2_BASE + 0xfe8) ) )
#define VIC2PERID3    ( * ( (volatile unsigned long * ) (VIC2_BASE + 0xfec) ) )
#define VIC2PCELLID0    ( * ( (volatile unsigned long * ) (VIC2_BASE + 0xff0) ) )
#define VIC2PCELLID1    ( * ( (volatile unsigned long * ) (VIC2_BASE + 0xff4) ) )
#define VIC2PCELLID2    ( * ( (volatile unsigned long * ) (VIC2_BASE + 0xff8) ) )
#define VIC2PCELLID3    ( * ( (volatile unsigned long * ) (VIC2_BASE + 0xffc) ) )
//VIC3
#define VIC3IRQSTATUS    ( * ( (volatile unsigned long * ) (VIC3_BASE + 0x00) ) )
#define VIC3FIQSTATUS    ( * ( (volatile unsigned long * ) (VIC3_BASE + 0x04) ) )
#define VIC3RAWINTR    ( * ( (volatile unsigned long * ) (VIC3_BASE + 0x08) ) )
#define VIC3INTSELECT    ( * ( (volatile unsigned long * ) (VIC3_BASE + 0x0c) ) )
#define VIC3INTENABLE    ( * ( (volatile unsigned long * ) (VIC3_BASE + 0x10) ) )
#define VIC3INTENCLEAR    ( * ( (volatile unsigned long * ) (VIC3_BASE + 0x14) ) )
#define VIC3SOFTINT    ( * ( (volatile unsigned long * ) (VIC3_BASE + 0x18) ) )
#define VIC3SOFTINTCLEAR    ( * ( (volatile unsigned long * ) (VIC3_BASE + 0x1c) ) )
#define VIC3PROTECTION    ( * ( (volatile unsigned long * ) (VIC3_BASE + 0x20) ) )
#define VIC3SWPRIORITYMASK    ( * ( (volatile unsigned long * ) (VIC3_BASE + 0x24) ) )
#define VIC3PRIORITYDAISY    ( * ( (volatile unsigned long * ) (VIC3_BASE + 0x28) ) )
#define VIC3VECTADDR    (VIC3_BASE + 0x100)
#define VIC3VECPRIORITY    ( * ( (volatile unsigned long * ) (VIC3_BASE + 0x200) ) )
#define VIC3ADDR    ( * ( (volatile unsigned long * ) (VIC3_BASE + 0xf00) ) )
#define VIC3PERID0    ( * ( (volatile unsigned long * ) (VIC3_BASE + 0xfe0) ) )
#define VIC3PERID1    ( * ( (volatile unsigned long * ) (VIC3_BASE + 0xfe4) ) )
#define VIC3PERID2    ( * ( (volatile unsigned long * ) (VIC3_BASE + 0xfe8) ) )
#define VIC3PERID3    ( * ( (volatile unsigned long * ) (VIC3_BASE + 0xfec) ) )
#define VIC3PCELLID0    ( * ( (volatile unsigned long * ) (VIC3_BASE + 0xff0) ) )
#define VIC3PCELLID1    ( * ( (volatile unsigned long * ) (VIC3_BASE + 0xff4) ) )
#define VIC3PCELLID2    ( * ( (volatile unsigned long * ) (VIC3_BASE + 0xff8) ) )
#define VIC3PCELLID3    ( * ( (volatile unsigned long * ) (VIC3_BASE + 0xffc) ) )

#define _Exception_Vector0xD0037400
#define pExceptionRESET    ( * ( (volatile unsigned long * ) (_Exception_Vector + 0x0) ) )
#define pExceptionUNDEF    ( * ( (volatile unsigned long * ) (_Exception_Vector + 0x4) ) )
#define pExceptionSWI    ( * ( (volatile unsigned long * ) (_Exception_Vector + 0x8) ) )
#define pExceptionPABORT    ( * ( (volatile unsigned long * ) (_Exception_Vector + 0xc) ) )
#define pExceptionDABORT    ( * ( (volatile unsigned long * ) (_Exception_Vector + 0x10) ) )
#define pExceptionRESERVED    ( * ( (volatile unsigned long * ) (_Exception_Vector + 0x14) ) )
#define pExceptionIRQ    ( * ( (volatile unsigned long * ) (_Exception_Vector + 0x18) ) )
#define pExceptionFIQ    ( * ( (volatile unsigned long * ) (_Exception_Vector + 0x1c) ) )

void exceptionundef(void)
{
```

```
    printf("undefined instruction exception. \n");
    while(1);
}
void exceptionswi(void)
{
    printf("swi exception. \n");
    while(1);
}
void exceptionpabort(void)
{
    printf("pabort exception. \n");
    while(1);
}
void exceptiondabort(void)
{
    printf("dabort exception. \n");
    while(1);
}
//中断相关初始化
void system_initexception(void)
{
    //设置中断向量表
    pExceptionUNDEF = (unsigned long)exceptionundef;
    pExceptionSWI = (unsigned long)exceptionswi;
    pExceptionPABORT = (unsigned long)exceptionpabort;
    pExceptionDABORT = (unsigned long)exceptiondabort;
    pExceptionIRQ = (unsigned long)irq_handler;
    pExceptionFIQ = (unsigned long)irq_handler;
    //初始化中断控制器
    intc_init();
}
//初始化中断控制器
void intc_init(void)
{
    //禁止所有中断
    VIC0INTENCLEAR = 0xffffffff;
    VIC1INTENCLEAR = 0xffffffff;
    VIC2INTENCLEAR = 0xffffffff;
    VIC3INTENCLEAR = 0xffffffff;
    //选择中断类型为 IRQ
    VIC0INTSELECT = 0x0;
    VIC1INTSELECT = 0x0;
    VIC2INTSELECT = 0x0;
```

```
    VIC3INTSELECT = 0x0;
    //清 VICxADDR
    intc_clearvectaddr();
}
//保存需要处理的中断的中断处理函数的地址
void intc_setvectaddr(unsigned long intnum, void(*handler)(void))
{
    //VIC0
    if(intnum < 32)
    {
     *((volatile unsigned long *)(VIC0VECTADDR + 4 * intnum)) = (unsigned)handler;
    }
    //VIC1
    else if(intnum < 64)
    {
     *((volatile unsigned long *)(VIC1VECTADDR + 4 * (intnum - 32))) = (unsigned)handler;
    }
    //VIC2
    else if(intnum < 96)
    {
     *((volatile unsigned long *)(VIC2VECTADDR + 4 * (intnum - 64))) = (unsigned)handler;
    }
    //VIC3
    else
    {
     *((volatile unsigned long *)(VIC3VECTADDR + 4 * (intnum - 96))) = (unsigned)handler;
    }
    return;
}
//清除需要处理的中断的中断处理函数的地址
void intc_clearvectaddr(void)
{
    //VICxADDR:当前正在处理的中断的中断处理函数的地址
    VIC0ADDR = 0;
    VIC1ADDR = 0;
    VIC2ADDR = 0;
    VIC3ADDR = 0;
}
//使能中断
void intc_enable(unsigned long intnum)
{
    unsigned long temp;
    if(intnum < 32)
```

```
	{
		temp = VIC0INTENABLE;
		temp |= (1 << intnum);
		VIC0INTENABLE = temp;
	}
	else if(intnum < 64)
	{
		temp = VIC1INTENABLE;
		temp |= (1 << (intnum - 32));
		VIC1INTENABLE = temp;
	}
	else if(intnum < 96)
	{
		temp = VIC2INTENABLE;
		temp |= (1 << (intnum - 64));
		VIC2INTENABLE = temp;
	}
	else if(intnum < NUM_ALL)
	{
		temp = VIC3INTENABLE;
		temp |= (1 << (intnum - 96));
		VIC3INTENABLE = temp;
	}
	//NUM_ALL : enable all interrupt
	else
	{
		VIC0INTENABLE = 0xFFFFFFFF;
		VIC1INTENABLE = 0xFFFFFFFF;
		VIC2INTENABLE = 0xFFFFFFFF;
		VIC3INTENABLE = 0xFFFFFFFF;
	}
}
//禁止中断
void intc_disable(unsigned long intnum)
{
	unsigned long temp;
	if(intnum < 32)
	{
		temp = VIC0INTENCLEAR;
		temp |= (1 << intnum);
		VIC0INTENCLEAR = temp;
	}
```

```
    else if(intnum < 64)
    {
        temp = VIC1INTENCLEAR;
        temp |= (1 << (intnum - 32));
        VIC1INTENCLEAR = temp;
    }
    else if(intnum < 96)
    {
        temp = VIC2INTENCLEAR;
        temp |= (1 << (intnum - 64));
        VIC2INTENCLEAR = temp;
    }
    else if(intnum < NUM_ALL)
    {
        temp = VIC3INTENCLEAR;
        temp |= (1 << (intnum - 96));
        VIC3INTENCLEAR = temp;
    }
    //NUM_ALL : disable all interrupt
    else
    {
        VIC0INTENCLEAR = 0xFFFFFFFF;
        VIC1INTENCLEAR = 0xFFFFFFFF;
        VIC2INTENCLEAR = 0xFFFFFFFF;
        VIC3INTENCLEAR = 0xFFFFFFFF;
    }
    return;
}
//读中断状态
unsigned long intc_getvicirqstatus(unsigned long ucontroller)
{
    if(ucontroller == 0)
    return    VIC0IRQSTATUS;
    else if(ucontroller == 1)
    return    VIC1IRQSTATUS;
    else if(ucontroller == 2)
    return    VIC2IRQSTATUS;
    else if(ucontroller == 3)
    return    VIC3IRQSTATUS;
    else
    {}
    return 0;
```

```
}
//通用中断处理函数
void do_irq(void)
{
    unsigned long vicaddr[4] = {VIC0ADDR,VIC1ADDR,VIC2ADDR,VIC3ADDR};
    int i=0;
    void( * isr)(void) = NULL;
    for(; i<4; i++)
    {
        if(intc_getvicirqstatus(i)! =0)
        {
            isr = (void( * )(void))vicaddr[i];
            break;
        }
    }
    ( * isr)();
}
```

本章小结

本章介绍了 S5PV210 微处理器的异常与中断处理机制。首先介绍了 S5PV210 微处理器的异常类型和所支持的中断种类；接着介绍了软中断的概念和使用方法；然后介绍了 IRQ 中断和 FIQ 快中断的中断响应与退出步骤及其 S5PV210 的中断源识别和优先级仲裁机制；最后介绍了 S5PV210 微处理器与中断相关的寄存器，并通过实例介绍了中断的具体编程方法。

思考题

1. 简述嵌入式系统通过查询方式和中断方式获取数据的特点。
2. 请阐述 ARM 的异常向量表的结构。
3. 软中断指令中的中断号可以通过哪几种方式获取？
4. IRQ 中断和 FIQ 中断发生时，处理器进行哪些工作？
5. 中断处理完毕后，处理器是如何回到原来的程序断点处的？
6. 什么是向量中断控制器？其主要工作是什么？
7. 请解释中断优先级仲裁。
8. 在对图 6-1 所示硬件电路进行中断编程时，如果没有在 start. s 中定义异常向量表，那么中断能够正常被响应吗？为什么？

第7章 定 时 器

7.1 通用定时器概述

如图7-1所示，定时/计数器内部工作原理图是以一个N位的加1或减1计数器为核心，计数器的初始值由初始化编程设置，计数脉冲的来源有两类：系统时钟和外部事件脉冲。

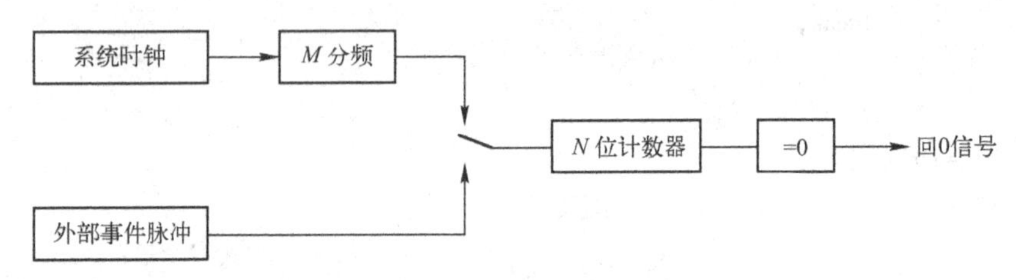

图7-1 定时/计数器工作原理图

若编程设置定时/计数器为定时工作方式时，则N位计数器的计数脉冲来源于内部系统时钟，并经过M分频。每个计数脉冲使计数器加1或减1，当N位计数器里的数加到0或减到0时，则会产生一个“回0信号”，该信号有效时表示N位计数器里的当前值是0。因为系统时钟的频率是固定的，其M分频后所得到的计数脉冲频率也就是固定的，因此通过对该频率脉冲的计数就转换为定时，实现了定时功能。

若编程设置定时/计数器为计数方式时，则N位计数器的计数脉冲来源于外部事件产生的脉冲信号。有一个外部事件脉冲，则计数器加1或减1，直到N位计数器中的值为0，产生“回0信号”。

N位计数器里初始值的计算，在不同的定时部件中其具体的计算公式是不同的。若是在定时工作方式下，N位计数器的初始值由计数脉冲频率和所需的定时时间间隔确定。若是在计数工作方式下，N位计数器的初值则直接由所需的计数设定值确定。

7.2 S5PV210的脉宽调制（PWM）定时器

7.2.1 PWM定时器概述

S5PV210有5个32位脉冲宽度调制定时器。这些定时器为ARM系统产生内部中断。此外，定时器0、1、2、3包含一个PWM功能模块，用于驱动外部I/O信号。定时器0中的PWM可选择的死区发生器，能够支持一个大电流设备。定时器4是没有外部引脚的内部定时器。

图7-2给出了PWM通道的时钟发生器设计方案。这些定时器将APB—PCLK作为时钟源。定时器0和1共用一个可编程8位分频器，该分频器为PCLK提供第一层分频。定时器

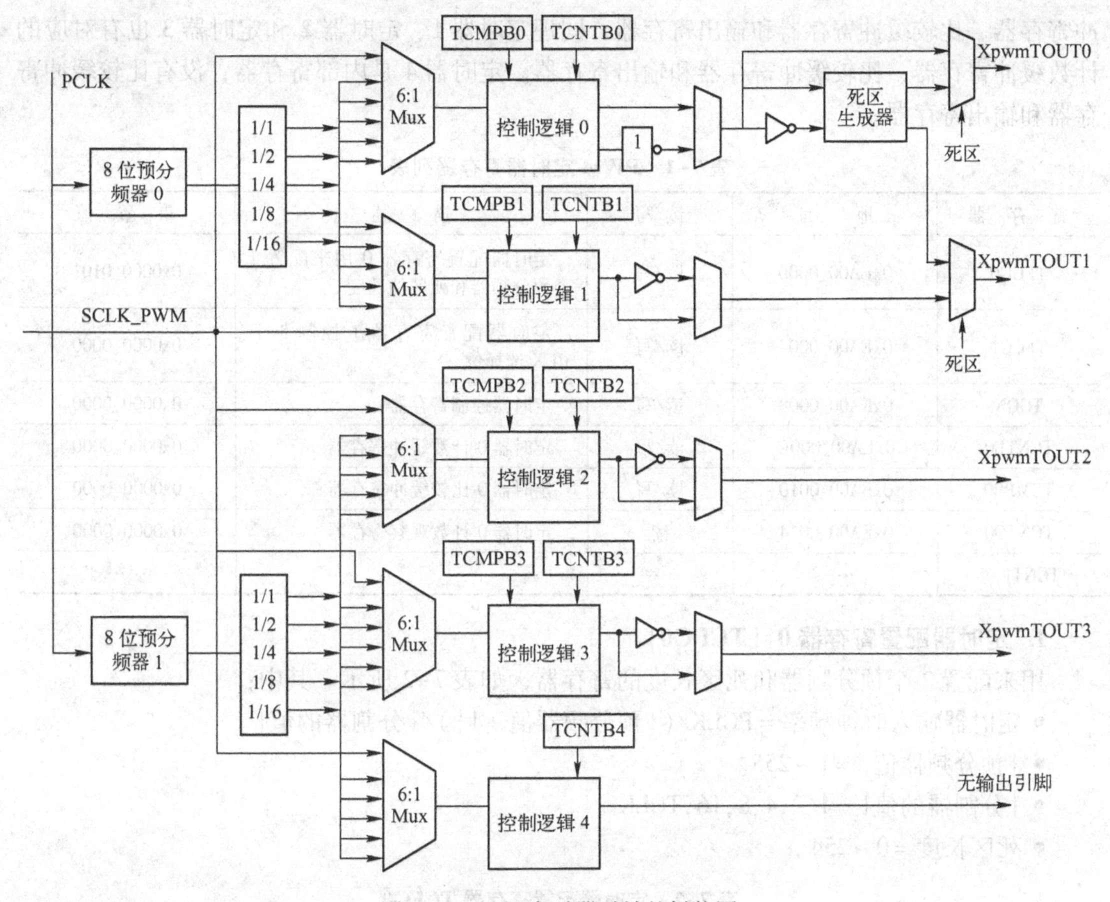

图 7-2　PWM 定时器时钟的树状图

2、3、4 共用一个不同的 8 位分频器。每个定时器有自己的专用时钟分频器，用于提供第二层的时钟分频器（又称分割器，可 1、2、4、8、16 分频）。

每一个定时器有自己的由定时器时钟分频得到的 32 位减法计数器。减法计数器最初从定时器计数缓冲寄存器（TCNTBn）中得到初值，然后在定时器时钟控制下进行减法操作。在自动重载工作状态，如果减法计数器降到了 0，TCNTBn 相应的值会重载到减法计数器来启动下一个循环。然而，如果定时器停止，比如在定时器工作状态下清除 TCONn 的使能位，TCNTBn 的值不会再重载到定时器中。

PWM 功能要用到 TCMPBn 比较缓冲寄存器的值。如果在定时器控制逻辑下，减法计数器的值与比较寄存器的值相匹配，定时器逻辑会改变输出电平。因此，比较缓冲寄存器决定了 PWM 输出的开启和关闭时间。

TCNTBn 和 TCMPBn 寄存器都是双缓存配置，能够使定时器参数在循环的中间得到更新。新的数值直到当前时钟循环完成后才会起作用。

7.2.2　PWM 定时器的寄存器

PWM 定时器相关的寄存器列表如表 7-1 所示。其中 TFCG0 和 TFCG1 是定时器配置寄存器，TCON 是定时器控制寄存器。TCNTB0、TCMPB0 和 TCNTO0 分别是定时器 0 的计数缓冲寄存器、比较缓冲寄存器和输出寄存器，同理定时器 1、定时器 2 和定时器 3 也有对应的计数缓冲寄存器、比较缓冲寄存器和输出寄存器。定时器 4 是内部寄存器，没有比较缓冲寄存器和输出寄存器。

表 7-1　PWM 定时器寄存器列表

寄 存 器	地 址	读/写	描 述	重 置 值
TFCG0	0xEA00_0000	读/写	定时器配置寄存器 0 用来配置 2 个预分频器和死区的长度	0x0000_0101
TFCG1	0xEA00_0004	读/写	定时器配置寄存器 1 控制 5 个 MUX 选择位	0x0000_0000
TCON	0xEA00_0008	读/写	定时器控制寄存器	0x0000_0000
TCNTB0	0xEA00_000C	读/写	定时器 0 计数缓冲寄存器	0x0000_0000
TCMPB0	0xEA00_0010	读/写	定时器 0 比较缓冲寄存器	0x0000_0000
TCNTO0	0xEA00_0014	读	定时器 0 计数观察寄存器	0x0000_0000
TCNT1 等	……	……	……	……

1. 定时器配置寄存器 0（TCFG0）

用来配置 2 个预分频器和死区长度的寄存器，如表 7-2 所示。其中：

- 定时器输入时钟频率 = PCLK/({预分频器值 + 1})/{分割器的值}。
- {预分频器值} = 1 ~ 255。
- {分割器的值} = 1, 2, 4, 8, 16, TCLK。
- 死区长度 = 0 ~ 254。

表 7-2　定时器配置寄存器 TCFG0

TCFG0	位	描 述	初 始 状 态
保留	[31:24]	保留位	0x00
死区长度	[23:16]	死区长度	0x00
预分频器 1	[15:8]	定时器 2、3、4 的预分频器 1 的值	0x01
预分频器 0	[7:0]	定时器 0，1 的预分频器 0 的值	0x01

注意：如果死区长度设置为 n，则真正死区长度为 $n+1(n=0\sim254)$。

2. 定时器配置寄存器 1（TCFG1）

用来配置每个定时器独有的分割器的值，如表 7-3 所示。复位后的初始值为 0x00000000。

表 7-3　定时器配置寄存器 TCFG1

TCFG1	位	描 述	初 始 值
保留	[32:24]	保留位	0x00
分割器 MUX4	[19:16]	为 PWM 定时器 4 选择 Mux 输入 0000 = 1/1 0001 = 1/2 0010 = 1/4 0011 = 1/8 0100 = 1/16 1010 = SCLK_PWM	0x00

（续）

TCFG1	位	描　述	初 始 值
分割器 MUX3	[15:12]	为 PWM 定时器 3 选择 Mux 输入 0000 = 1/1 0001 = 1/2 0010 = 1/4 0011 = 1/8 0100 = 1/16 1010 = SCLK_PWM	0x00
分割器 MUX2	[11:8]	为 PWM 定时器 2 选择 Mux 输入 0000 = 1/1 0001 = 1/2 0010 = 1/4 0011 = 1/8 0100 = 1/16 1010 = SCLK_PWM	0x00
分割器 MUX1	[7:4]	为 PWM 定时器 1 选择 Mux 输入 0000 = 1/1 0001 = 1/2 0010 = 1/4 0011 = 1/8 0100 = 1/16 1010 = SCLK_PWM	0x00
分割器 MUX0	[3:0]	为 PWM 定时器 0 选择 Mux 输入 0000 = 1/1 0001 = 1/2 0010 = 1/4 0011 = 1/8 0100 = 1/16 1010 = SCLK_PWM	0x00

3. 定时器控制寄存器（TCON）

控制定时器的工作模式、定时器启停等，如表 7-4 所示。复位后的初始值为 0x00000000。

表 7-4　定时器控制寄存器 TCON

TCON	位	描　述	初始状态
保留	[31:23]	保留位	0x000
定时器 4 自动重载 开启/关闭	[22]	0 = 单触发 1 = 间隔模式（自动重载）	0x0
定时器 4 手动更新	[21]	0 = 无操作 1 = 更新 TCNTB4	0x0
定时器 4 开启/停止	[20]	0 = 停止 1 = 启动定时器 4	0x0
定时器 3 自动重载 开启/关闭	[19]	0 = 单触发 1 = 间隔模式（自动重载）	0x0
定时器 3 输出反相器 开启/关闭	[18]	0 = 反相器关闭 1 = TOUT_3 反相器开启	0x0

（续）

TCON	位	描　述	初始状态
定时器 3 手动更新	[17]	0 = 无操作 1 = 更新 TCNTB3	0x0
定时器 3 开启/停止	[16]	0 = 停止 1 = 启动定时器 3	0x0
定时器 2 自动重载 开启/关闭	[15]	0 = 单触发 1 = 间隔模式（自动重载）	0x0
定时器 2 输出反相器 开启/关闭	[14]	0 = 反相器关闭 1 = TOUT_2 反相器开启	0x0
定时器 2 手动更新	[13]	0 = 无操作 1 = 更新 TCNTB2、TCMPB2	0x0
定时器 2 开启/停止	[12]	0 = 停止 1 = 启动定时器 2	0x0
定时器 1 自动重载 开启/关闭	[11]	0 = 单触发 1 = 间隔模式（自动重载）	0x0
定时器 1 输出反相器 开启/关闭	[10]	0 = 反相器关闭 1 = TOUT_1 反相器开启	0x0
定时器 1 手动更新	[9]	0 = 无操作 1 = 更新 TCNTB1、TCMPB1	0x0
定时器 1 开启/停止	[8]	0 = 停止 1 = 启动定时器 1	0x0
保留	[7:5]	保留位	0x0
死区 允许/禁止	[4]	死区生成器允许/禁止	0x0
定时器 0 自动重载 开启/关闭	[3]	0 = 单触发 1 = 间隔模式（自动重载）	0x0
定时器 0 输出反相器 开启/关闭	[2]	0 = 反相器关闭 1 = TOUT_0 反相器开启	0x0
定时器 0 手动更新	[1]	0 = 无操作 1 = 更新 TCNTB0、TCMPB0	0x0
定时器 0 开启/停止	[0]	0 = 停止 1 = 启动定时器 0	0x0

4. 定时器 n 计数缓冲寄存器（TCNTBn）

用于定时器 n 的时间计数值的设置，如表 7-5 所示。初始值为 0x00000000。该寄存器值在定时器启动时被送入减法计数器中，作为初值开始减法计数。在定时器启动周期内改变该寄存器的值不会影响当前的定时器工作，改变的值在定时器减至 0 并开始下一次定时操作时才会生效。

表 7-5　定时器 n 计数缓冲寄存器 TCNTBn

TCNTBn	位	描　述	初始状态
定时器 n 计数缓存	[31:0]	定时器 n 计数缓存寄存器	0x00000000

5. 定时器 n 比较缓冲寄存器（TCMPBn）

该寄存器用于 PWM 波形输出占空比的设置，如表 7-6 所示。初始值为 0x00000000。在定时器工作时，若减法计数器的值与该比较缓冲寄存器的值相匹配，定时器会改变输出电平。因此，比较缓冲寄存器决定了 PWM 输出的开启和关闭时间。

表 7-6　定时器 n 比较缓冲寄存器 TCMPBn

TCMPBn	位	描　述	初始状态
定时器 n 比较缓存	[31:0]	定时器 n 计数比较寄存器	0x00000000

6. 定时器 n 的观察寄存器（TCNTOn）

用于观察 PWM 定时器当前定时值的寄存器，如表 7-7 所示。减法计数器当前计数值只能通过该观察寄存器读取。

表 7-7　定时器 n 观察寄存器 TCNTOn

TCNTOn	位	描　述	初始状态
定时器 n 计数观测	[31:0]	定时器 n 计数观测寄存器	0x00000000

7.2.3　PWM 双缓冲定时器

1. PWM 双缓冲定时器工作流程

PWM 双缓冲定时器工作流程图如图 7-3 所示，具体如下：

1）程序开始，设置 TCMPBn、TCNTBn 这两个寄存器，它们表示定时器 n 的比较值、初始计数值。

2）设置 TCON 寄存器启动定时器 n，这时 TCMPBn、TCNTBn 的值将被装入内部寄存器 TCMPn、TCNTn 中，在定时器 n 的时钟频率下，TCNTn 开始减 1 计数，其值可以通过读取 TCNTOn 寄存器得知。

3）当 TCNTn 的值等于 TCMPn 的值时，定时器 n 的输出引脚 TOUTn 反转，TCNTn 继续减 1 计数。

4）当 TCNTn 的值到达 0 时，其输出引脚 TOUTn 再次反转，并触发定时器 n 的中断。

5）当 TCNTn 的值到达 0 时，如果在 TCON 寄存器中将定时器 n 设置为自动加载，则 TCMPBn 和 TCNTBn 寄存器的值被自动装入 TCMPn 和 TCNTn 寄存器中，下一次计数流程开始。

2. PWM 双缓冲定时器示例

ARM 微处理器的 PWM（Pulse Width Modulation，脉宽调制）功能具体实现步骤如下：

1）PWM 是通过引脚 TOUT0 ~ TOUT3 输出的，因此要实现 PWM 功能首先要把相应的引脚配置成 TOUT 输出。

2）设置定时器的输出时钟频率。它是以 PCLK 为基准，再除以用寄存器 TCFG0 配置的预分频参数和用寄存器 TCFG1 配置的分割器参数。

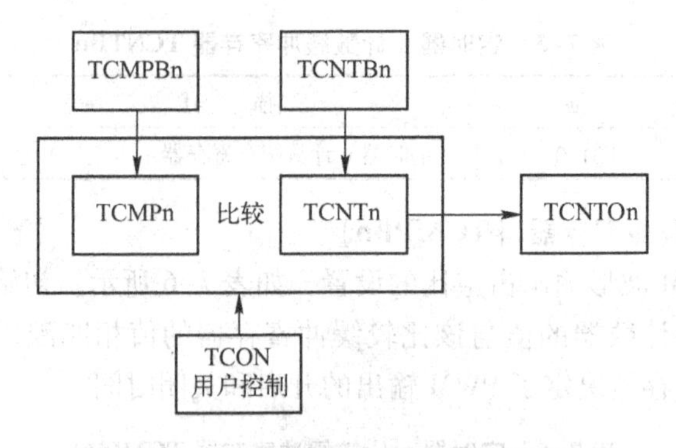

图 7-3　PWM 双缓冲定时器工作流程图

3）然后设置脉冲的具体宽度。它的基本原理是通过寄存器 TCNTBn 来对寄存器 TCNTn（内部寄存器）进行配置计数，TCNTn 是递减的，如果减到零，则它又会重新装载 TCNTBn 里的数，重新开始计数，而寄存器 TCMPBn 作为比较寄存器与计数值进行比较，当 TCNTn 等于 TCMPBn 时，TOUTn 输出的电平会翻转。而当 TCNTn 减为零时，电平又会翻转过来，就这样周而复始。因此这一步的关键是设置寄存器 TCNTBn 和 TCMPBn，前者可以确定一个计数周期的时间长度，而后者可以确定方波的占空比。由于 S5PV210 微处理器的定时器具有双缓存，因此可以在定时器运行的状态下，改变这两个寄存器的值，改变的值会在下个周期开始有效。

4）最后通过寄存器 TCON 来实现对 PWM 的控制。停止时可以使自动重载无效，这样在 TCNTn 减为零后，不会有新的数加载给它，那么 TOUTn 输出会始终保持一个电平（输出反转位为 0 时，是高电平输出；输出反转位为 1 时，是低电平输出），因此可以停止 PWM 功能。图 7-4 给出了 PWM 循环的一个简单例子。

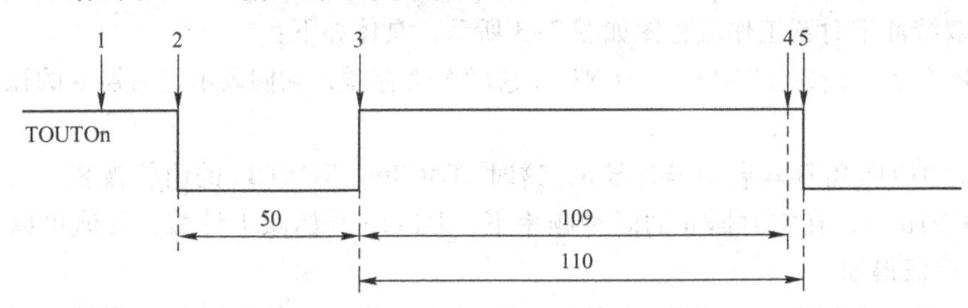

图 7-4　PWM 循环的简单例子

要完成图 7-4 所示的简单的 PWM 循环，其步骤如下：

① 使用 159（50 + 109）初始化 TCNTBn 寄存器，用 109 初始化 TCMPBn。

② 启动定时器，设置开始位并手动将该位更新至关闭状态。159 的 TCNTBn 值会被载入减法计数器，109 的 TCMPBn 值会被载入比较计数器，然后 TOUTn 输出置为低电平。

③ 减法计数器开始进行减法计数，TCNTn 的值减至 TCNTn 寄存器的值 109，输出 TOUTn 从低电平变为高电平。

④ 如果减法计数器到达 0，它会产生一个中断请求。

⑤ 减法计数器自动载入 TCNTBn，会重启循环。

7.2.4 S5PV210 的 PWM 定时器控制示例

本示例主要实现定时器定期通过 UART 串口打印中断次数。下面的程序包括初始化 S5PV210 微处理器的定时器，设定定时器初值，然后启动定时器工作等。

timer_request( )函数启用定时器中断，具体代码如下：

```
void timer_request(void)
{
    printf("\r\n############Timer test############ \r\n");
    //禁止所有 timer
    pwm_stopall();
    counter =0;
    //设置 timer0 中断的中断处理函数
    intc_setvectaddr(NUM_TIMER0,irs_timer);
    //使能 timer0 中断
    intc_enable(NUM_TIMER0);
    //设置 timer0
    timer_init(0,65,4,62500,0);
}
```

中断初始化函数 timer_init( )具体代码如下：

```
void timer_init(unsigned long utimer,unsigned long uprescaler,unsigned long udivider,unsigned long utc-
ntb,unsigned long utcmpb)
{
    unsigned long temp0;
    //定时器时钟 =PCLK/({prescaler value +1})/{divider value} =PCLK/(65 +1)/16 =62500Hz
    //设置预分频系数为 66
    temp0 =TCFG0;
    temp0 =(temp0 &(~(0xff00ff))) | ((uprescaler -1) <<0);
    TCFG0 =temp0;
    // 16 分频
    temp0 =TCFG1;
    temp0 =(temp0 &(~(0xf <<4 * utimer))&(~(1 <<20))) | (udivider <<4 * utimer);
    TCFG1 =temp0;
    // 1s =62500Hz
    TCNTB0 =utcntb;
    TCMPB0 =utcmpb;
    //手动更新
    TCON | =1 <<1;
    //清手动更新位
    TCON & = ~(1 <<1);
```

```
    //自动加载和启动 timer0
    TCON |=(1 <<0)|(1 <<3);
    //使能 timer0 中断
    temp0 = TINT_CSTAT;
    temp0 = (temp0 & ( ~(1 << utimer))) | (1 << (utimer));
    TINT_CSTAT = temp0;
}
```

停止定时器的代码如下：

```
//停止所有 timer
void pwm_stopall(void)
{
    TCON =0;
}
```

中断处理函数很简单，打印中断发生的次数。

```
// timer0 中断的中断处理函数
void irs_timer()
{
    unsigned long uTmp;
    //清 timer0 的中断状态寄存器
    uTmp = TINT_CSTAT;
    TINT_CSTAT = uTmp;
    //打印中断发生次数
    printf("Timer0IntCounter = %d \r\n",counter++);
    // vic 相关的中断清除
    intc_clearvectaddr();
}
```

主函数初始化串口和中断，设置定时器，然后就等待定时器中断发生。

```
int main(void)
{
    //初始化串口
    uart_init();
    //中断相关初始化
    system_initexception();
    //设置 timer
    timer_request();
    while(1);
}
```

7.3 看门狗定时器

7.3.1 看门狗定时器概述

Watchdog，中文名称叫做“看门狗”，全称为“Watchdog timer”，从字面上可以知道其实它属于一种定时器，然而它与我们平常所接触的定时器在作用上又有所不同。普通的定时器一般起记时作用，记时超时（Timer Out）则引起一个中断，例如触发一个系统时钟中断。Watchdog 本质上是一种定时器，那么普通定时器所拥有的特征它也应该具备，当它记时超时时也会引起事件的发生，只是这个事件除了可以是系统中断外，也可以是一个系统重启信号（Reset Signal），能发送系统重启信号的定时器就称为看门狗（Watchdog）。看门狗定时器框图如图 7-5 所示。

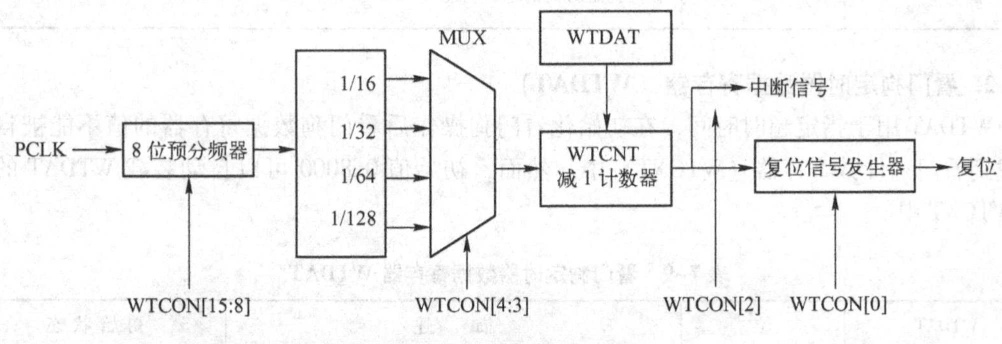

图 7-5　看门狗定时器

PCLK 为系统时钟，看门狗定时器的时钟由 PCLK 经过预分频后再分割得到。预分频器的值和频率分割因子可由看门狗定时器的控制寄存器（WTCON）进行编程设定，可选范围是 0～255。频率分割因子可选择的值为 16、32、64、128。

下面给出了计算看门狗定时器的计数时钟周期公式：

T_watchdog = 1/[PCLK/(预分频器值 + 1)/分割因子]

看门狗定时器在计数器变为 0 时，会产生一个宽度为 128 个 PCLK 的复位脉冲信号。

程序在正常工作时，应该定期将看门狗定时器重置。如果程序跑飞，则看门狗定时器回 0 时会将系统复位，防止应用系统出现死机。

7.3.2 看门狗定时器寄存器

1. 看门狗定时器控制寄存器（WTCON）

WTCON 寄存器的内容包括：用户是否启用看门狗定时器、4 个分频比的选择、是否允许中断产生、是否允许复位操作等。如果用户想把看门狗定时器当做一般定时器使用，应该中断使能，禁止看门狗定时器复位。看门狗定时器控制寄存器具体定义如表 7-8 所示。

表 7-8 看门狗定时器控制寄存器 WTCON

WTCON	位	描　述	初始状态
保留	[31:16]	保留	0
预分频器值	[15:8]	预分频器值有效范围为 0 ~ $(2^8 - 1)$	0x80
保留	[7:6]	保留正常操作下这两位为 00	00
看门狗定时器	[5]	允许或禁止看门狗定时器位，0 = 禁止，1 = 允许	1
时钟选择	[4:3]	决定时钟分频值，00：16；01:32；10:64；11:128	00
中断生成	[2]	允许或禁止中断位，0 = 禁止，1 = 允许	0
保留	[1]	保留正常操作下该位为 0	0
重置允许/禁止	[0]	允许或禁止看门狗定时器输出位用于重置信号，1 = 看门狗超时时允许 S5PV210 重置信号，0 = 禁止看门狗定时器的重置功能	1

2. 看门狗定时器数据寄存器（WTDAT）

WTDAT 用于指定超时时间，在初始化看门狗操作后看门狗数据寄存器的值不能被自动装载到看门狗计数寄存器（WTCNT）中。然而，初始值 0x8000 可以自动装载 WTDAT 的值到 WTCNT 中。

表 7-9 看门狗定时器数据寄存器 WTDAT

WTDAT	位	描　述	初始状态
保留	[31:16]	保留	0
计数重载值	[15:0]	用于重载的看门狗定时器计数值	0x8000

3. 看门狗定时器计数寄存器（WTCNT）

WTCNT 包含看门狗定时器工作时计数器的当前计数值。注意，在初始化看门狗操作后，看门狗数据寄存器的值不能被自动装载到看门狗计数寄存器（WTCNT）中，所以看门狗被允许之前应该初始化看门狗计数寄存器的值。

表 7-10 看门狗定时器计数寄存器 WTCNT

WTCNT	位	描　述	初始状态
保留	[31:16]	保留	0
计数值	[15:0]	看门狗定时器的目前计数值	0x8000

7.3.3 看门狗定时器控制参考程序

在系统程序正常执行的情况下，应用程序必须在一定周期内（这个周期不能大于看门狗定时器所产生的时间间隔）执行重置看门狗的动作，使其计数器值不会递减到 0，因而也不会产生复位信号。一旦程序出现死锁，就不能周期性地重置看门狗，因而看门狗定时器计数溢出，产生一个“回0信号”，利用该信号复位微处理器，从而使系统程序退出死锁，重新进入正常运行状态。具体例程如下所示。

1. 使能看门狗定时器

```
void enable_watchdog()
{
        rWTCON = 0x7F01;     //0b0111111100000001
        rWTDAT = 0x8000;
        rWTCON |= 1 << 5;    //使能
}
```

从上面的设置可知寄存器 WTCON 的值为 0x7F01，分解出来得：

- Prescaler Value　　　　　　　　= 255
- Division_ factor　　　　　　　= 16（Clock Select = 16）
- Interrupt Generation　　　　　= 0（不产生中断）
- Reset　　　　　　　　　　　　= 1（开启 Reset Signal）

第4行设置寄存器 WTDAT 的值为 0x8000。

第5行开启 Watchdog。

2. 给看门狗定时器写数

当调用上面的函数之后，系统已经开启了 Watchdog，所以应用程序必须在 WTCNT 中的值递减到 0 之前重新往该寄存器写入一个非 0 值（Feed Dog），否则将引起系统重启，以下是 feed_dog 函数。

```
void feed_dog()
{
    rWTCNT = 0x8000;
}
```

3. 使用看门狗定时器

在主程序中，先初始化看门狗定时器，再在各个正常工作流程中进行喂狗操作。

```
void main()
{
    init_system();
    ……
    enable_watchdog();
    ……
    while(1)
    {
        feed_dog();
    }
}
```

7.4 RTC 实时时钟

7.4.1 实时时钟简介

在一个嵌入式系统中，实时时钟单元可以为其提供可靠的时钟，包括时、分、秒和年、月、日。即使在系统处于关机状态下它也能够正常工作（通常采用后备电池供电），它的外围也不需要太多的辅助电路，典型情况只需要一个高精度的晶振。

7.4.2 RTC 控制器

RTC 控制器可以将年、月、日、时、分、秒、星期等信息的 8 位数据以 BCD 码格式输出。它由外部时钟驱动工作，外部时钟频率一般为 32.768 kHz。同时 RTC 实时时钟控制器还具有报警功能。S5PV210 微处理器的 RTC 控制器特性如下：

- 时钟数据采用 BCD 编码。
- 能够对闰年的年月日进行自动处理。
- 具有告警功能，当系统处于关机状态时，能产生告警中断。
- 具有独立的电源输入。
- 提供毫秒级时钟中断，该中断可用于作为嵌入式操作系统的内核时钟。
- 使用独立外部时钟晶振，频率为 32.768 kHz。

S5PV210 微处理器的 RTC 实时时钟控制器框图如图 7-6 所示。

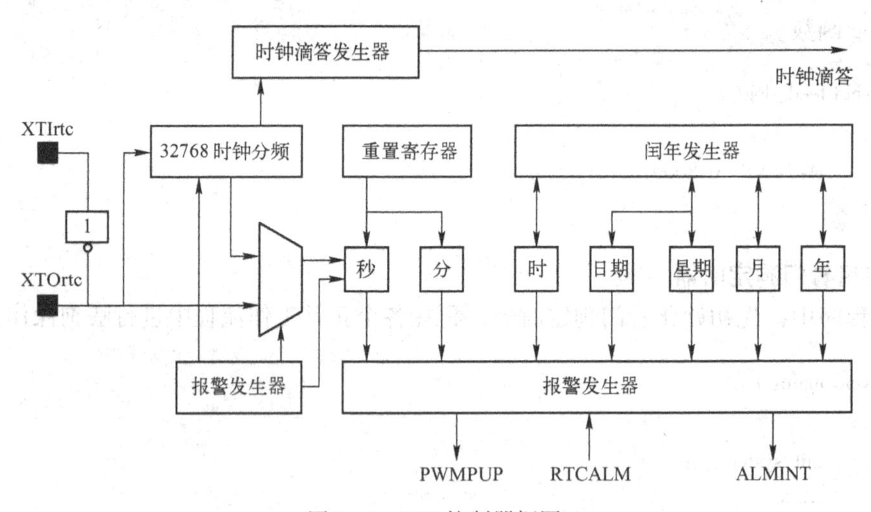

图 7-6　RTC 控制器框图

图 7-6 中，XTIrtc、XTOrtc 是外部时钟引脚，一般外接 32.768 kHz 的晶振，为 RTC 内部提供基准工作频率。

RTC 控制器可以由后备电池提供电力。后备电池通过 RTCVDD 引脚接到 RTC 控制器。当系统电源关闭时，微处理器接口和 RTC 逻辑电路均是断开的，后备电池仅驱动 RTC 部件的振荡器电路和 BCD 计数器，以使功耗降到最小。

RTC 控制器内部的闰年发生器可以通过年、月、日的 BCD 码确定每个月份的天数，判断是不是闰年。

在节电模式或者正常运行模式下，RTC 可以在特定的时候触发蜂鸣器。在正常运行模式下，激活的是报警中断信号（ALMINT），在节电模式下，电源管理部件的唤醒信号（PWMKUP）激活的同时激活中断信号（ALMINT）。RTC 内部的报警寄存器（RTCALM）可以设置报警工作状态的使能/不使能以及报警时间的条件。

RTC 的时间片计时器用于产生一个中断请求，TICNT 寄存器有一个中断使能位，和计数器的值一起用来控制中断。当计数器的值变为 0 时，引起时间片计时中断。中断信号的周期用下列公式计算：

$$\text{周期(秒)} = (n+1)/128$$

式中，n 代表时间片计时器中的值，范围是 1 ~127。RTC 的时间片计时器可以用来产生实时操作系统内核所需的时间片。

进位复位功能可以由 RTC 的进位复位寄存器（RTCRST）来控制。秒的进位周期可以进行选择（30、40、50），在进位复位发生后，秒的数值又循环回到 0。例如，当前时间是 8：12：49，进位周期选为 50 s，则当前时间将变为 8：13：00。

7.4.3 RTC 寄存器

RTC 控制器内部有许多用于控制其操作的寄存器。通过编程对这些寄存器进行设定，用户就可以控制 RTC 的工作。RTC 相关寄存器列表如表 7-11 所示。

表 7-11　RTC 相关寄存器

寄 存 器	地 址	读/写	描 述	重置值
INTP	0xE280_0030	读/写	中断悬挂寄存器	0x00000000
RTCCON	0xE280_0040	读/写	RTC 控制寄存器	0x00000000
TICCNT	0xE280_0044	读/写	时间计数寄存器	0x00000000
RTCALM	0xE280_0050	读/写	RTC 报警控制寄存器	0x00000000
ALMSEC	0xE280_0054	读/写	报警秒钟数据寄存器	0x00000000
ALMMIN	0xE280_0058	读/写	报警分钟数据寄存器	0x00000000
ALMHOUR	0xE280_005C	读/写	报警小时数据寄存器	0x00000000
ALMDAY	0xE280_0060	读/写	报警日期数据寄存器	0x00000000
ALMMON	0xE280_0064	读/写	报警月数据寄存器	0x00000000
ALMYEAR	0xE280_0068	读/写	报警年数据寄存器	0x00000000
BCDSEC	0xE280_0070	读/写	BCD 秒钟寄存器	未定义
BCDMIN	0xE280_0074	读/写	BCD 分钟寄存器	未定义
BCDHOUR	0xE280_0078	读/写	BCD 小时寄存器	未定义
BCDDAYWEEK	0xE280_007C	读/写	BCD 星期寄存器	未定义
BCDDAY	0xE280_0080	读/写	BCD 日期寄存器	未定义
BCDMON	0xE280_0084	读/写	BCD 月寄存器	未定义
BCDYEAR	0xE280_0088	读/写	BCD 年寄存器	未定义
CURTICCNT	0xE280_0090	读	当前时间计数寄存器	0x00000000

1. RTC 控制寄存器 RTCCON

RTC 控制寄存器设置 RTC 时钟，控制 RTC 使能等，具体定义如表 7-12 所示。

表 7-12　RTC 控制寄存器 RTCCON

RTCCON	位	描　述	初始状态
保留	[31:10]	保留	0
CLKOUTTEN	[9]	允许 RTC 时钟在 XRTCCLKO 输出 0 = 禁止 1 = 允许	0
TICEN	[8]	使能时间片定时器 0 = 禁止 1 = 允许	0
TICCKSEL	[7:4]	时间片定时器子时钟选择 0000 = 32768 Hz　0001 = 16384 Hz 0010 = 8192 Hz　0011 = 4096 Hz 0100 = 2048 Hz　0101 = 1024 Hz 0110 = 512 Hz　0111 = 256 Hz 1000 = 128 Hz　1001 = 64 Hz 1010 = 32 Hz　1011 = 16 Hz 1100 = 8 Hz　1101 = 4 Hz 1110 = 2 Hz　1111 = 1 Hz	0000
CLKRST	[3]	RTC 时钟计数清零 0 = RTC 计数器（时钟分频）允许 1 = RTC 计数器清零和禁止 注意：当 RTCEN 使能时，CLKRST 影响 RTC	0
CNTSEL	[2]	BCD 计数选择 0 = 合并 BCD 计数器 1 = 保留（分离 BCD 计数器） 注意：当 RTCEN 使能时，CLKSEL 影响 RTC	0
CLKSEL	[1]	BCD 时钟选择 0 = XTAL 1/分频时钟 1 = 保留（XTAL 时钟仅用于测试） 注意：当 RTCEN 使能时，CLKSEL 影响 RTC	0
RTCEN	[0]	使能 RTC 控制 0 = 禁止 1 = 允许 注意：当 RTCEN 使能时，可以更改 BCD 时间计数器设置，可执行时钟分频器清零、BCD 计数器选择和 BCD 时钟选择	0

2. 时间片计数寄存器 TICNT

RTC 时间片计数寄存器定义如表 7-13 所示。

表 7-13　RTC 时间片计数寄存器 TICNT

TICNT	位	描　述	初始状态
TICK_TIME_COUNT	[31:0]	32 位时间片计数值，该值不能为 0	0

3. RTC 报警控制寄存器 RTCALM

RTCALM 寄存器决定是否使能报警。在节电模式下，RTCALM 寄存器通过 ALARM_INT 和电源唤醒信号产生报警信号。在正常工作模式下则只需 ALARM_INT 信号。

RTCALM 寄存器定义如表 7-14 所示。

表 7-14 RTC 报警寄存器 RTCALM

RTCALM	位	描　述	初始状态
保留	[31:7]	保留	0
ALMEN	[6]	使能全局报警功能 0 = 禁止 1 = 允许	0
YEAREN	[5]	使能年报警 0 = 禁止 1 = 允许	0
MONEN	[4]	使能月报警 0 = 禁止 1 = 允许	0
DAYEN	[3]	使能天报警 0 = 禁止 1 = 允许	0
HOUREN	[2]	使能小时报警 0 = 禁止 1 = 允许	0
MINEN	[1]	使能分钟报警 0 = 禁止 1 = 允许	0
SECEN	[0]	使能秒报警 0 = 禁止 1 = 允许	0

其余 RTC 寄存器定义略。

7.4.4 RTC 编程

RTC 的主要功能是产生实时时间，提供年、月、日、时、分、秒等信息，并进行报警。在使用 RTC 之前，需进行寄存器声明，对 RTC 寄存器进行初始化工作。以下是 RTC 使用例程。

1. RTC 寄存器声明

```
#define RTC_BASE        (0xE2800000)
#define INTP            ( *((volatile unsigned long *)(RTC_BASE+0x30)) )
#define RTCCON          ( *((volatile unsigned long *)(RTC_BASE+0x40)) )
#define TICCNT          ( *((volatile unsigned long *)(RTC_BASE+0x44)) )
#define RTCALM          ( *((volatile unsigned long *)(RTC_BASE+0x50)) )
#define ALMSEC          ( *((volatile unsigned long *)(RTC_BASE+0x54)) )
```

```
#define ALMMIN          ( *((volatile unsigned long *)(RTC_BASE +0x58)) )
#define ALMHOUR         ( *((volatile unsigned long *)(RTC_BASE +0x5c)) )
#define ALMDATE         ( *((volatile unsigned long *)(RTC_BASE +0x60)) )
#define ALMMON          ( *((volatile unsigned long *)(RTC_BASE +0x64)) )
#define ALMYEAR         ( *((volatile unsigned long *)(RTC_BASE +0x68)) )
#define RTCRST          ( *((volatile unsigned long *)(RTC_BASE +0x6c)) )
#define BCDSEC          ( *((volatile unsigned long *)(RTC_BASE +0x70)) )
#define BCDMIN          ( *((volatile unsigned long *)(RTC_BASE +0x74)) )
#define BCDHOUR         ( *((volatile unsigned long *)(RTC_BASE +0x78)) )
#define BCDDATE         ( *((volatile unsigned long *)(RTC_BASE +0x7c)) )
#define BCDDAY          ( *((volatile unsigned long *)(RTC_BASE +0x80)) )
#define BCDMON          ( *((volatile unsigned long *)(RTC_BASE +0x84)) )
#define BCDYEAR         ( *((volatile unsigned long *)(RTC_BASE +0x88)) )
#define CURTICCNT       ( *((volatile unsigned long *)(RTC_BASE +0x90)) )
#define RTCLVD          ( *((volatile unsigned long *)(RTC_BASE +0x94)) )
```

2. 使能/关闭 RTC 控制器

```
//使能/关闭 RTC 控制器
void rtc_enable(unsigned char bdata)
{
    unsigned long uread;

    uread = RTCCON;
    RTCCON = (uread& ~(1 <<0)) | (bdata);
}
```

3. 设置 RTC 时间

```
void rtc_settime(void)
{
    //初始值为重置值
    unsigned long year = 12;
    unsigned long month = 5;
    unsigned long date = 1;
    unsigned long hour = 12;
    unsigned long min = 0;
    unsigned long sec = 0;
    unsigned long weekday = 3;
    //将时间转化为 BCD 码
    year = (((year/100) <<8) + (((year/10)%10) <<4) + (year%10));
    month = ( ((month/10) <<4) + (month%10));
    date = (((date/10) <<4) + (date%10));
    weekday = (weekday%10);
    hour = (((hour/10) <<4) + (hour%10));
```

```
    min = (((min/10) << 4) + (min%10));
    sec = (((sec/10) << 4) + (sec%10));
    rtc_enable(true);
    //保存 BCD 码
    BCDSEC = sec;
    BCDMIN = min;
    BCDHOUR = hour;
    BCDDATE = date;
    BCDDAY = weekday;
    BCDMON = month;
    BCDYEAR = year;
    rtc_enable(false);
    printf("reset success\r\n");
}
```

4. 打印当前时间

```
void rtc_print(void)
{
    unsigned long uyear,umonth,udate,uday,uhour,umin,usec;
    uyear = BCDYEAR;
    uyear = 0x2000 + uyear;
    umonth = BCDMON;
    udate = BCDDATE;
    uhour = BCDHOUR;
    umin = BCDMIN;
    usec = BCDSEC;
    uday = BCDDAY;
    printf("%2x:%2x:%2x   %10s,   %2x/%2x/%4x\r\n", uhour, umin, usec, day[uday],\
umonth, udate, uyear);
}
```

本章小结

本章介绍了 S5PV210 微处理器的定时器，该定时器原理类同通用定时器，同时又具备自己的特点。首先介绍了 S5PV210 微处理器的双缓冲脉宽调制（PWM）定时器工作原理和相关寄存器，并给出使用示例；接着介绍了看门狗定时器原理和使用示例；最后介绍了 RTC 实时时钟定时器的控制器、寄存器和编程示例。

思考题

1. 简述通用定时器工作原理。
2. 什么是 ARM 的脉宽调制定时器？

3. 如何对 S5PV210 微处理器的定时器时钟进行分频？定时时间如何计算？
4. 试编写定时器控制蜂鸣器鸣叫频率和占空比的程序。
5. 嵌入式系统为什么需要看门狗？
6. 简述看门狗定时器工作原理。
7. 编写 0.1s 看门狗复位的程序。
8. 为什么嵌入式系统使用 RTC 定时器获取时间，而不用普通定时器？
9. 读以下程序，试述各语句的作用和该段程序的功能。

```
year = (((year/100) << 8) + (((year/10)%10) << 4) + (year%10));
month = (((month/10) << 4) + (month%10));
date = (((date/10) << 4) + (date%10));
weekday = (weekday%10);
hour = (((hour/10) << 4) + (hour%10));
min = (((min/10) << 4) + (min%10));
sec = (((sec/10) << 4) + (sec%10));
rtc_enable(true);
//保存
BCDSEC = sec;
BCDMIN = min;
BCDHOUR = hour;
BCDDATE = date;
BCDDAY = weekday;
BCDMON = month;
BCDYEAR = year;
rtc_enable(false);
```

第8章　A－D转换器

8.1　A－D转换原理

8.1.1　A－D转换概念

随着数字技术，特别是信息技术的飞速发展与普及，在现代控制、通信及检测等领域，为了提高系统的性能指标，对信号的处理广泛采用了数字计算机技术。由于系统的实际对象往往都是一些模拟量（如温度、压力、位移、图像等），要使计算机或数字仪表能识别、处理这些信号，必须首先将这些模拟信号转换成数字信号；而经计算机分析、处理后输出的数字量也往往需要将其转换为相应的模拟信号才能为执行机构所接受。这样，就需要一种能在模拟信号与数字信号之间起桥梁作用的电路——模－数转换器和数－模转换器。

将模拟信号转换成数字信号的电路，称为模－数转换器（简称A－D转换器或ADC，Analog to Digital Converter）；将数字信号转换为模拟信号的电路称为数－模转换器（简称D－A转换器或DAC，Digital to Analog Converter）；A－D转换器和D－A转换器已成为信息系统中不可缺少的接口电路。

8.1.2　A－D转换过程

模－数转换包括采样、保持、量化和编码4个过程。在某些特定的时刻对这种模拟信号进行测量叫做采样。由于量化噪声及接收机噪声等因素的影响，采样速率一般取$f_S \geq 2.5f_{max}$。通常采样脉冲的宽度是很短的，故采样输出是断续的窄脉冲。要把一个采样输出信号数字化，需要将采样输出所得的瞬时模拟信号保持一段时间，这就是保持过程。量化是将连续幅度的抽样信号转换成离散时间、离散幅度的数字信号，量化的主要问题就是量化误差。假设噪声信号在量化电平的过程中是均匀分布的，则量化噪声均方值与量化间隔和模－数转换器的输入阻抗值有关。编码是将量化后的信号编码成二进制代码输出。这些过程有些是合并进行的，例如，采样和保持就利用一个电路连续完成，量化和编码也是在转换过程中同时实现的，且所用时间又是保持时间的一部分。

8.1.3　A－D转换的主要技术指标

1. 分辨率

分辨率用来表明A－D转换器对模拟信号的分辨能力，由它确定能被A－D转换器辨别的最小模拟量变化。一般来说，A－D转换器的位数越多，其分辨率则越高。实际的A－D转换器通常为8、10、12、16位等。

2. 量化误差

量化误差是指在A－D转换中由于整量化产生的固有误差。量化误差在±1/2LSB（最低有效位）之间。

例 8-1　一个 8 位的 A－D 转换器，它把输入电压信号分成 $2^8=256$ 层，若它的量程为 0～5 V，那么，量化单位 q 为

$$q \approx 0.0195\ \text{V} = 19.5\ \text{mV}$$

q 正好是 A－D 输出的数字量中最低位 LSB＝1 时所对应的电压值。因而，这个量化误差的绝对值是转换器的分辨率和满量程范围的函数。

3. 转换时间

转换时间是 A－D 转换器完成一次转换所需要的时间。一般转换速度越快越好，常见的有高速（转换时间 <1 μs）、中速（转换时间 <1 ms）和低速（转换时间 <1 s）等。

4. 偏移误差

偏移误差是指输入信号为零时输出信号不为零的值。

5. 满刻度误差

满刻度误差是指满刻度输出时对应的输入信号与理想输入信号值之差。

6. 线性度

线性度是指实际转换器的转移函数与理想直线的最大偏移，不包括以上 3 种误差。

其他指标还有：绝对精度、相对精度、微分非线性、单调性和无错码、总谐波失真和积分非线性。

8.1.4　A－D 转换器的主要类型

A－D 转换器的主要类型有：积分型 A－D 转换器、逐次比较型 A－D 转换器、并行比较/串并行比较型 A－D 转换器、Σ－Δ（Sigma－delta）调制型 A－D 转换器、电容阵列逐次比较型 A－D 转换器和压频变换型 A－D 转换器。

（1）积分型 A－D 转换器

积分型 ADC 的工作原理是将输入电压转换成时间（脉冲宽度信号）或频率（脉冲频率），然后由定时/计数器获得数字值。其优点是用简单电路就能获得高分辨率，但缺点是由于转换精度依赖于积分时间，因此转换速率极低。初期的单片 A－D 转换器大多采用积分型，现在已逐步退出市场。TLC7135 是典型的积分型 A－D 转换器。

（2）逐次比较型 A－D 转换器

逐次比较型 ADC 由一个比较器和 D－A 转换器通过逐次比较逻辑构成，从最低位开始，顺序地对每一位将输入电压与内置 D－A 转换器输出进行比较，经 n 次比较而输出数字值。其电路规模属于中等。其优点是速度较高、功耗低，在低分辨率（<12 位）时价格便宜，但高精度（>12 位）时价格很高。TLC0831 是典型的逐次比较型 A－D 转换器。

（3）并行比较型/串并行比较型 A－D 转换器

并行比较型 ADC 采用多个比较器，仅作一次比较而实行转换，又称快速（Flash）型。由于转换速率极高，n 位的转换需要 $2n-1$ 个比较器，因此电路规模也极大，价格也高，只适用于视频 A－D 转换器等速度要求特别高的领域。串并行比较型 A－D 转换器在结构上介于并行比较型和逐次比较型之间，最典型的是由 2 个 $n/2$ 位的并行比较型 A－D 转换器配合 D－A 转换器组成，用两次比较实现转换，所以称为半快速（Half flash）型。还有分成三步或多步实现 A－D 转换的，叫做分级（Multistep/Subrangling）型 ADC，而从转换时序角度又

可称为流水线（Pipelined）型 ADC，现代的分级型 ADC 中还加入了对多次转换结果作数字运算而修正特性等功能。这类 A-D 转换器的速度比逐次比较型高，电路规模比并行比较型小。

（4）Σ-Δ（Sigma-delta）调制型 A-D 转换器

Σ-Δ 型 ADC 由积分器、比较器、1 位 D-A 转换器和数字滤波器等组成。原理上近似于积分型，将输入电压转换成时间（脉冲宽度）信号，用数字滤波器处理后得到数字值。电路的数字部分基本上容易单片化，因此容易做到高分辨率，主要用于音频采样和测量电路。AD7705 是典型的 Σ-Δ 调制型 A-D 转换器。

（5）电容阵列逐次比较型 A-D 转换器

电容阵列逐次比较型 ADC 在内置 D-A 转换器中采用电容矩阵方式，也可称为电荷再分配型。一般的电阻阵列 D-A 转换器中多数电阻的值必须一致，在单芯片上生成高精度的电阻并不容易。如果用电容阵列取代电阻阵列，可以用低廉的成本制成高精度单片 A-D 转换器。最近的逐次比较型 A-D 转换器大多为电容阵列式的。

（6）压频变换型 A-D 转换器

压频变换型（Voltage-Frequency Converter）是通过间接转换方式实现模-数转换的。其原理是首先将输入的模拟信号转换成频率，然后用计数器将频率转换成数字量。从理论上讲，这种 ADC 的分辨率几乎可以无限增加，只要采样的时间能够满足输出频率分辨率要求的累积脉冲个数的宽度。其优点是分辨率高、功耗低、价格低，但是需要外部计数电路共同完成 A-D 转换。AD650 是典型的压频变换型 A-D 转换器。

8.2　S5PV210 的 A-D 转换器

8.2.1　概述

S5PV210 微处理器支持 10 位或 12 位 CMOS 逐次逼近型 A-D 转换器，它具有 10 通道输入，并可将模拟量转换至 10 位或 12 位二进制数输出。5 MHz A-D 转换时钟时，最大 1 Msps 的转换速度。A-D 转换具备片上采样保持功能，同时也支持待机工作模式。

8.2.2　特性

S5PV210 微处理器的 ADC 接口包括如下特性：

- 10 位/12 位输出位可选。
- 微分误差 ±1.0 LSB。
- 积分误差 ±2.0 LSB。
- 最大转换速率：1 Msps。
- 功耗少，电压输入为 3.3 V。
- 模拟量输入范围：0～3.3 V。
- 支持片上采样保持功能。
- 通用转换模式。

8.2.3 模块图

S5PV210 微处理器的 A－D 控制器模块图如图 8-1 所示。

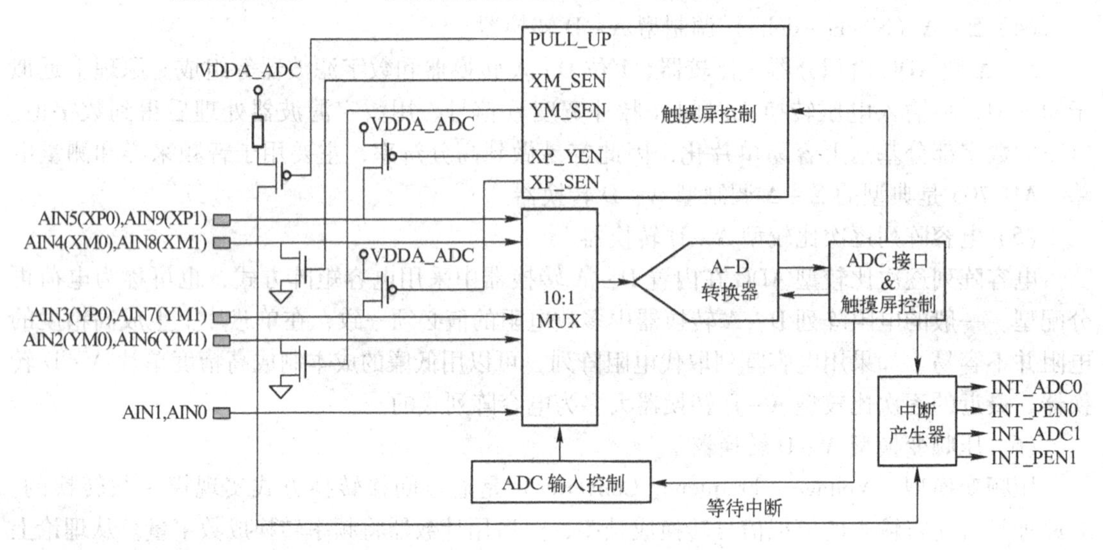

图 8-1　S5PV210 的 A－D 控制器模块图

图 8-1 中，ADC 与触摸屏控制是复用的，其中 AIN9、AIN8、AIN7、AIN6 可用于触摸屏 1 的 XP1、XM1、YP1、YM1 通道，AIN5、AIN4、AIN3、AIN2 可用于触摸屏 0 的 XP0、XM0、YP0、YM0 通道。AIN1 和 AIN0 是单独拉出的 A－D 输入端。在 A－D 控制器内部的 10 选 1 多路选择器切换 ADC 的输入通道，并送入 A－D 转换器中，转换结果除了可以输出数字量外，还可以通过中断产生器输出 ADC 中断信号。

8.2.4 转换速率

A－D 转换时间包括 A－D 建立时间、1 位转换时间、保存数据时间等，加起来一共是 5 个时钟周期。

对于转换速率的计算（以 PCLK = 66 MHz 为例）。当 PCLK = 66 MHz 时，预分频比 $P = 65$ 时，12 位分辨率的转换时间如下：

A－D 转换频率 = 66 MHz/(65 + 1) = 1 MHz

A－D 转换时间 = 1/(1 MHz/5) = 1/200 kHz = 5 μs

所以当最大转换频率达到 5 MHz 时，A－D 转换时间可达 1Msps（sps 为每秒的采样率）。

8.3 S5PV210 的 A－D 转换寄存器

1. A－D 通道选择寄存器（ADCMUX）

A－D 通道选择寄存器 ADCMUX 对 ADC 的 10 个输入通道进行选择切换。同时，由于 S5PV210 微处理器的 A－D 控制器和触摸屏复用端口，该寄存器也可以对触摸屏输入信号端进行选择，具体定义如表 8-1 所示。

表 8-1　A－D 通道选择寄存器 ADCMUX

ADCMUX	位	描　述	初始状态
SEL_MUX	[3:0]	模拟输入通道选择 0000 = AIN0 0001 = AIN1 0010 = AIN2(YM0) 0011 = AIN3(YP0) 0100 = AIN4(XM0) 0101 = AIN5(XP0) 0110 = AIN6(YM1) 0111 = AIN7(YP1) 1000 = AIN8(XM1) 1001 = AIN9(XP1)	0

2. A－D 控制寄存器（TSADCCONn）

A/D 控制寄存器 TSADCCONn 对 A－D 转换器及触摸屏进行配置，具体定义如表 8-2 所示。

表 8-2　A/D 控制寄存器 TSADCCONn

TSADCCONn	位	描　述	初始状态
TSSEL	[17]	触摸屏选择 0 = 触摸屏 0(AIN2 ~ AIN5) 1 = 触摸屏 1(AIN6 ~ AIN9) 该位仅存在于 TSADCCON0 中	0
RES	[16]	ADC 输出精度选择 0 = 10 位 A－D 转换 1 = 12 位 A－D 转换	0
ECFLG	[15]	对话结束标志（只读） 0 = A－D 转换正在进行 1 = A－D 转换结束	0
PRSCEN	[14]	A－D 转换预分频器使能 0 = 禁止 1 = 允许	0
PRSCVL	[13:6]	A－D 转换预分频器值： 数据值：5 ~ 255 当预分频器值为 N 时，分割因子为 $N+1$。例如：当 PCLK 为 6.6 MHz，预分频器值为 19 时，ADC 频率为 3.3 MHz。 A－D 转换器最大操作频率为 5MHz，所以预分频器值的设置必须使结果时钟频率不超过 5 MHz	0xFF
保留	[5:3]	保留	0
STANDBY	[2]	待机模式选择： 0 = 正常操作模式 1 = 待机模式	1

（续）

TSADCCONn	位	描　述	初始状态
READ_START	[1]	A－D 转换由读操作开启 0＝禁止读操作开启 1＝允许读操作开启	0
ENABLE_START	[0]	A－D 转换通过使能开启 如果 READ_START 允许，则此位无效 0＝无操作 1＝A－D 转换开始并且此位在开始后自动清零	0

3. A－D 延时寄存器（TSDLYn）

A－D 延时寄存器 TSDLYn 配置延时引用时钟源和延时时间，具体定义如表 8-3 所示。

表 8-3　A－D 延时寄存器 TSDLYn

TSDLYn	位	描　述	初始状态
FILCLKsrc	[16]	延时引用时钟源 0＝Xtal 时钟 1＝RTC 时钟	0
DELAY	[15:0]	在 ADC 转换模式下（正常、分离、自动转换）；ADC 转换通过计算此值进行延迟。计数时钟是 PCLK 注意：不可使用 0 值（0x0000）	00ff

4. A－D 转换数据 X 寄存器（TSDATXn）

A－D 转换数据 X 寄存器 TSDATXn 定义了 X 位置触摸屏相关的显示值以及正常的 A－D 转换 AIN0 数据值。具体如表 8-4 所示。

表 8-4　A－D 转换数据 X 寄存器 TSDATXn

TSDATXn	位	描　述	初始状态
UPDOWN	[15]	在等待中断模式时的状态： 0＝pen down 状态 1＝pen up 状态	—
AUTO_PST_VAL	[14]	TSCONn 寄存器中 AUTO_PST 域的显示器值，只读 0＝正常 ADC 转换 1＝X、Y 位置测量排序	—
XY_PST_VAL	[13:12]	TSCONn 寄存器中 XY_PST 域的显示器值，只读 00＝无操作模式 10＝X 位置测量 10＝Y 位置测量 11＝等待中断模式	—
XPDATA （正常 ADC）	[11:0]	X 位置转换数据值（包括正常 ADC 转换数据） 数据范围：0x0～0xFFF	—

5. A－D 转换数据 Y 寄存器（TSDATYn）

A－D 转换数据 Y 寄存器 TSDATYn 定义了 Y 位置触摸屏相关的显示值以及正常的 A－D 转换 AIN1 数据值。具体如表 8-5 所示。

表 8-5　A－D 转换数据 Y 寄存器 TSDATYn

TSDATYn	位	描　述	初始状态
UPDOWN	[15]	在等待中断模式时的状态： 0 = pen down 状态 1 = pen up 状态	—
AUTO_PST_VAL	[14]	TSCONn 寄存器中 AUTO_PST 域的显示器值，只读 0 = 正常 ADC 转换 1 = X、Y 位置测量排序	—
XY_PST_VAL	[13:12]	TSCONn 寄存器中 XY_PST 域的显示器值，只读 00 = 无操作模式 10 = X 位置测量 10 = Y 位置测量 11 = 等待中断模式	—
YPDATA	[11:0]	Y 位置转换数据值（包括正常 ADC 转换数据） 数据范围：0x0 ~ 0xFFF	—

6. A－D 中断清除寄存器（CLRINTADCn）

A－D 中断清除寄存器（CLRINTADCn）用来清除相关中断。当中断服务完成后，应由中断服务例程清除中断。对该寄存器写值可以清除相关中断标志，对该寄存器读操作则会返回不确定值。具体定义如表 8-6 所示。

表 8-6　A－D 中断清除寄存器 CLRINTADCn

CLRINTADCn	位	描　述	初始状态
INTADCCLR	[0]	INT_ADCn 中断清除。当有值写入时清除	—

8.4　S5PV210 的 A－D 编程

1. 硬件电路

ADC 相关电路如图 8-2 所示。S5PV210 微处理器的 A－D 转换器的通道 0 输入被接到电位器上，通过调节电位器，电路可以输出 0 ~ 3.3 V 之间不同的电压值。该电压值通过 A－D 转换转变成数字量，并通过 UART 串口输出到计算机屏幕上。

2. 程序代码

（1）adc. c 源代码

文件 adc. c 中包含几个重要的 adc 处理函数。其中 adc_test( ) 函数调用 read_adc(0) 获取通道 0 的电压数据，并向 UART 串口打印。

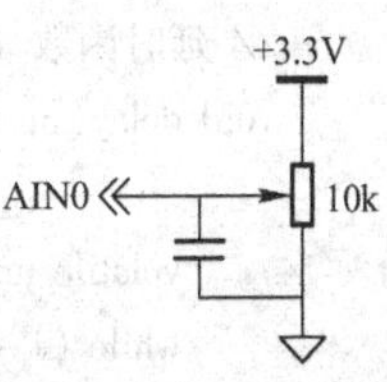

图 8-2　A/D 硬件电路图

函数 read_adc( ) 很重要，它包括几个步骤：

● 设置时钟。相关代码如下：

```
TSADCCON0 = (1 << 16) | (1 << 14) | (65 << 6);
```

首先使用12位adc，然后使能分频，最后设置分频系数为66。

● 选择通道。代码如下：

```
ADCMUX = 0;
```

设置寄存器ADCMUX，选择通道0。

● 启动转换。代码如下：

```
TSADCCON0 |= (1 << 0);
while (TSADCCON0 &(1 << 0));
```

首先设置寄存器TSADCCON0的bit[0]，启动A－D转换，然后读bit[0]以确定转换已经启动。

● 检查转换是否完成。代码如下：

```
while(!(TSADCCON0 &(1 << 15)));
```

读寄存器TSADCCON0的bit[15]，当它为1时表示转换结束。

● 读数据，代码如下：

```
return(TSDATX0 & 0xfff);
```

由于使用的12位的模式，所以只读寄存器TSDATX0的前12位。

该文件详细代码如下：

```
#include "lib\stdio.h"
#define     ADCTS_PRSCVL      65
#define     ADCTS_BASE        0xE1700000
#define     TSADCCON0         ( * ((volatile unsigned long * )(ADCTS_BASE + 0x0)) )
#define     TSCON0            ( * ((volatile unsigned long * )(ADCTS_BASE + 0x4)))
#define     TSDLY0            ( * ((volatile unsigned long * )(ADCTS_BASE + 0x8)))
#define     TSDATX0           ( * ((volatile unsigned long * )(ADCTS_BASE + 0xc)))
#define     TSDATY0           ( * ((volatile unsigned long * )(ADCTS_BASE + 0x10)))
#define     TSPENSTAT0        ( * ((volatile unsigned long * )(ADCTS_BASE + 0x14)))
#define     CLRINTADC0        ( * ((volatile unsigned long * )(ADCTS_BASE + 0x18)))
#define     ADCMUX            ( * ((volatile unsigned long * )(ADCTS_BASE + 0x1c)) )
#define     CLRINTPEN0        ( * ((volatile unsigned long * )(ADCTS_BASE + 0x20)))
// 延时函数
void delay(unsigned long count)
{
    volatile unsigned long i = count;
    while (i--)         ;
}
// 使用查询方式读取A－D转换值
```

```
int read_adc(int ch)
{
    // 使能预分频功能,设置 A-D 转换器的时钟 = PCLK/(65 +1)
    TSADCCON0 = (1 << 16) | (1 << 14) | (65 << 6);
    // 清除位[2],设为普通转换模式,禁止 read start
    TSADCCON0 &= ~((1 << 2) | (1 << 1));
    // 选择通道
    ADCMUX = 0;
    // 设置位[0]为 1,启动 A-D 转换
    TSADCCON0 |= (1 << 0);
    // 当 A-D 转换真正开始时,位[0]会自动清零
    while (TSADCCON0 & (1 << 0));
    // 检测位[15],当它为 1 时表示转换结束
    while (!(TSADCCON0 & (1 << 15)));
    // 读取数据
    return (TSDATX0 & 0xfff);
}
void adc_test(void)
{
    printf("\r\n ============adc test ============= \r\n");
    while(1)
    {
        printf("adc = %d\r\n",read_adc(0));
        delay(0x100000);
    }
}
```

（2）main. c 源代码

main. c 文件定义了所使用的寄存器地址，调用 uart_init( )函数初始化 UART 串口，然后调用了 adc_test( )函数来测试 adc。adc_test( )位于文件 adc. c 中。

具体代码如下：

```
#include "lib\stdio. h"
void uart_init(void);
void adc_test(void);
int main(void)
{
    // 初始化串口
    uart_init();
    // 测试 ADC
    adc_test();
    return 0;}
```

本章小结

本章介绍了嵌入式系统的模－数转换方法。首先介绍了 A－D 转换的概念、过程、主要技术指标和 A－D 转换类型；然后介绍了 S5PV210 的 A－D 转换器和相关寄存器；最后通过实例介绍了 S5PV210 的 A－D 编程。

思考题

1. 什么是模拟量？什么是数字量？请分别举例说明。

2. 在 A－D 转换过程中，模拟量和输出的数字量应该满足怎样的关系？

3. 什么是 A－D 转换的分辨率？其与转换位数之间是什么关系？

4. 满量程电压为 3.3V 且位数为 12 位的 A－D 转换器的量化误差是多少？

5. A－D 转换器的转换过程分为哪四个步骤？分别完成什么功能？

6. A－D 转换器有哪几种类型？其优缺点分别是什么？

7. 如何设置 S5PV210 微处理器的 A－D 转换时钟？若系统主频为 100 MHz，且预分频比为 65，则 A－D 转换的时钟频率为多少？

8. TSDATXn 寄存器是多少位的寄存器？若所使用的 A－D 配置为 12 位，如何取出转换完成的 12 位 A－D 输出数值？

9. 第 8.4 节中的实例，若改为 10 位 A－D 转换，应如何修改程序？

10. 如果外部待测模拟信号电压数值超过 A－D 转换器满量程电压，请问软件和硬件应该如何修改？

第9章 DMA控制器

9.1 DMA的工作原理

DMA（Direct Memory Access，直接内存存取）是一种广泛使用的CPU与外设进行数据传输的技术。它允许不同速度的硬件设备传输数据，而不需要依赖CPU的大量中断。如果没有DMA，CPU需要从数据源把每一片段的资料复制到缓冲器，然后把它们再次写回到新的地方。在这段时间中，CPU对于其他的工作来说就无法使用。

DMA传输将数据从一个地址空间复制到另外一个地址空间，传输操作本身是由DMA控制器来实行和完成的。典型的例子就是移动一个外部内存的区块到芯片内部的内存区。DMA操作并不依赖于微处理器，微处理器可以去处理其他的工作。DMA传输对于高效能嵌入式系统算法是很重要的。

S5PV210的DMAC（DMA控制器）是一个先进的自适应微控制器总线体系的控制器，它由ARM公司设计并基于PrimeCell技术标准实现。DMAC提供了一个AXI接口用来执行DMA传输，以及两个APB接口用来控制这个操作，DMAC在安全模式技术下用一个APB接口执行TrustZone技术，其他操作则在非安全模式下执行。DMAC包括了一个小型的指令集，用来提供一些灵活便捷的操作，为了缩小内存需求，DMAC则使用了变长指令。

9.2 S5PV210的DMA控制器

S5PV210微处理器的DMAC包含了一个执行指令模块，并且控制数据的传输。DMAC通过AXI接口来存取这些内存中的指令，DMAC还可以将一些临时的指令存放在Cache中，用户能够配置行宽度以及深度。

DMAC的8个通道都是可配置的，且每个都可支持单个并发线程的操作。除此之外，还有一个管理线程专门用来初始化DMA通道的线程。它用来确保每个线程都在正常工作，它使用“轮叫调度”来处理并选择执行下一个活动期的DMA通道。

DMAC使用了变长指令集，长度范围在1~6B之间，并为每个通道提供了单独的PC寄存器。当一个线程需要执行一条指令时，将先从Cache中搜索，如果能匹配上则立刻供给数据。DMAC使用AXI接口来执行一次Cache线程。

当一个DMA通道线程执行一次load/store指令，DMAC将添加指令到有关的读队列和写队列中。DMAC使用这些队列作为一个指令存储区，它用来优先执行存储在其中的指令。DMAC还包含了一个MFIFO数据缓存区，它用来存储DMA传输中读/写的数据。

DMAC提供多个中断输出。在没有微处理器参与的情况下，外设的request接口还有内存到外设和外设到内存的传输能力。双 APB 接口支持安全以及非安全两种模式，编程时，可通过 APB 接口来访问状态寄存器和直接执行 DMAC 指令。

图 9-1 为 S5PV210 的 DMA 模块图。S5PV210 支持两种 DMA：一种为存储器转移 DMA（DMA_mem），另一种为外围设备转移 DMA（DMA_peri）。DMA_mem 由 PL330 和一些逻辑电路组成，DMA_peri 由两个 PL330s（DMA0 和 DMA1）和 DMA_map 组成。S5PV210 的 DMA 控制器框图，如图 9-2 所示。

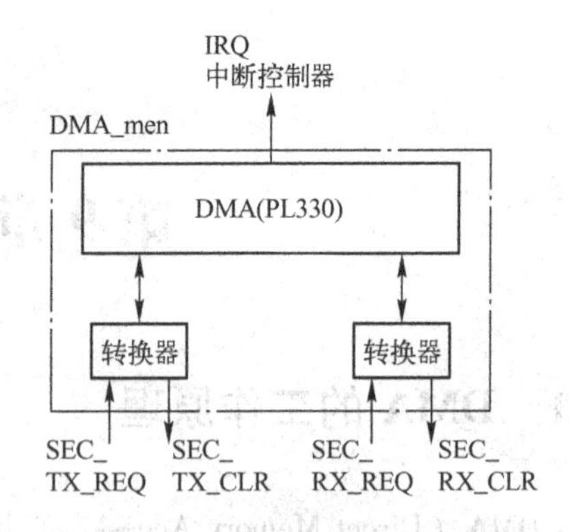

图 9-1　S5PV210 的 DMA 模块图

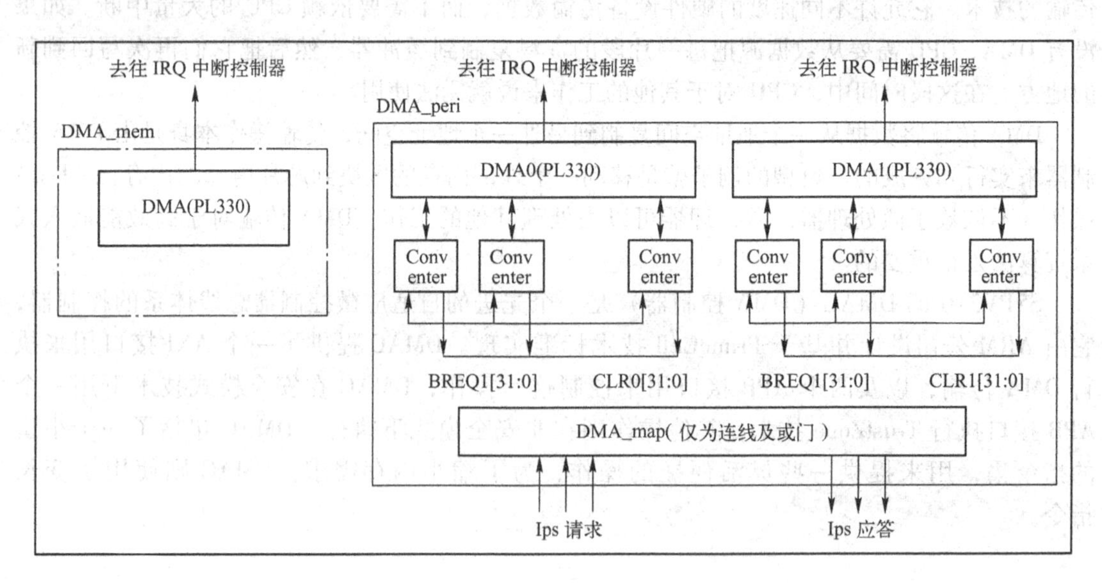

图 9-2　S5PV210 的 DMA 控制器框图

9.3　PL330 指令集

PL330 指令使用“DMA”前缀的统一命名空间，其主要指令包括以下几种。

1. DMAMOV

指令格式：

```
DMAMOV <dst_reg>, <32bit_immediate>
```

功能描述：

这是一条数据转移指令，它可以移动一个立即数到以下 3 种类型的寄存器中。

（1）源地址寄存器

该寄存器提供了 DMA 通道的数据源的地址，DMAC 从该地址取得数据，每个通道都有自己的数据源地址寄存器，因此需要单独配置。

每个通道的源地址寄存器列表如表 9-1 所示。

表 9-1　源地址寄存器列表

通道 n	0	1	2	3	4	5	6	7
寄存器名	SA_0	SA_1	SA_2	SA_3	SA_4	SA_5	SA_6	SA_7
地址偏移	0x400	0x420	0x440	0x460	0x480	0x4A0	0x4C0	0x4E0

源地址寄存器详解如表 9-2 所示。

表 9-2　源地址寄存器详解

位	名　称	功　能
[31:0]	src_addr	数据源地址寄存器

（2）目标地址寄存器

该寄存器提供了 DMA 的目标数据存放地址，和数据源地址寄存器是相互对应的，其列表如表 9-3 所示。

表 9-3　目标地址寄存器列表

通道 n	0	1	2	3	4	5	6	7
寄存器名	DA_0	DA_1	DA_2	DA_3	DA_4	DA_5	DA_6	DA_7
地址偏移	0x404	0x424	0x444	0x464	0x484	0x4A4	0x4C4	0x4E4

目标地址寄存器详解如表 9-4 所示。

表 9-4　目标地址寄存器详解

位	名　称	功　能
[31:0]	drc_addr	目标地址寄存器地址

（3）通道控制寄存器

该寄存器可以控制 DMA 在 AXI 中的传输，并且该寄存器记录了一些关于目标与源寄存器的基本配置。表 9-5 是 PL330 支持的通道控制寄存器。

表 9-5　通道控制寄存器

通道 n	0	1	2	3	4	5	6	7
寄存器名	CC_0	CC_1	CC_2	CC_3	CC_4	CC_5	CC_6	CC_7
地址偏移	0x408	0x428	0x448	0x468	0x488	0x4A8	0x4C8	0x4E8

图 9-3 定义了通道控制寄存器的位分配。

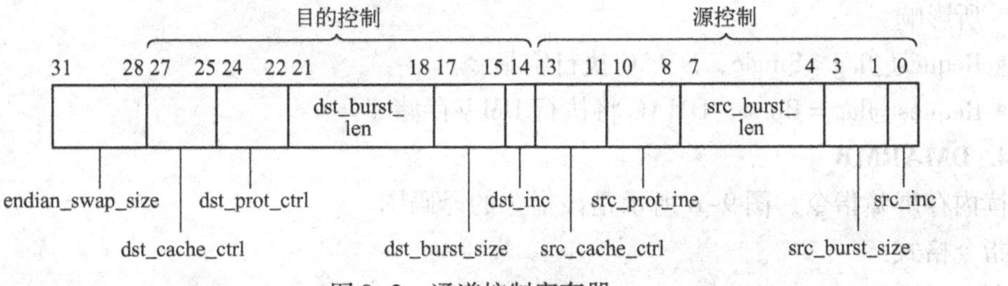

图 9-3　通道控制寄存器

2. DMALD

这是一条 DMAC 装载指令，它可以从源数据地址中读取数据到 MFIFO 中，如果 src_int 位被设置，则 DMAC 会自动增加源地址的值。图 9-4 所示是该指令的译码图。

指令格式：

```
DMALD [S | B]
```

功能描述：

[S]：如果 S 位被指定，则 bs 位被置 0，且 x 转换为 0。Request_flag 将被下列情况所影响：

- Request_flag = Single，，DMAC 将执行 DMA 装载。
- Request_flag = Burst，DMAC 将执行空指令 DMANOP。

[B]：如果 B 位被指定，则 bs 会置 0，且 x 转换为 1，Request_flag 将被下列情况所影响：

- Request_flag = Single，DMAC 将执行空指令 DMANOP。
- Request_flag = Burst，DMAC 将执行 DMA 装载。

注意 ：如果不指定 S、B 位的话，则 DMAC 默认是执行 DMA 装载的。

3. DMAST

该指令与 DMALD 相互对应，它是一条 DMA 存储指令，是将 MFIFO 中的数据转移到目的地址中。目的地址是由目的地址寄存器所指定的，如果 dst_inc 被置位，则 DMAC 会自动增加目的地址的值。图 9-5 所示是该指令的译码图。

7	6	5	4	3	2	1	0
0	0	0	0	0	1	bs	x

图 9-4　DMALD[S | B]指令编码

7	6	5	4	3	2	1	0
0	0	0	0	1	0	bs	x

图 9-5　DMAST [S | B]指令编码

指令格式：

```
DMAST [S | B]
```

功能描述：

[S]：如果 S 位被指定，则 bs 位被置 0，且 x 转换为 1。Request_flag 将被下列情况所影响：

- Request_flag = Single，DMAC 执行单个 DMA 存储。
- Request_flag = Burst，DMAC 执行空指令。
- [B]：如果 B 位被指定，则 bs 被设置为 1，且 x 转换为 1，Request_flag 将被下列情况所影响：
- Request_flag = Single，DMAC 执行空指令。
- Request_flag = Burst，DMAC 将执行 DMA 存储。

4. DMARMB

读内存屏障指令，图 9-6 所示是该指令的译码图。

指令格式：

```
DMARMB
```

功能描述：

该指令可以使得当前所有读处理全部被强制取消。

5. DMAWMB

写内存屏障指令，图 9-7 所示是该指令的译码图。

7	6	5	4	3	2	1	0
0	0	0	1	0	0	1	0

图 9-6　DMARMB 指令编码

7	6	5	4	3	2	1	0
0	0	0	1	0	0	1	1

图 9-7　DMAWMB 指令编码

指令格式：

```
DMAWMB
```

功能描述：

该指令可以使得写处理全部被强制取消。

6. DMALP

循环指令，图 9-8 所示是该指令的译码图。

15　　　　　8	7	6	5	4	3	2	1	0
iter[7:0]	0	0	0	1	0	0	lc	0

图 9-8　DMALP 指令编码

指令格式：

```
DMALP <loop_iterations>
<loop_iterations>
```

这是一个 8 位表示的循环次数。

- lc 设置为 0 时，DMAC 每写一次值，loop_iterations 则减少 1，直到循环计数为 0 结束。
- lc 设置为 1 时，DMAC 每写一次值，loop_iterations 则减少 1，直到循环计数为 1 结束。

功能描述：

循环操作时，将一个指定的 8 位数字填入循环计数寄存器，该指令用来指定某个指令段的开始位置，需要 DMALPEND 指定该指令段的结束位置，一旦指定后，DMAC 会循环执行介于 DMALP 于 DMALPEND 之间的指令，直到循环次数为 0 结束。

7. DMALPEND

循环终止指令，图 9-9 所示是该指令的译码图。

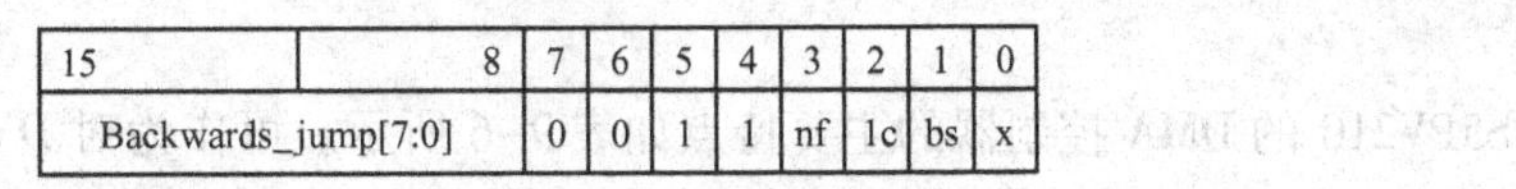

15　　　　　8	7	6	5	4	3	2	1	0
Backwards_jump[7:0]	0	0	1	1	nf	lc	bs	x

图 9-9　DMALPEND [S | B]指令编码

指令格式：

```
DMALPEND[S|B]
```

[S]：如果 S 位被指定，则 bs 位被置 0，且 x 转换为 1。Request_flag 将被下列情况所影响：

- Request_flag = Single，DMAC 则执行循环。
- Request_flag = Burst ，DMAC 执行空指令。

[B]：如果B位被指定，则bs被设置为1，且x转换为1，Request_flag将被下列情况所影响：

- Request_flag = Single，DMAC执行空指令。
- Request_flag = Burst ，DMAC将执行循环。

功能描述：

该指令每执行一遍以后都要查看循环计数寄存器的值。

- 如果为0，DMAC则执行DMANOP指令。
- 如果不为0，DMAC则更新一次循环计数器的值，并跳转到循环指令段的第一条指令执行。

8. DMASEV

事件发送指令，图9-10所示是该指令的译码图。

15	11	10	9	8	7	6	5	4	3	2	1	0
Event_num[4:0]		0	0	0	0	0	1	1	0	1	0	0

图9-10　DMASEV指令编码

指令格式：

DMASEV <event_num>

<event_num>:5位立即数表示的事件编号。

功能描述：

使用该命令可以产生一个事件信号。可以有以下两种模式。

- 产生一个事件，<event_num>。
- 产生一个中断信号，irq<event_num>。

9. DMAEND

DMA结束指令，图9-11所示是该指令的译码图。

7	6	5	4	3	2	1	0
0	0	0	0	0	0	0	0

图9-11　DMAEND指令编码

指令格式：DMAEND

功能描述：

该指令用来通知DMAC结束一次操作集合，换句话说就是告诉DMAC某个线程停止一切的动作，使其为停止态。

9.4　DMA控制器请求

S5PV210的DMA控制器的主要特点如表9-6所示。可作为对DMA和写DMA汇编代码的参考。

表9-6　DMA控制器特点

主要特征	DMA_mem	DMA_peri
支持的数据大小	最大至2倍字长（64位）	最大至32位
支持的簇大小	最大至16簇	字传输：最大至8簇
		字节传输：最大至16簇
支持的通道	同时支持8通道	同时支持16通道

尽管每个 DMA 模式都有 32 个中断源，但是只有一个中断会被送到每个 DMA 的矢量中断控制器（VIC）中。为了看到 DMA 的中断编号，可以参考 DMA 请求映射表，如表 9-7 所示。软件读取每个模块的中断状态寄存器（INTSTATUS）以检查是否有中断发生。

表 9-7 DMA 请求映射表

模　块	编　号	DMA 请求	分　类	服务模块
Peri DMA1	31	PCM2_TX	音频	仅 DMA1
	30	PCM2_RX		
	29	MSM_REQ3	其他	
	28	MSM_REQ2		
	27	MSM_REQ1		
	26	MSM_REQ0		
	25	PCM1_TX	音频和 SPI	
	24	PCM1_RX		
	23	PCM0_TX		
	22	PCM0_RX		
	21			
	20			
	19	SPI1_TX		
	18	SPI1_RX		
	17	SPI0_TX		
	16	SPI0_RX		
	15	12S2_TX		
	14	12S2_RX		
	13	12S1_TX		
	12	12S1_RX		
	11	12S0S_TX		
	10	12S0_TX		
	9	12S0_RX		
	8	保留	系统	
	7	UART3_TX		
	6	UART3_RX		
	5	UART2_TX		
	4	UART2_RX		
	3	UART1_TX		
	2	UART1_RX		
	1	UART0_TX		
	0	UART0_RX		

（续）

模　块	编　号	DMA 请求	分　类	服务模块
Peri DMA0	31	保留		
	30	保留		
	29	保留	其他	DMA0
	28	保留		
	27	SPDIF		
	26	PWM		
	25	保留		
	24	AC_PCMout	音频和 SPI	
	23	AC_PCin		
	22	AC_MICin		
	21			
	20			
	19	SPI1_TX		
	18	SPI1_RX		
	17	SPI0_TX		
	16	SPI0_RX		
	15	保留		
	14	保留		
	13	12S1_TX		
	12	12S1_RX		
	11	12S0S_TX		
	10	12S0_TX		
	9	12S0_RX		
	8	保留	系统	
	7	UART3_TX		
	6	UART3_RX		
	5	UART2_TX		
	4	UART2_RX		
	3	UART1_TX		
	2	UART1_RX		
	1	UART0_TX		
	0	UART0_RX		
DMA_mem			安全	仅 M2M DMA

9.5 S5PV210 的 DMA 相关寄存器

S5PV210 对于 DMA 控制器指令的执行，是通过其 DBGCMD、DBGINST0 和 DBGINST1 这 3 个寄存器实现的。该 3 个寄存器定义如下。

1. DBGCMD

该寄存器控制调试命令的执行，通过配置它，可以控制 DMAC 去执行一些指定的工作。该寄存器的详细解释如图 9-12 所示。

位	名字	功能
[31:2]	–	保留
[1:0]	dbgcmd	b00= 执行 DBGINST[1:0] 控制的指令 b01= 保留 b10= 保留 b11= 保留

图 9-12　DBGCMD 寄存器详解

2. DBGINST0

此寄存器可控制调试指令、通道、DMAC 线程信息。

图 9-13 是该寄存器的详细解释。

31 ~ 24	23 ~ 16	15 ~ 11	10 ~ 8	7 ~ 1	0
指令字节 1	指令字节 0	保留	通道编号	保留	调试线程

图 9-13　DBGINST0 寄存器详解

3. DBGINST1

该寄存器控制内存中设置的指令段首地址，也就是 DMAC 第一次取指令的地址。

图 9-14 是该寄存器的解释。

31 ~ 24	23 ~ 16	15 ~ 8	7 ~ 0
指令字节 5	指令字节 4	指令字节 3	指令字节 2

图 9-14　DBGINST1 寄存器详解

9.6 S5PV210 微处理器的 DMA 编程

以下实例通过 DMA 实现内存数据传输的功能。实例中源数据内存区为 char sour[32]，目的内存区为 char dest[32]。实例使用了 uart 操作，通过 printf 函数打印提示信息。

一些预定义指令如下：

```
#include "s5pv210.h"
#include "uart.h"
#define MAX 100
#define Outp(addr, data)      (*(volatile unsigned int *)(addr) = (data))
```

```
#define DBGINTSTATUS        ( * ( (volatile unsigned long  * ) (0xFA200000 + 0x28) ) )
#define DBGINTCLR           ( * ( (volatile unsigned long  * ) (0xFA200000 + 0x2C) ) )
#define DBGINTEN            ( * ( (volatile unsigned long  * ) (0xFA200000 + 0x20) ) )
#define DBGCMD              ( * ( (volatile unsigned long  * ) (0xFA200D00 + 0x04) ) )
#define DBGINST0            ( * ( (volatile unsigned long  * ) (0xFA200D00 + 0x08) ) )
#define DBGINST1            ( * ( (volatile unsigned long  * ) (0xFA200D00 + 0x0C) ) )
```

下面的程序在 main( )函数中开辟缓冲区，存放 DMA 的二进制指令。然后通过 S5PV210 的 DBGCMD、DBGINST0 和 DBGINST1 这 3 个寄存器进行编程，完成跳转到缓冲区执行指令。

```
int main( )
{
    uart0_init( );
    volatile char instr_seq[ MAX ];  //存放二进制 DMA 指令的缓冲区
    int size = 0, x;
    int loopstart, loopnum = 2;
    unsigned int source, destination, start, temp;
    source = (unsigned int) sour;
    destination = (unsigned int) dest;
    start = (unsigned int) instr_seq;
#if 1
    / * setup channel0 for m2m * /
    / * DMAMOV SAR0 * /
    instr_seq[ size + 0 ] = (char) (0xbc);
    instr_seq[ size + 1 ] = (char) (0x0);
    instr_seq[ size + 2 ] = (char) ( (source >> 0)  & 0xff);
    instr_seq[ size + 3 ] = (char) ( (source >> 8)  & 0xff);
    instr_seq[ size + 4 ] = (char) ( (source >> 16)  & 0xff);
    instr_seq[ size + 5 ] = (char) ( (source >> 24)  & 0xff);
    size = 6;
    / * DMAMOV DAR0 * /
    instr_seq[ size + 0 ] = (char) (0xbc);
    instr_seq[ size + 1 ] = (char) (0x2);
    instr_seq[ size + 2 ] = (char) ( (destination >> 0)  & 0xff);
    instr_seq[ size + 3 ] = (char) ( (destination >> 8)  & 0xff);
    instr_seq[ size + 4 ] = (char) ( (destination >> 16)  & 0xff);
    instr_seq[ size + 5 ] = (char) ( (destination >> 24)  & 0xff);
    size + = 6;
    / * DMAMOV CC0. burst_size 8byte, burst_len 2 * /
    instr_seq[ size + 0 ] = (char) (0xbc);
    instr_seq[ size + 1 ] = (char) (0x1);
    instr_seq[ size + 2 ] = (char) (0x17);
    instr_seq[ size + 3 ] = (char) (0xc0);
```

```
        instr_seq[ size +4 ] = (char) (0x5) ;
        instr_seq[ size +5 ] = (char) (0x0) ;
        size + =6;
        / * DMALP LC0 * /
        instr_seq[ size +0 ] = (char) (0x20) ;
        instr_seq[ size +1 ] = (char) (loopnum - 1) ;//循环次数
        size + =2;
        loopstart = size;
        / * DMALD * /
        instr_seq[ size +0 ] = (char) (0x04) ;
        size + =1;
        / * DMARMB * /
        instr_seq[ size +0 ] = (char) (0x12) ;
        size + =1;
        / * DMAST * /
        instr_seq[ size +0 ] = (char) (0x08) ;
        size + =1;
        / * DMAWMB * /
        instr_seq[ size +0 ] = (char) (0x13) ;
        size + =1;
        / * DMALPEND 0 * /
        instr_seq[ size +0 ] = (char) (0x38) ;
        instr_seq[ size +1 ] = (char) (size - loopstart) ;   //记录循环的位置
        size + =2;
#endif
/ * for loop delay * /
#if 1
        / * DMALP LC0 * /
        instr_seq[ size +0 ] = (char) (0x20) ;
        instr_seq[ size +1 ] = (char) (250) ;
        size + =2;
        loopstart = size;
        / * DMANOP * /
        instr_seq[ size +0 ] = (char) (0x18) ;
        size + =1;
        / * DMALPEND 0 * /
        instr_seq[ size +0 ] = (char) (0x38) ;
        instr_seq[ size +1 ] = (char) (size - loopstart) ;
        size + =2;
#endif
        / * DMASEV * /
        instr_seq[ size +0 ] = (char) (0x34) ;
        instr_seq[ size +1 ] = (char) (1 << 3) ;
```

```
        size + =2;
    #if 1
        /* DMAEND */
        instr_seq[size +0] = (char)(0x0);
        size + =1;
    #endif
        /* 使能 DMA 中断 */
        VIC0VECADDR18 = (unsigned int)int_dma;
        INTERRUPT. VIC0INTENABLE | =1 << 18;
        DBGINTEN =0x2;          //enable dma INTEN
        /* DMAGO */
        do{
            x = DBGSTATUS;       //check DBGSTATUS
        } while ((x&0x1) ==0x1);

        DBGINST0 = (0 << 24) | (0xa0 << 16) | (1 << 8) | (0 << 0);      //DBGINST0 chanal 1
        DBGINST1 = start;                                        //DBGINST1
        DBGCMD =0;                                               //DBGCMD
        while(1);
        return 0;
    }
```

DMA 中断函数清除 DMA 中断标志，并且打印出 DMA 操作后的 sour 和 dest 内存缓冲区结果，具体程序如下所示：

```
    void int_dma()
    {
        volatile i;
        VIC0ADDRESS =0;
        DBGINTCLR =0x2;       //clear dma INTCLR
        printf("DMA Ending! \n");
        printf("sour = %s", sour);
        printf("dest = %s", dest);
    }
```

本章小结

本章首先介绍了 S5PV210 微处理器所使用的 DMA 控制器工作原理；然后介绍了 PL330DMA 控制器指令集；接着介绍了 DMA 相关的中断和寄存器；最后以实例说明了 S5PV210 微处理器的 DMA 编程及使用方法。

思考题

1. 简述 DMA 的工作原理。

2. S5PV210 支持几种 DMA 工作方式？有什么区别？

3. 如何对 S5PV210 微处理器进行 peri DMA 编程？如何进行 M2M DMA 编程？二者有何区别？

4. 请查阅 PL330 数据手册，简述 PL330 的指令集。

5. 在 9.6 节所示的实例中，数组 instr_seq 的作用是什么？

6. 模仿 9.6 节，编程实现 UART DMA 数据传输。

第 10 章　S5PV210 通信接口

10.1　UART 接口

10.1.1　UART（异步串行通信）接口概念

数据通信的基本方式可分为并行通信与串行通信两种：

- 并行通信：是指利用多条数据传输线将一个资料的各位同时传送。它的特点是传输速率快，适用于短距离通信，但要求通信速率较高的应用场合。
- 串行通信：是指利用一条传输线将资料一位位地顺序传送。特点是通信线路简单，利用简单的线缆就可实现通信，降低成本，适用于远距离通信，但传输速率慢的应用场合。

串行通信中又分同步串行通信和异步串行通信两种方式。异步串行通信以一个字符为传输单位，通信中两个字符间的时间间隔是不固定的，然而在同一个字符中的两个相邻位代码间的时间间隔是固定的。

通信协议（通信规程）是指通信双方约定的一些规则。在使用异步串口传送一个字符的信息时，对资料格式有如下约定：规定有空闲位、起始位、资料位、奇偶校验位、停止位。其时序图如图 10-1 所示。

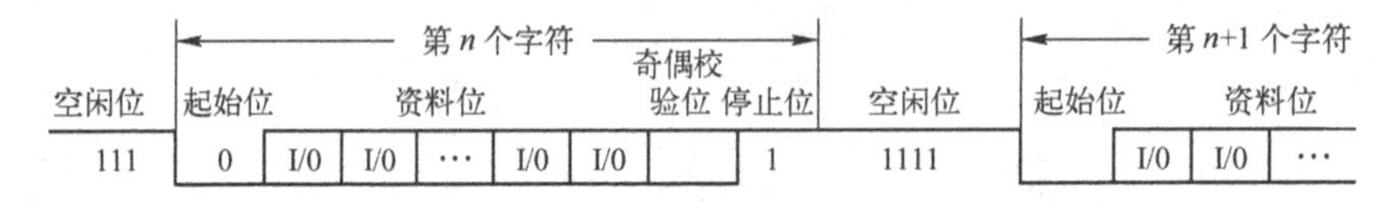

图 10-1　异步串行通信的时序

- 起始位：先发出一个逻辑“0”信号，表示传输字符的开始。
- 资料位：紧接着起始位之后。资料位的个数可以是 4、5、6、7、8 等，构成一个字符。通常采用 ASCII 码，从最低位开始传输，靠时钟定位。
- 奇偶校验位：资料位加上这一位后，使得“1”的位数应为偶数（偶校验）或奇数（奇校验），以此来校验资料传输的正确性。
- 停止位：它是一个字符数据的结束标志。可以是 1 位、1.5 位、2 位的高电平。
- 空闲位：处于逻辑“1”状态，表示当前线路上没有资料传输。

波特率是衡量资料传输速率的指针。表示每秒钟传输的二进制位数。例如资料传输速率为 960 字符/s，而每一个字符为 10 位，则其传输的波特率为 10 × 960 位/s = 9600 位/s = 9600 bit/s。

异步通信是按字符传输的，接收设备在收到起始信号之后只要在一个字符的传输时间内能和发送设备保持同步就能正确接收。下一个字符起始位的到来又使同步重新校准（依靠检测起始位来实现发送与接收方的时钟自同步）。

10.1.2 RS－232C 串行接口标准

根据资料传输方向的不同有以下 3 种方式：单工方式、半双工方式和全双工方式。

- 单工方式中资料始终是从 A 设备发向 B 设备。
- 半双工方式中资料能从 A 设备传输到 B 设备，也能从 B 设备传输到 A 设备。在任何时候资料都不能同时在两个方向上传输，即每次只能有一个设备发送，另一个设备接收。但是通信双方可以依照一定的通信协议来轮流地进行发送和接收。
- 全双工方式允许通信双方同时进行发送和接收。这时，A 设备在发送的同时也可以接收，B 设备亦同。全双工方式相当于把两个方向相反的单工方式组合在一起，因此它需要两条数据传输线。

串行接口标准指的是计算机或终端（资料终端设备 DTE）的串行接口电路与调制解调器 MODEM 等（数据通信设备 DCE）之间的连接标准。目前常用的串行通信接口标准是 RS－232C 标准。

RS－232C 是一种标准接口，D 型插座，采用 25 芯引脚或 9 芯引脚的连接器。微型计算机（或终端）之间的串行通信就是按照 RS－232C 标准设计的接口电路实现的，其连接及通信原理如图 10-2 所示。

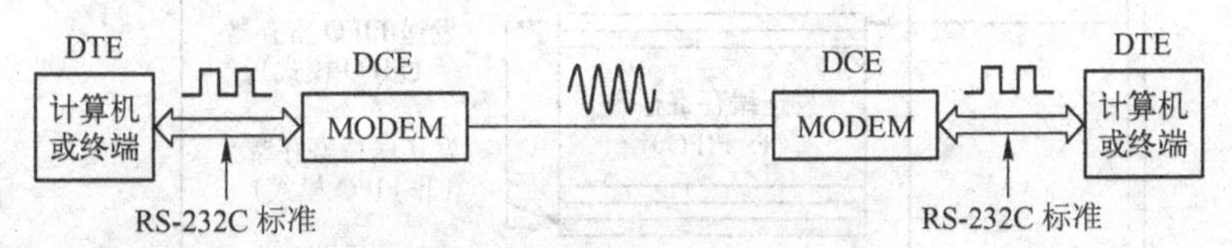

图 10-2　RS－232C 通信原理图

RS－232C 标准规定接口有 25 根联机，只有以下 9 个信号经常使用：

- TXD（第 2 脚）：发送资料线，输出。发送资料到 MODEM。
- RXD（第 3 脚）：接收资料线，输入。接收资料到计算机或终端。
- RTS（第 4 脚）：请求发送，输出。计算机通过此引脚通知 MODEM，要求发送资料。
- CTS（第 5 脚）：允许发送，输入。收到正确应答后，计算机才可以进行资料发送。
- DSR（第 6 脚）：资料装置就绪（即 MODEM 准备好），输入。表示调制解调器可以使用，该信号有时直接接到电源上，这样当设备连通时即有效。
- DCD（第 8 脚）：载波检测（接收线信号测定器），输入。表示 MODEM 已与电话线路连接好。

如果通信线路是交换电话的一部分，则至少还需如下两个信号：

- RI（第 22 脚）：振铃指示，输入。MODEM 若接到交换台送来的振铃呼叫信号，就发出该信号来通知计算机或终端。
- DTR（第 20 脚）：资料终端就绪，输出。计算机收到 RI 信号以后，就发出信号到 MODEM 作为回答，以控制它的转换设备，建立通信链路。
- GND（第 7 脚）：信号地。

RS－232C 标准采用 EIA 电平，规定在信号线上“1”的逻辑电平在 －3 ~ －15 V 之间，

“0”的逻辑电平在 +3 ~ +15 V 之间。而 TTL 电平逻辑 1 为 3.5 ~ 5.0 V，逻辑 0 为小于 0.4 V。由于 EIA 电平与 TTL 电平完全不同，必须进行相应的电平转换，例如，芯片 MCl488 可以完成 TTL 电平到 EIA 电平的转换，芯片 MCl489 可以完成 EIA 电平到 ITL 电平的转换，还有芯片 MAX232 可以同时完成 TTL→EIA 和 EIA→TTL 的电平转换。

10.1.3 S5PV210 芯片的异步串行通信

S5PV210 中的异步串行通信模块提供 4 个独立的异步串行输入/输出端口。所有的端口都是基于中断或基于 DMA 模式下操作的。从 UART 向 CPU 传输数据时，UART 产生一个中断或 DMA 请求。UART 最大支持 3 Mbit/s 的传输速率。每一个 UART 通道都包含两个输入输出 FIFO 接收和发送数据，其中通道 0 的 FIFO 为 256 B，通道 1 为 64 B，通道 2 和通道 3 各为 16 B。

每个通道的框图如图 10-3 所示，每一个 UART 包含一个波特率发生器、一个发射器、一个接收器和一个控制单元。波特率发生器使用 PCLK 或 SCLK_UART，发射器和接收器包含 FIFOs 和数据移位寄存器，要发送的数据被写进 Tx FIFO，然后被复制到发送移位寄存器中，最后数据通过发送引脚（TxDn）被移位出去。接收数据时，数据通过 RxDn 引脚移位进入接收移位寄存器，然后将接收移位寄存器中的数据复制到 Rx FIFO 中。

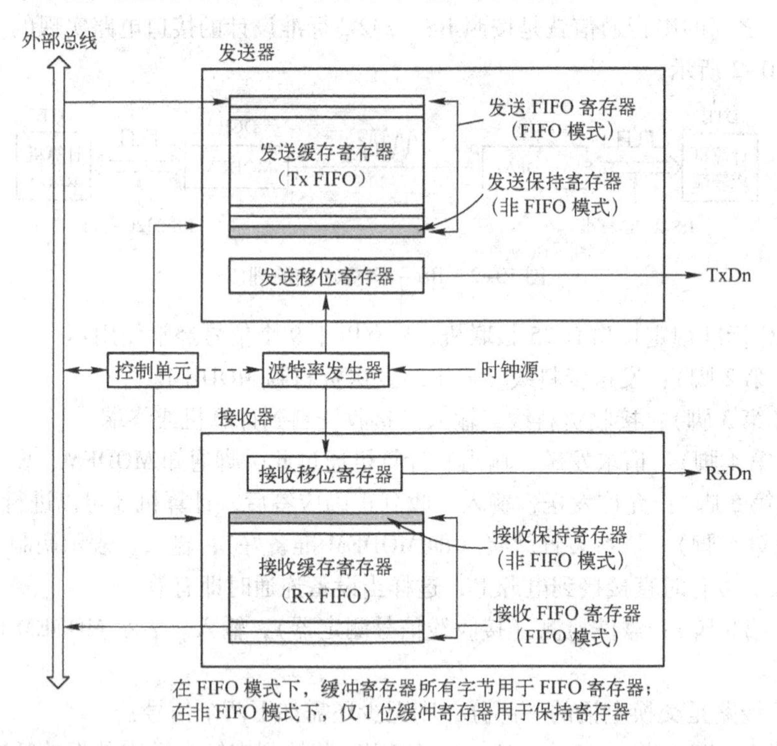

图 10-3 UART 模块图

UART 操作包括数据发送、数据接收、中断产生等。S5PV210 芯片的 UART 机制支持波特率发生器、循环往复模式、红外模式和自动流控制等。

1. 数据发送

UART 模块发送的数据帧结构是可编程的。它包含一个起始位、5 ~8 位数据位、一个可选的校验位和 1 ~2 位停止位，由线控寄存器（ULCONn）指定。在发送一帧过程中，可由发送器产生一个中断条件从而强制将串行输出置为逻辑 0 状态。当前一个字发送完成后这个模块将发送一个中断信号。发送完中断信号后，发送器将继续向 Tx FIFO 中发送数据。

2. 数据接收

与发送数据类似，接收的数据帧结构也是可编程的。它包含一个起始位、5~8 位数据位、一个可选的校验位、1~2 位停止位，由线控寄存器（ULCONn）指定。接收器检测超限运转错误、奇偶校验错误、帧错误和中断条件值，每一项错误都会将错误标志置位。

- 超限运转错误指在旧数据还未被读取前新数据将旧数据覆盖。
- 奇偶校验错误指检测到一个非预定的奇偶条件。
- 帧错误指接收到的数据不含有一个有效的停止位。
- 中断条件指 RxDn 输入被置位逻辑 0 状态超过一帧的传输时间。

当在 3 个字的接收时间内都没有接收到数据，并且在 FIFO 模式下 Rx FIFO 不是空的条件下，UART 将会发生接收超时。

3. 自动流控制（AFC）

S5PV210 中的 UART0 和 UART1 支持使用 nRTS 和 nCTS 信号的自动流控制（AFC）。当由 GPA1CON（GPIO SFR）将 TxD3 和 RXD3 置为 nRTS2 和 nCTS2 时，UART2 也可以实现自动流控制。当 UART 与调制解调器连接时，需将 UMCONn 寄存器 AFC 位禁用，并通过软件控制 nRTS 信号。

在 AFC 中，nRTS 信号取决于接收器的状态，nCTS 信号控制着发送器的操作。当 nCTS 信号处于激活状态时，UART 发送器将数据发送到 FIFO 中（在 AFC 中，nCTS 信号意味着对方的 UART FIFO 已准备好接收数据）。在 UART 接收数据之前，如果其接收 FIFO 有超过 2 B 作为备用，则 nRTS 被激活。如果其接收 FIFO 有少于 1 B 作为备用，则 nRTS 处于非激活状态（在 AFC 中，nRTS 信号意味着自己的接收 FIFO 已准备好接收数据）。

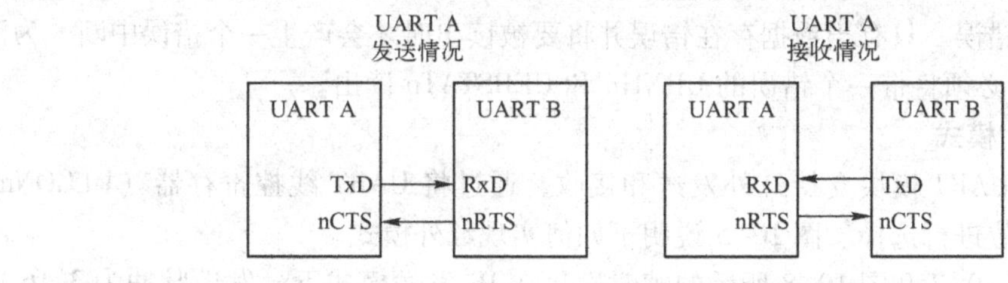

图 10-4　UART AFC 接口

4. 中断/DMA 请求产生

S5PV210 中的每一个 UART 都包括 7 个状态信号，即超限运转错误、奇偶校验错误、帧错误、中断、接收缓存数据准备好、发送缓存空、发送移位寄存器空。这些状态由相应的 UART 状态寄存器决定（UTRSTATn/UERSTATn）。

超限运转错误、奇偶校验错误、帧错误和中断状态指定接收错误状态。如果控制寄存器（UCONn）中的接收错误中断使能位置为 1，则接收错误状态产生接收错误状态中断。如果一个接收错误状态中断请求被检测到，可以通过读取 UERSTATn 中的值来确定中断源。

在 FIFO 模式下，如果接收器将接收到的数据个数大于等于 Rx FIFO 触发电平，同时控制寄存器（UCONn）中的接收模式为 1（中断请求或轮询模式），将产生 Rx 中断。在非 FIFO 模式下，将接收移位寄存器中的数据发送到接收保持寄存器中，将在中断请求和轮询模式中产生 Rx 中断。

如果发送器将发送 FIFO 寄存器中的数据发送到发送移位寄存器中，并且留在发送 FIFO 中的数据个数小于等于 Tx FIFO 触发电平，将产生 Tx 中断（控制寄存器中的发送模式被选为中断请求或轮询模式）。在非 FIFO 模式下，将数据从发送保持寄存器发送到发送移位寄存器，将在中断请求和轮询模式中产生 Tx 中断。

当发送 FIFO 中的数据个数小于触发电平时总会产生 Tx 中断请求。这意味着只要将 Tx 中断使能就会产生中断请求，除非将 Tx 缓存中填入数据。建议先将 Tx 缓存中填入数据后再将 Tx 中断使能。S5PV210 中的中断控制器是电平触发方式的，如果对 UART 控制寄存器进行编程，应将中断方式设为“电平”。如果在控制寄存器中将接收和发送模式选为 DMAn 请求模式，以上的所有情况都将产生 DMAn 请求而不是 Rx 或 Tx 中断。

UART 中断条件如表 10-1 所示。

表 10-1　FIFO 中断

类　型	FIFO 模式	非 FIFO 模式
Rx 中断	如果 Rx FIFO 计数大于或等于接收 FIFO 的触发值，就会产生 Rx 中断。如果 FIFO 中数据的数量没有到达 Rx FIFO 的触发值，并且在 3 个字长时间内没有收到任何数据，就会产生中断	当接收缓存满时，由接收保持寄存器产生
Tx 中断	如果 Tx FIFO 的计数小于等于发送 FIFO 的触发电平，则会产生此中断	当发送缓存为空时，由发送保持寄存器产生
错误中断	如果发生帧错误、校验错误或检测到中断信号即产生此中断。如果当 Rx FIFO 已满时，UART 接收到新数据（溢出错误）即产生此中断	由错误引发，当多个错误同时发生时，只产生一个中断

5. UART 错误状态描述

UART 除了包含 Rx FIFO 寄存器外还包含错误状态 FIFO。错误状态 FIFO 指 FIFO 寄存器接收到的数据存在错误。只有当数据存在错误并将要被读出时才会产生一个错误中断。为清除错误状态 FIFO，必须将带一个错误的 URXHn 和 UERSTATn 读出。

6. 红外（IR）模式

S5PV210 中的 UART 模块支持红外发送和接收，通过将 UART 线控寄存器（ULCONn）中的红外模式位置位进行选择。图 10-5 说明了如何实现红外模式。

如图 10-6、图 10-7 和图 10-8 所示的帧时序，在 IR 发送模式下，发送脉冲为 3/16 速率，即正常的串行发送速率（如果发送数据位为 0 的话）。在 IR 接收模式下，接收器检测 3/16 个脉冲序列时间来识别一个 0 值。

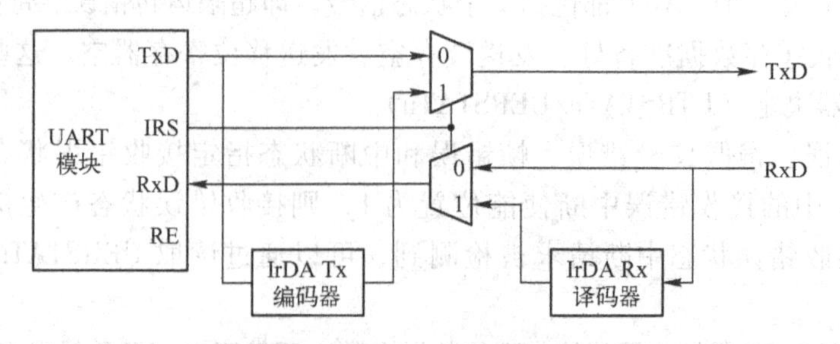

图 10-5　IrDA 功能模块图

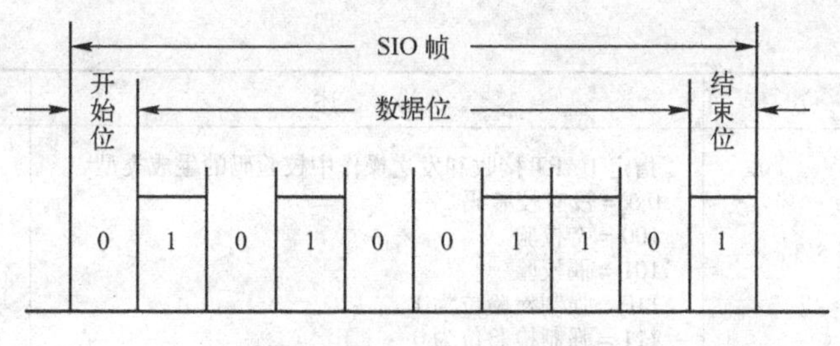

图 10-6　连续 I/O 时序图

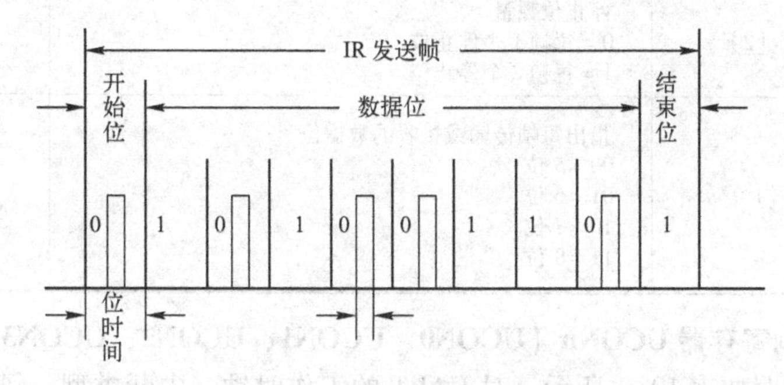

图 10-7　红外发送模式时序图

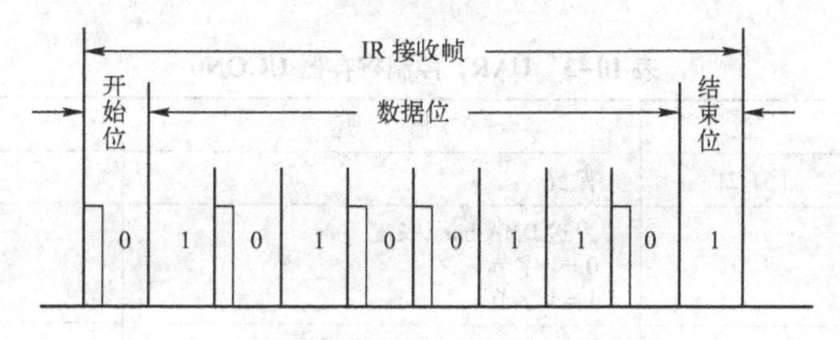

图 10-8　红外接收模式时序图

10.1.4　UART 寄存器

S5PV210 芯片进行 UART 通信所涉及的寄存器有：引脚配置寄存器（将相关 IO 口配置为 UART 用途）、UART 线控寄存器（设置通信的数据格式）、UART 控制寄存器、FIFO 控制寄存器等。

1. UART 线控寄存器 ULCONn（ULCON0、ULCON1、ULCON2、ULCON3）

ULCONn 的含义如表 10-2 所示，主要对各 UART 的工作模式、校验模式、帧格式进行设置。

表 10-2　UART 行控制寄存器 ULCONn

ULCONn	位	描　述	初始状态
保留	[31:7]	保留	0
红外模式	[6]	决定是否使用红外模式 0 = 正常模式操作 1 = 红外接收/发送模式	0

（续）

ULCONn	位	描　述	初始状态
校验模式	[5:3]	指定 UART 接收和发送操作中校验码的生成类型 0xx = 没有校验码 100 = 奇校验 101 = 偶校验 110 = 强制检验位为 1 111 = 强制检验位为 0	000
停止位数量	[2]	停止位数量 0 = 每帧 1 个停止位 1 = 每帧 2 个停止位	0
字长	[1:0]	指出每帧传输或接收的数据位 00 = 5 位 01 = 6 位 10 = 7 位 11 = 8 位	00

2. UART 控制寄存器 UCONn（UCON0、UCON1、UCON2、UCON3）

寄存器详细说明如表 10-3 所示，对 UART 的工作时钟、中断类型、错误使能、工作模式等进行配置。

表 10-3　UART 控制寄存器 UCONn

UCONn	位	描　述	初始状态
保留	[31:21]	保留	000
发送 DMA 突发长度	[20]	发送 DMA burst 长度 0 = 1 字节 1 = 4 字节	0
保留	[19:17]	保留	000
接收 DMA 突发长度	[16]	接收 DMA burst 长度 0 = 1 字节 1 = 4 字节	0
保留	[15:11]	保留	0000
时钟选择	[10]	为 UART 波特率选择 PCLK 或 SCLK_UART 时钟 0 = PCLK：DIV_VAL1 = [PCLK/(波特率×16)] - 1 1 = SCLK_UART：DIV_VAL1 = [SCLK_UART/(波特率×16)] - 1	00
发送中断类型	[9]	中断要求类型 0 = 脉冲（当 Non - FIFO 模式下接收缓冲区为空或当到达接收 FIFO 触发电平时） 1 = 电平（当 Non - FIFO 模式下接收缓冲区为空或当到达接收 FIFO 触发电平时）	0
接收中断类型	[8]	中断要求类型 0 = 脉冲（当即时接收缓冲区在 Non - FIFO 模式下收到数据或到达接收 FIFO 触发电平时） 1 = 电平（当即时接收缓冲区在 Non - FIFO 模式下正在接收数据或到达接收 FIFO 触发电平时）	0

（续）

UCONn	位	描　述	初始状态
接收超时使能	[7]	如果 UART FIFO 允许，允许/禁止接收超时中断。中断为接收中断 0 = 禁止 1 = 允许	0
接收错误中断使能	[6]	允许 UART 在异常时产生中断，如在接收时发生帧错误、验证错误或溢出错误等 0 = 不产生接收错误状态中断 1 = 产生接收错误状态中断	0
Loop - Back 模式	[5]	设置 loop - back 位为 1，以触发 UART 进入 loop - back 模式。此模式仅用于测试 0 = 正常操作 1 = loop - back 模式	0
发送中断信号	[4]	在一帧中设置此位触发 UART 发送中断。在发送后此位自动清零 0 = 正常发送 1 = 发送中断信号	0
发送模式	[3:2]	决定哪个功能能够写发送数据至 UART 发送缓冲寄存器 00 = 禁止 01 = 中断请求或轮询模式 10 = DMA 模式 11 = 保留	00
接收模式	[1:0]	决定哪个功能能够从 UART 接收缓冲寄存器读取数据 00 = 禁止 01 = 中断请求或轮询模式 10 = DMA 模式 11 = 保留	00

注：1. DIV_VAL = UBRDIVn + (UDIVSLOTn 中 1 的数量)/16。

2. S5PV210 使用电平触发控制器，所以中断类型都应置 1。

3. 如果 UART 没有到达 FIFO 触发电平并且在 DMA 接收模式下 3 个字长时间内没有收到数据，会产生接收中断。必须检查 FIFO 状态并检查剩余位。

3. UART FIFO 控制寄存器 UFCONn（UFCON0、UFCON1、UFCON2、UFCON3）

寄存器详细说明如表 10-4 所示，对各 UART 的发送 FIFO 和接收 FIFO 进行配置。

表 10-4　UART FIFO 控制寄存器 UFCONn

UFCONn	位	描　述	初始状态
保留	[31:11]	保留	0
发送 FIFO 触发值	[10:8]	决定 Tx FIFO 的触发值。如果 Tx FIFO 的计数数据少于等于触发值，产生 Tx 中断 [通道 0] 000 = 32 B　001 = 64 B 010 = 96 B　011 = 128 B 100 = 160 B　101 = 192 B 110 = 224 B　111 = 256 B [通道 1] 000 = 8 B　001 = 16 B 010 = 24 B　011 = 32 B	000

（续）

UFCONn	位	描　述	初始状态
发送 FIFO 触发值	[10:8]	100 = 40 B　101 = 48 B 110 = 56 B　111 = 64 B [通道 2，3] 000 = 0 B　001 = 2 B 010 = 4 B　011 = 6 B 100 = 8 B　101 = 10 B 110 = 12 B　111 = 14 B	000
保留	[7]	保留	0
接收 FIFO 触发值	[6:4]	决定 Rx FIFO 的触发值。如果 Rx FIFO 的计数数据多于或等于触发值，产生 Rx 中断 [通道 0] 000 = 32 B　001 = 64 B 010 = 96 B　011 = 128 B 100 = 160 B　101 = 192 B 110 = 224 B　111 = 256 B [通道 1] 000 = 8 B　001 = 16 B 010 = 24 B　011 = 32 B 100 = 40 B　101 = 48 B 110 = 56 B　111 = 64 B	000
保留	[3]	-	0
Tx FIFO 重置	[2]	重置 FIFO 后自动清除 0 = 正常 1 = Tx FIFO 重置	0
Rx FIFO 重置	[1]	重置 FIFO 后自动清除 0 = 正常 1 = Tx FIFO 重置	0
FIFO 使能	[0]	0 = 禁止 1 = 允许	0

4. UART MODEM 控制寄存器 UMCONn（UMCON0、UMCON1、UMCON2、UMCON3）

寄存器详细说明如表 10-5 所示，对各 UART 的自动流控状态和触发电平等进行设置。

表 10-5　UART MODEM 控制寄存器 UMCONn

UMCONn	位	描　述	初始状态
保留	[31:8]	保留	0
RTS 触发值	[7:5]	决定 Rx FIFO 控制 nRTS 信号的触发值。如果 AFC 位为允许并且 Rx FIFO 有大于或等于触发值的字节，nRTS 信号就无效 [通道 0] 000 = 255 B　001 = 224 B 010 = 192 B　011 = 160 B 100 = 128 B　101 = 96 B 110 = 64 B　111 = 32 B [通道 1] 000 = 15 B　001 = 14 B 010 = 12 B　011 = 10 B 100 = 8 B　101 = 6 B 110 = 4 B　111 = 2 B	000

（续）

UMCONn	位	描　述	初始状态
自动流量控制	[4]	0=禁止 1=允许	0
模块中断使能	[3]	0=禁止 1=允许	0
保留	[2:1]	这两位必须为0	00
发送请求	[0]	如果AFC位为允许，则这一位的值将被忽略。在这种情况下，S5PV210自动控制nRTS信号。如果AFC位为禁止，软件必须控制nRTS信号 0=高电平（不激活nRTS） 1=低电平（激活nRTS）	0

5. UART Tx/Rx 状态寄存器 UTRSTATn（UTRSTAT0、UTRSTAT1、UTRSTAT2、UTRSTAT3）

寄存器详细说明如表10-6所示。该寄存器各位描述了UART的当前状态。

表10-6　UART Tx/Rx 状态寄存器 UTRSTATn

UTRSTATn	位	描　述	初始状态
保留	[31:3]	保留	0
发送器空	[2]	如果发送缓冲寄存器没有有效传输数据，此位自动设为0，并且发送缓冲寄存器为空 0=不为空 1=发送器为空	1
发送缓冲为空	[1]	如果发送缓冲寄存器为空，此位自动设为1 0=缓冲寄存器不为空 1=缓冲寄存器为空（在非FIFO模式下，要求中断或DMA。在FIFO模式下，如果Tx FIFO触发电平为00，则要求中断或DMA） 如果UART使用FIFO，检查USFTAT寄存器中Tx FIFO计数位和Tx FIFO溢出位	0
接收缓存数据就绪	[0]	如果接收缓存寄存器包含有效数据，此位自动设为1，从RXDn端口接收 0=缓存寄存器为空 1=缓存寄存器有接收到的数据 如果UART使用FIFO，检查USFTAT寄存器中Rx FIFO计数位和Rx FIFO溢出位	0

6. UART 发送缓冲寄存器 UTXHn（UTXH0、UTXH1、UTXH2、UTXH3）

UTXHn包含8位发送数据。寄存器详细说明如表10-7所示。

表10-7　UART 发送缓冲寄存器 UTXHn

UTXHn	位	描　述	初始状态
保留	[31:8]	保留	—
UTXHn	[7:0]	为UARTn发送数据	—

7. UART 接收缓冲寄存器 URXHn（URXH0、URXH1、URXH2、URXH3）

URXHn包含8位接收数据。寄存器详细说明如表10-8所示。

表 10-8　UART 接收缓冲寄存器 URXHn

URXHn	位	描　述	初始状态
保留	[31:8]	保留	0
URXHn	[7:0]	为 UARTn 接收数据	0x00

8. UART 通道波特率分频寄存器 UBRDIVn（UBRDIV0、UBRDIV1、UBRDIV2、UBRDIV3）

寄存器详细说明如表 10-9 所示，可以通过该寄存器设定的波特率分频值对各 UART 的通信波特率进行配置。

表 10-9　UART 通道波特率分频寄存器 UBRDIVn

UBRDIVn	位	描　述	初始状态
保留	[31:16]	保留	0
UBRDIVn	[15:0]	波特率分频值 （当 UART 时钟源是 PCLK 时，UBRDIVn 必须大于 0）	0x0000

每个 UART 的波特率产生器都为自身的发送器和接收器提供连续的发送和接收时钟。波特率时钟是把源时钟（即 PCLK 系统时钟或 UCLK 外部时钟）和 UART 的波特率分频寄存器（UBRDIVn）产生的除数相除产生的。计算公式：

$$UBRDIVn = [PCLK/(波特率 \times 16)] - 1$$

例 10-1　欲得到波特率 9600 bit/s，已知系统 PCLK = 40 MHz，求 UBRDIVn 的值。

$$UBRDIVn = 40000000/(9600 \times 16) - 1 = 260 - 1 = 259$$

10.1.5　UART 实例

1. 硬件电路连接

本实验通过 S5PV210 的 UART0 端口连接计算机串口。如果计算机没有多余串口，可以使用 USB 转串口线（必须安装相应驱动）。单击开发计算机的“开始”→“设置”→“控制面板”→“系统”→“硬件”→“设备管理器”命令，找到所连接的串口，记录串口号，如图 10-9 所示。

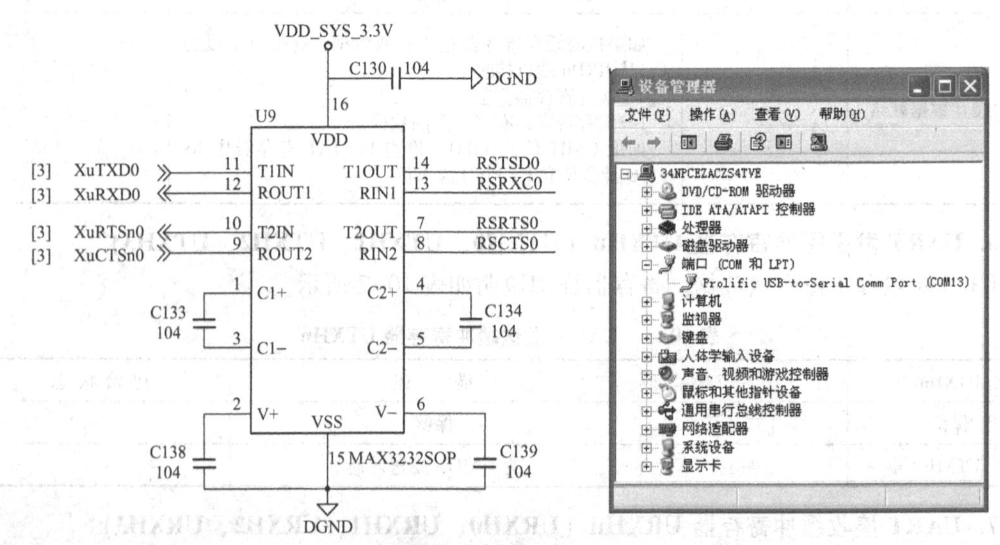

图 10-9　UART 硬件连接图

2. 软件程序

uart. c 文件中定义了 UART 所使用到的相关寄存器地址，配置了 UART 分频寄存器 UART_UBRDIV_VAL 和 UART_UDIVSLOT_VAL（波特率为 115200 bit/s），定义了 UART 初始化函数 uart_init()和发送字符函数 getc()、接收字符函数 putc()。

```
#define GPA0CON    ( *((volatile unsigned long *)0xE0200000) )
#define GPA1CON    ( *((volatile unsigned long *)0xE0200020) )
// UART 相关寄存器
#define ULCON0     ( *((volatile unsigned long *)0xE2900000) )
#define UCON0      ( *((volatile unsigned long *)0xE2900004) )
#define UFCON0     ( *((volatile unsigned long *)0xE2900008) )
#define UMCON0     ( *((volatile unsigned long *)0xE290000C) )
#define UTRSTAT0   ( *((volatile unsigned long *)0xE2900010) )
#define UERSTAT0   ( *((volatile unsigned long *)0xE2900014) )
#define UFSTAT0    ( *((volatile unsigned long *)0xE2900018) )
#define UMSTAT0    ( *((volatile unsigned long *)0xE290001C) )
#define UTXH0      ( *((volatile unsigned long *)0xE2900020) )
#define URXH0      ( *((volatile unsigned long *)0xE2900024) )
#define UBRDIV0    ( *((volatile unsigned long *)0xE2900028) )
#define UDIVSLOT0  ( *((volatile unsigned long *)0xE290002C) )
#define UINTP      ( *((volatile unsigned long *)0xE2900030) )
#define UINTSP     ( *((volatile unsigned long *)0xE2900034) )
#define UINTM      ( *((volatile unsigned long *)0xE2900038) )

#define UART_UBRDIV_VAL 35
#define UART_UDIVSLOT_VAL 0x1

//初始化串口
void uart_init()
{
    // 1 配置引脚用于 RX/TX 功能
    GPA0CON = 0x22222222;
    GPA1CON = 0x2222;
    // 2 设置数据格式等
    //使能 fifo
    UFCON0 = 0x1;
    //无流控
    UMCON0 = 0x0;
    //数据位:8，无校验，停止位：1
    ULCON0 = 0x3;
    //时钟:PCLK,禁止中断,使能 UART 发送、接收
```

```
    UCON0 = 0x5;
    // 3 设置波特率
    UBRDIV0 = UART_UBRDIV_VAL;
    UDIVSLOT0 = UART_UDIVSLOT_VAL;
}

//接收一个字符
char getc(void)
{
    //如果 RX FIFO 空,等待
    while (! (UTRSTAT0 & (1 <<0)));
    //取数据
    return URXH0;
}

    //发送一个字符
    void putc(char c)
{
    //如果 TX FIFO 满,等待
    while (! (UTRSTAT0 & (1 <<2)));
    //写数据
    UTXH0 = c;
}
```

main.c 文件调用 uart_init()函数初始化 UART 串口，进入 while 循环，调用 getc()函数接收字符，并且将字符的 ASCII 码加 1 后通过 putc()函数发送出去。

```
void uart_init(void);
int main()
{
    char c;
    //初始化串口
    uart_init();
    while (1)
    {
        //接收字符
        c = getc();
        //发送字符 c +1
        putc(c +1);
    }
    return 0;
}
```

10.2 SPI 接口

10.2.1 SPI 接口概述

1. SPI 总线

SPI 接口的全称是“Serial Peripheral Interface”，意为串行外围接口，是 Motorola 公司首先在其 MC68HCXX 系列处理器上定义的。SPI 接口主要应用在 EEPROM、Flash、实时时钟、A - D 转换器、数字信号处理器和数字信号解码器之间。

SPI 接口是在 CPU 和外围低速器件之间进行同步串行数据传输，在主器件的移位脉冲下，数据按位传输，高位在前，低位在后，为全双工通信。SPI 数据传输速率总体来说比 I^2C 总线要快，可达到数 Mbit/s。

2. SPI 总线的主要特点

- 全双工。
- 可以作为主机或从机工作。
- 提供频率可编程时钟。
- 发送结束中断标志。
- 写冲突保护。

3. SPI 接口定义

该总线通信基于主 - 从配置。它有以下 4 个信号：

- MOSI：Master Out Slave In 主出/从入。
- MISO：Master In Slave Out 主入/从出。
- SCK：Serial Clock 串行时钟。
- SS：Slave Select 从属选择。

SS 从属选择信号控制芯片是否被选中。也就是说，只有片选信号为预先规定的使能信号时（高电位或低电位），对此芯片的操作才有效。这就使在同一总线上连接多个 SPI 设备成为可能。

其余 3 根是通信线。SPI 是串行通信协议，也就是说数据是一位一位进行传输的，由 SCK 提供时钟脉冲，MOSI、MISO 则基于此脉冲完成数据传输。数据输出通过 MOSI 线，数据在时钟上升沿或下降沿时改变，在紧接着的下降沿或上升沿被读取，完成一位数据传输。输入也使用同样原理。这样，在至少 8 次时钟信号的改变后（上沿和下沿为一次），就可以完成 8 位数据的传输。

SCK 信号线只由主设备控制，从设备不能控制 SCK 信号线。同样，在一个基于 SPI 的设备中，至少有一个主控设备。普通的串行通信一次连续传输至少 8 位数据，而 SPI 允许数据一位一位地传输，甚至允许暂停，因为 SCK 时钟线由主控设备控制。当没有时钟跳变时，从设备不采集或传输数据。也就是说，主设备通过对 SCK 时钟线的控制可以完成对通信的控制。SPI 还是一个数据交换协议：因为 SPI 的数据输入和输出线独立，所以允许同时完成数据的输入和输出。不同的 SPI 设备的实现方式不尽相同，主要是数据改变和采集的时间不同，在时钟信号上沿或下沿采集有不同定义，具体请参考相关器件的文档。

4. SPI 总线时序

SPI 模块为了和外设进行数据交换，其输出串行同步时钟极性和相位可以根据外设工作要求进行配置。时钟极性（CPOL）对传输协议没有重大的影响。如果 CPOL =0，串行同步时钟的空闲状态为低电平；如果 CPOL =1，串行同步时钟的空闲状态为高电平。时钟相位（CPHA）能够配置用于选择两种不同的传输协议之一进行数据传输。如果 CPHA =0，在串行同步时钟的第一个跳变沿（上升或下降）数据被采样；如果 CPHA =1，在串行同步时钟的第二个跳变沿（上升或下降）数据被采样。SPI 主模块和与之通信的外设时钟的相位和极性应该一致。SPI 接口时序如图 10-10 、图 10-11 所示。

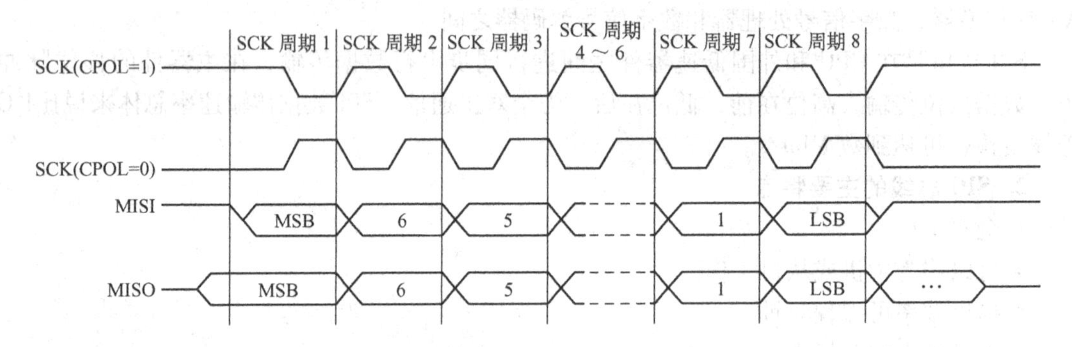

图 10-10　CPHA =0 时 SPI 总线数据传输时序

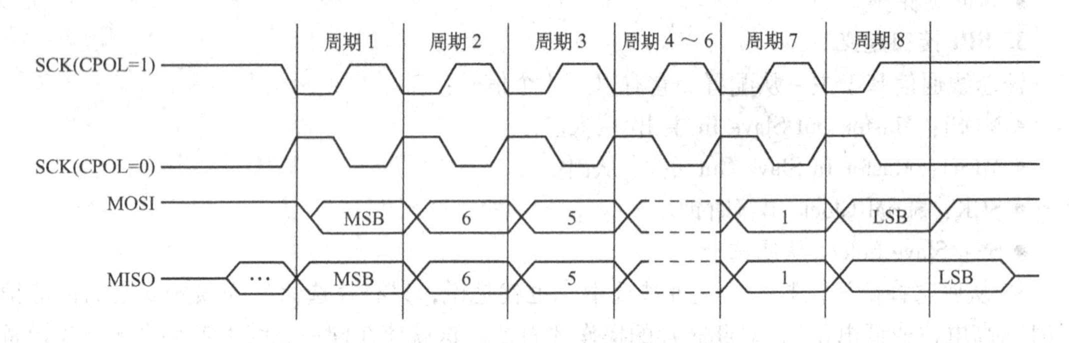

图 10-11　CPHA =1 时 SPI 总线数据传输时序

10.2.2　S5PV210 微处理器的 SPI 接口

S5PV210 的 SPI 接口支持 CPU 或 DMA 操作，可同时在发送/接收两个方向上传输数据。TX 通道从 Tx FIFO 向外部设备发送数据，RX 通道从外部设备向 Rx FIFO 传输数据。

1. 操作模式

SPI 有两种模式，即主模式和从模式。在主模式下，产生 SPICLK 信号并传输到外部设备。XspiCS 用于选择从设备，当其为低电平时指示数据有效。在开始发送或者接收数据包之前必须先设置 XspiCS 为低电平。

2. FIFO 访问

S5PV210 的 SPI 支持 CPU 和 DMA 来访问 FIFO，CPU 和 DMA 访问 FIFO 数据的大小可以选择 8/16/32 位。如果选择 8 位的数据大小，有效的数据位为 0 ~7 位。通过触发用于定义的阈值，CPU 对 FIFO 的访问正常打开和关闭。每个 FIFO 的触发阈值可以设置为 0 ~64 B 中任何一个值。如果采用 DMA 访问，那么 SPI_MODE_CFG 寄存器的 TxDMAOn 或者 RxDMAOn 位必须置位，DMA 访问只支持单次传输和 4 突发式传输，在向 Tx FIFO 发送数据时，DMA 请求信号在 FIFO 满之前一直为高电平。在从 Rx FIFO 接收数据时，只要 FIFO 非空，DMA 请求信号都为高电平。

3. Rx FIFO 结尾字节

在中断模式下，Rx FIFO 中采样的数量小于阈值，或是在 DMA 的 4 突发式模式下，并且没有额外的数据被接收，这些留下的字节被称为结尾字节。为了从 Rx FIFO 中移走这些字节，需要用到内部定时器和中断信号，基于 APB 总线时钟，内部时钟的值可以设置到 1024 个时钟。当此定时器的值变为 0 时，中断信号发生并且 CPU 能移走 Rx FIFO 中的这些结尾字节。

4. 数据包控制

在主模式下，SPI 能够控制接收的数据包数量。如果要接收任何数目的数据包，只需要设置 PACKET_CNT_REG 寄存器，当接收到的数据包的数量和设置的一样时，SPI 停止产生 SPICLK，如果要重新装载此功能，需要强制性软件或是硬件复位，其中软件复位能够清除除了特殊功能寄存器之外的所有寄存器，而硬件复位则清除所有的寄存器。

5. 芯片选择控制

XspiCS 可以选择为手动控制或是自动控制。对于手动控制模式，需要对从选择信号控制寄存器 CS_REG 的 AUTO_N_MANUAL 位清零，此模式的 XspiCS 电平由此寄存器的 NSSOUT 位控制；对于自动控制模式，需要对从选择信号控制寄存器 CS_REG 的 AUTO_N_MANUAL 位置位，XspiCS 电平被自动确定在包与包之前，其非活动期间由 NCS_TIME_COUNT 的值来决定，此模式下的 NSSOUT 是无效的。

6. 高速运行从模式

S5PV210 SPI 支持高达 50 MHz 的发送/接收操作。当 S5PV210 SPI 作为从机工作时，最长延迟可能超过 15 ns，如此大的延迟可能会与 SPI 主设备冲突。为了解决这个问题，通过设置 1 到 CH_CFG 寄存器的 HIGH_SPEED 位，提供快速 S5PV210 SPI 从机发送模式。在这种模式下，MISO 输出延迟减少半周期，使 SPI 主设备有更高速的保证。高速从机发送模式仅用于 CPHA =0 时。

7. 反馈时钟选择

根据 SPI 协议规范，SPI 主机应该用其内部 SPICLK 捕捉从机（MISO）发送的输入数据。如果 SPI 在高工作频率如 50MHz 下运行，因为 MISO 所需的延迟时间是 S5PV210 的半个周期，少于 MISO 的到达时间（由 SPI 主机的 SPICLK 输出延迟、SPI 从机的 MISO 输出延迟和 SPI 主机的 MISO 输入延迟组成），可能很难捕捉到 MISO 输入。为了解决这个问题，S5PV210 SPI 提供 3 个反馈时钟相位延迟内部时钟 SPICLK。反馈时钟的选择取决于 SPI 从机 MISO 输出延迟。

8. SPI 传输格式

S5PV210 支持 4 种不同的数据传输格式，由 CPOL 和 CPHA 决定。

CPOL（Clock Polarity）时钟极性控制位指定串行时钟是高电平有效还是低电平有效，此控制位对传输格式没有重大的影响。CPOL = 0 时，表示 SCLK 空闲的时候为低电平；CPOL = 1 时，表示 SCLK 空闲的时候为高电平。

CPHA（Clock Phase）时钟相位控制位选择两个不同的基础传输格式中的一种，CPHA表示数据采样的时刻，如果数据采样时刻对应是SCLK的第一个跳变沿，则CPHA=0；如果数据采样时刻对应是SCLK的第二个跳变沿，则CPHA=1。

SPI主设备和从设备的时钟相位和极性应该一致，这样，SPI主设备就可以根据从设备的时钟相位和极性这两个特性来确定CPOL和CPHA的值了。在一些情况下，为了允许一个主设备和多个有不同要求的从设备通信，需要主设备来改变时钟相位和极性的值。SPI总线规范中CPHA=0和CPHA=1的传输格式，具体如图10-12所示。

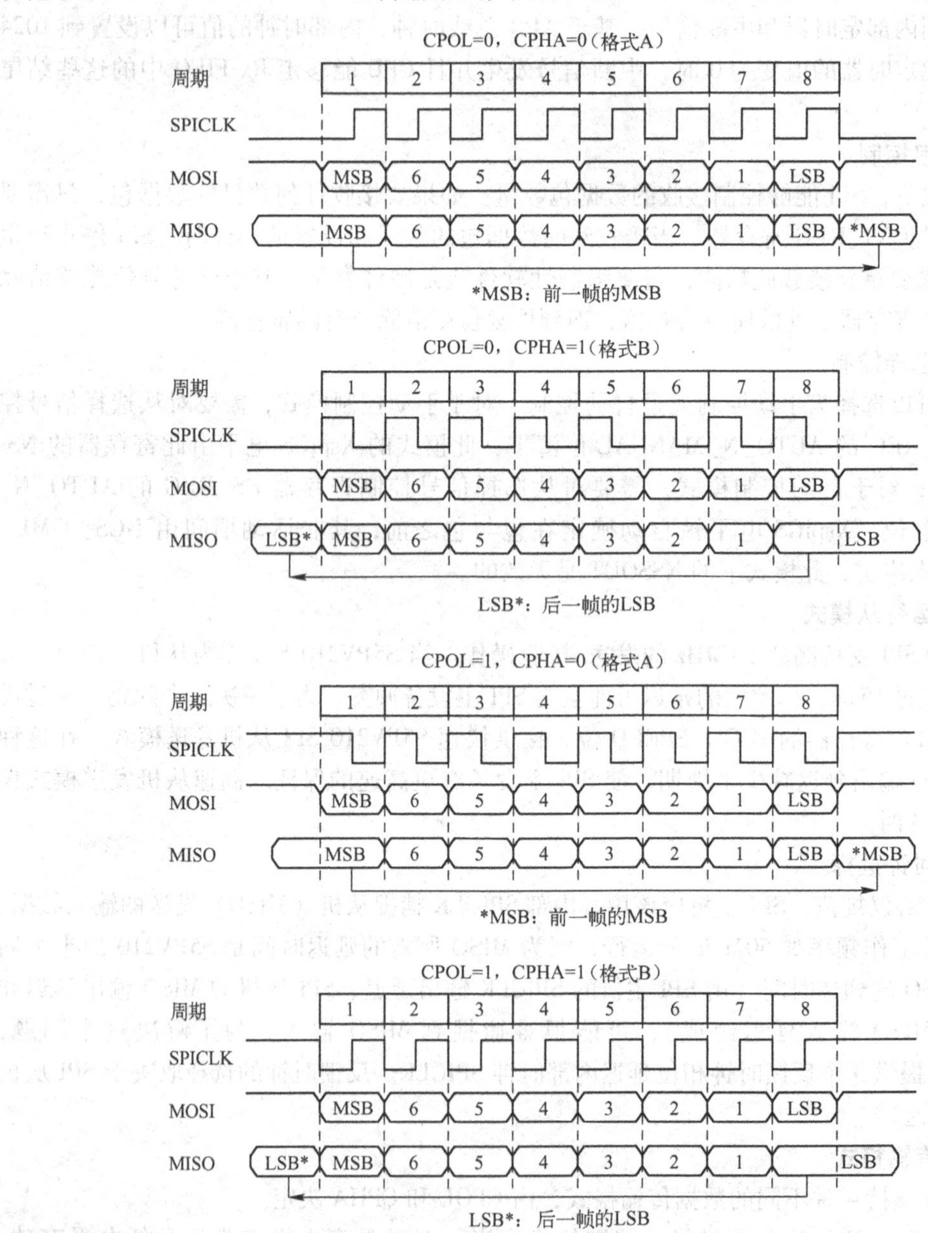

图10-12　SPI传输格式

（1）CPOL＝0，CPHA＝0

1）第 1 个跳变沿。SCLK 的第一个跳变沿，从设备的第一个数据位输入到主设备（也即锁存到主设备，这里的锁存也可以理解为采样）和主设备的第一个数据位输入到从设备（也即锁存到从设备）中。对于一些设备，只要从设备被选择，从设备数据输出引脚输出的数据的第一位是有效的，在这种格式中，在$\overline{SS}$引脚变低后的半个时钟周期就产生第一个跳变沿。SPI 控制器部分 CPOL＝0、CPHA＝0 的时序图就属于这种情形。

2）第 2 个跳变沿。前面一个跳变沿从串行数据输入引脚锁存到主设备和从设备的数据位被移入到对应的移位寄存器的 LSB 或 MSB，这由 LSBFE 位来决定。这样前面的两个跳变沿就完成了一个数据位的传输，也说明了对应于一个跳变沿，发送和接收是同时进行的，而不是一个跳变沿对应发送，另一个跳变沿对应接收。

3）第 3 个跳变沿　SPI 主设备的下一位数据从输出引脚输入到从设备的输入引脚，与此同时，从设备的下一位数据从输出引脚输入到主设备的输入引脚，如此循环，此过程继续 SCLK 的 16 个跳变沿，可以总结出来的规律是：在跳变沿奇数的时候，数据被锁存到设备中，在跳变沿偶数的时候，数据被移入到移位寄存器中。

这样在 16 个 SCLK 的跳变沿之后，之前在 SPI 主设备数据寄存器中的数据已经移入到从设备数据寄存器中，而之前从设备数据寄存器中的数据已经移入到主设备的数据寄存器中了。

（2）CPOL＝0，CPHA＝1

一些设备在数据输出引脚输出的第一个数据位有效之前需要第一个 SCK 跳变沿，在第二个跳变沿的时候才同步数据输入到主设备和从设备中，在这种格式中，在 8 个时钟传输操作周期开始的时候通过设置 CPHA 位（CPHA＝1）来产生第一个跳变沿。

1）第 1 个跳变沿。在 SCK 时钟同步延时半个周期后马上产生第一个跳变沿，此时主设备指示从设备发送其第一个数据位到主设备的数据输入引脚，但是此数据位并不是即将要发送的数据字节有效的数据位。

2）第 2 个跳变沿。这是主设备和从设备的锁存跳变沿，也就是说在此跳变沿的时候，从设备的第一个数据位输入到主设备（也即锁存到主设备）和主设备的第一个数据位输入到从设备（也即锁存到从设备）中。

3）第 3 个跳变沿。前面一个跳变沿从串行数据输入引脚锁存到主设备和从设备的数据位被移入到对应的移位寄存器的 LSB 或 MSB，这由 LSBFE 位来决定，到此就完成了一个数据位的传输了。

4）第 4 个跳变沿。SPI 主设备的下一位数据从输出引脚输入到从设备的输入引脚，与此同时，从设备的下一位数据从输出引脚输入到主设备的输入引脚，如此循环，此过程继续 SCLK 的 16 个跳变沿，可以总结出来的规律是：在跳变沿偶数的时候，数据被锁存到设备中，在跳变沿奇数的时候，数据被移入到移位寄存器中。

这样在 16 个 SCLK 的跳变沿之后，之前在 SPI 主设备数据寄存器中的数据已经移入到从设备数据寄存器中，而之前从设备数据寄存器中的数据已经移入到主设备的数据寄存器中了。

CPOL＝1、CPHA＝0 以及 CPOL＝1、CPHA＝1 情况下 SPI 的传输格式具有类似的变化，这里不再赘述。

10.2.3 SPI 相关的寄存器

1. SPI 配置寄存器 CH_CFG0、CH_CFG1

SPI 配置寄存器 CH_CFG0 和 CH_CFG1 对 SPI 接口的各控制位进行设置，具体如表 10-10所示。

表 10-10 SPI 配置寄存器 CH_CFG0、CH_CFG1

CH_CFGn	位	描　述	初始状态
HIGH_SPEED_EN	[6]	从机 TX 输出时间控制位。如果这位允许，从机 TX 输出时间减小到 SPICLK 输出时间的一半。注意：仅在 CPHA 为 0 时，此位有效 0＝禁止 1＝允许	0
SW_RST	[5]	软件重置。Rx/Tx FIFOdata、SPI_STATUS 由该位重置。一旦重置，这一位必须手动清零 0＝未激活 1＝激活	0
SLAVE	[4]	SPI 通道是主或从机设置 0＝主 1＝从	0
CPOL	[3]	决定时钟高电平或低电平有效 0＝高电平 1＝低电平	0
CPHA	[2]	选择两个不同传输方式中的一种 0＝方式 A 1＝方式 B	0
RX_CH_ON	[1]	SPI Rx 通道 0＝通道关闭 1＝通道开启	0
TX_CH_ON	[0]	SPI Tx 通道 0＝通道关闭 1＝通道开启	0

2. 时钟配置寄存器 CLK_CFG0、CLK_CFG1

SPI 时钟配置寄存器 CLK_CFG0 和 CLK_CFG1 对 SPI 接口时钟进行设置，具体如表 10-11所示。

表 10-11 SPI 时钟配置寄存器 CLK_CFG0、CLK_CFG1

CLK_CFGn	位	描　述	初始状态
SPI_CLKSEL	[9]	选择产生 SPI 时钟输出的时钟源 0＝PCLK 1＝SPI_EXT_CLK	0

（续）

CLK_CFGn	位	描　述	初始状态
ENCLK	[8]	时钟使能 0 = 禁止 1 = 允许	0
SPI_ SCALER	[7:0]	SPI 时钟输出分频比 SPI 时钟输出分频比 = 时钟源/[2 × (预分频值 +1)]	0

3. SPI FIFO 模式控制寄存器 MODE_CFG0、MODE_CFG1

SPI FIFO 模式控制寄存器 MODE_CFG0 和 MODE_CFG1 对 SPI 接口工作模式进行设置，具体如表 10-12 所示。

表 10-12　SPI FIFO 模式控制配置寄存器 MODE_CFG0、MODE_CFG1

MODE_CFGn	位	描　述	初始状态
CH_WIDTH	[30:29]	00 = 字节 01 = 半字长 10 = 字长 1 = 保留	0
TRAILING_CNT	[28:19]	结尾字节计数	0
BUS_WIDTH	[18:17]	00 = 字节 01 = 半字长 10 = 字长 11 = 保留	0
RX_RDY_LVL	[16:11]	INT 模式下 RxFIFO 触发值 端口 0：触发值（字节）= 4 × N 端口 1：触发值（字节）= N （N = RX_RDY_LVL 域的值）	0
TX_RDY_LVL	[10:5]	INT 模式下 TxFIFO 触发值 端口 0：触发值（字节）= 4 × N 端口 1：触发值（字节）= N （N = TX_RDY_LVL 域的值）	0
保留	[4:3]	保留	—
RX_DMA_SW	[2]	Rx DMA 模式开启/关闭 0 = 禁止 DMA 模式 1 = 允许 DMA 模式	0
TX_DMA_SW	[1]	Tx DMA 模式开启/关闭 0 = 禁止 DMA 模式 1 = 允许 DMA 模式	0
DMA_TYPE	[0]	DMA 传输类型，单次或 4 burst 0 = 单次 1 = 4 burst DMA 传输大小必须与 SPI DMA 中大小相同	0

4. SPI 状态寄存器 SPI_STATUS0、SPI_STATUS1

SPI 状态寄存器 SPI_STATUS0、SPI_STATUS1 描述 SPI 通信状态，具体如表 10-13 所示。

表 10-13　SPI 状态寄存器 SPI_STATUS0、SPI_STATUS1

SPI_STATUSn	位	描　述	初始状态
TX_DONE	[25]	指示转换寄存器中传输已结束 0 = 除了 1 所表示的所有情况 1 = 如果 Tx FIFO 和转换寄存器为空	0
TRAILING_BYTE	[24]	指示结尾字节为 0	0
RX_FIFO_LVL	[23:15]	Rx FIFO 数据值 端口 0：0～256 B 端口 1：0～64 B	0
TX_FIFO_LVL	[14:6]	Tx FIFO 数据值 端口 0：0～256 B 端口 1：0～64 B	0
RX_OVERRUN	[5]	Rx FIFO overrun 错误 0 = 无错误 1 = Overrun 错误	0
RX_UNDERRUN	[4]	Rx FIFO underrun 错误 0 = 无错误 1 = underrun 错误	0
TX_OVERRUN	[3]	Tx FIFO overrun 错误 0 = 无错误 1 = Overrun 错误	0
TX_UNDERRUN	[2]	Tx FIFO underrun 错误 Tx FIFO underrun 错误发生在从机模式 TX FIFO 为空时 0 = 无错误 1 = underrun 错误	0
RX_FIFO_RDY	[1]	0 = FIFO 中数据小于触发数据值 1 = FIFO 中数据大于触发数据值	0
TX_FIFO_RDY	[0]	0 = FIFO 中数据大于触发数据值 1 = FIFO 中数据小于触发数据值	0

5. SPI 发送数据寄存器

SPI_TX_DATAn 寄存器包含 SPI 通道传输的数据，具体如表 10-14 所示。

表 10-14　SPI 发送数据寄存器 SPI_TX_DATAn

SPI_TX_DATAn	位	描　述	初始状态
TX_DATA	[31:0]	通过 SPI 通道传输的数据	0

6. SPI 接收数据寄存器

SPI_RX_DATAn 寄存器包含 SPI 通道接收的数据，具体如表 10-15 所示。

表 10-15　SPI 接收数据寄存器 SPI_RX_DATAn

SPI_RX_DATAn	位	描　述	初始状态
RX_DATA	[31:0]	通过 SPI 通道接收的数据	0

10.2.4　S5PV210 微处理器的 SPI 实例

(1) Microchip 公司 25XX 系列 EEPROM 芯片简介

本实例使用 S5PV210 微处理器通过 SPI 通信接口访问 Microchip 公司的 EEPROM 芯片。

Microchip 公司的 25XX 系列的串行 EEPROM 采用了 SPI 总线，该系列器件的性能如表 10-16所示。

表 10-16　Microchip 公司的 25XX 系列 EEPROM

型　号	25XX040	25XX080	25XX160	25XX320
容量	4 K (512 × 8 位)	8 K (1024 × 8 位)	16 K (2048 × 8 位)	32 K (4096 × 8 位)
地址信号	A0 ~ A8	A0 ~ A9	A0 ~ A10	A0 ~ A11

以 25XX040 为例，该器件是 4 KB 的 EEPROM，结构如图 10-13 所示，接口信号为 SCK、SI 和 SO，此外还具有 $\overline{CS}$、$\overline{WP}$、$\overline{HOLD}$信号线。其中 CS 为器件选中信号，当此信号为低电平时器件被选中，高电平时器件处于等待状态。

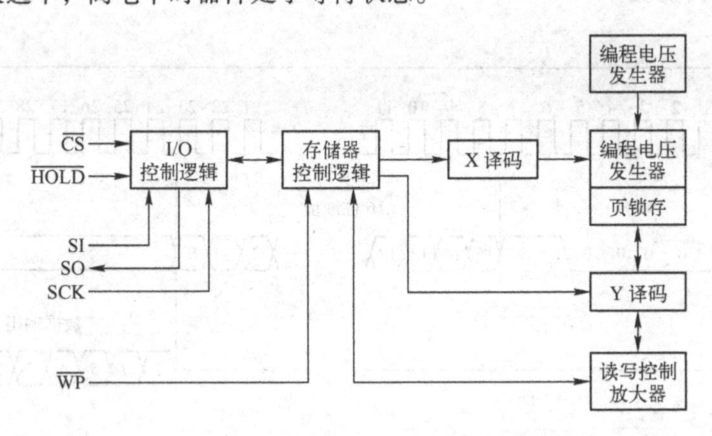

图 10-13　25XX040 芯片结构图

与并行接口电路不同的是，在并行接口电路中对器件进行操作的控制信号，在串行接口电路中只能用指令实现，25XX040 的操作指令有数据读指令、写操作的允许和禁止指令、写数据指令和状态寄存器的读写指令。在器件的内部有一个 8 位的指令寄存器，在 SCK 的上升沿，通过 SI 信号线，指令输入到上述寄存器并被执行。25XX 系列器件的指令格式加表 10-17 所示。

表 10-17　指令格式

指令名称	指令格式	说　明
所有器件的指令		
READ	0000 0011	从所选地址开始从存储器阵列读数据

（续）

指令名称	指令格式	说明
WRITE	0000 0010	从所选地址开始向存储器阵列写数据
WREN	0000 0110	置 1 写使能锁存器
WRDI	0000 1000	复位写使能锁存器（禁止写操作）
RDSR	0000 0101	读 STATUS 寄存器
WRSR	0000 0001	写 STATUS 寄存器
25XX512 和 25XX1024 系列的其他指令		
PE	0100 0010	页擦除——擦除存储阵列的一页
SE	1101 1000	扇区擦除——擦除存储阵列的一个扇区
CE	1100 0111	芯片擦除——擦除存储阵列的所有扇区
RDID	1010 1011	退出深度掉电，并读电子签名
DPD	1011 1001	深度掉电模式

器件的读操作时序如图 10-14 所示。当$\overline{CS}$信号有效时，在 SCK 信号的同步下，8 位的读指令送入器件，接着送入 16 位地址（由于 25XX040 只使用地址信号 A0 ~ A11，地址的高 4 位无效）。在读指令和地址发出后，SCK 继续发出时钟信号，此时存储在该地址的数据由 SCK 控制从 SO 引脚移出。在每个数据移出后，内部的地址指针自动加 1，如继续对器件发送 SCK 信号，可读出下一个数据。当地址指针计到 0FFFH 之后，将回到 0000H。读操作的结束由$\overline{CS}$信号变高实现。

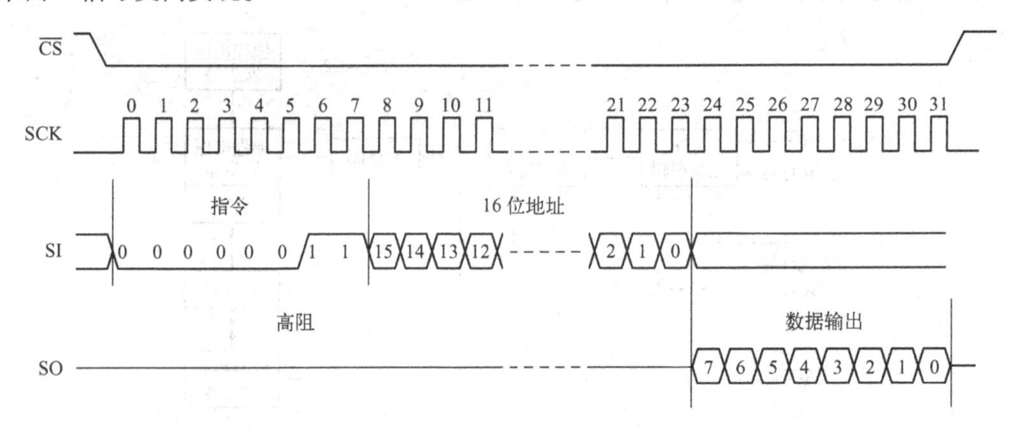

图 10-14　25XX040 器件的读时序图

25XX 系列的串行 EEPROM 的写操作通过写允许及禁止指令控制，写操作必须在器件处于写允许状态时进行。写允许及禁止指令均为 8 位的指令，指令的操作过程为：将$\overline{CS}$信号置为低电平，在 SCK 信号的作用下，通过 SI 引脚输入上述指令，在 8 位的指令送入器件之后，将$\overline{CS}$信号置为高电平，使器件锁存于写允许或写禁止状态。如在输入写允许指令后未将$\overline{CS}$信号置为高电平，则写允许状态未锁存，此时如直接进行写操作，数据将不能写入存储器。在上电、写禁止指令、写状态寄存器指令、写数据指令执行之后，器件的写允许状态将被复位，即处于写禁止状态。

写操作通常在写允许指令之后进行，其时序如图 10-15 所示。在写允许状态锁存后，将$\overline{CS}$变高；再将$\overline{CS}$变低，在 SCK 的同步下输入写操作指令并送入 16 位地址，紧接着发送需写入的数据，写入的数据一次最多可达 32 个，但必须保证在同一页内。一页数据的地址从 XXXX XXXX XXX0 0000 开始，到 XXXX XXXX XXX1 1111 结束，当内部的地址指针计数器达到 XXXX XXXX XXX1 1111 后，继续发送时钟信号将使地址计数器回复到该页的第一个地址，即 XXXX XXXX XXX0 0000H。

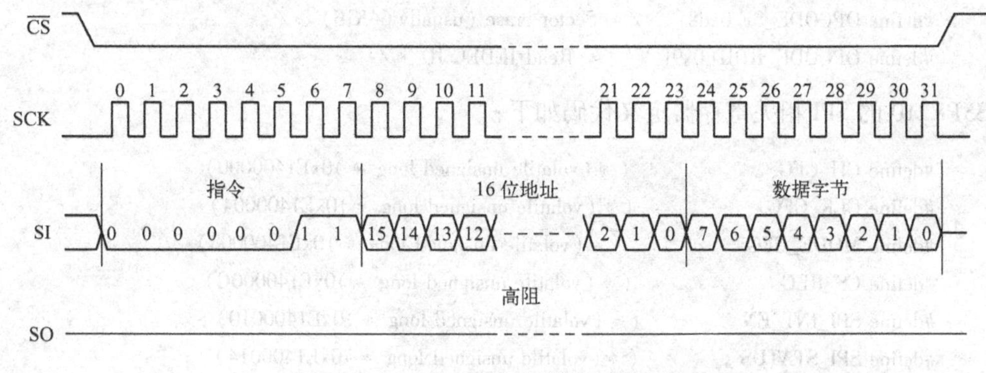

图 10-15　25XX040 器件的写时序图

为了使数据有效写入，$\overline{CS}$信号只能在写入数据的最后一个字节的最低位写入后变高。如$\overline{CS}$信号在其他时间变高，将无法保证数据的完整写入。在写操作的过程中，能通过读状态指令将状态寄存器的内容读回，当写操作完成后，写允许锁存状态将被复位。

（2）硬件电路连接（见图 10-16）

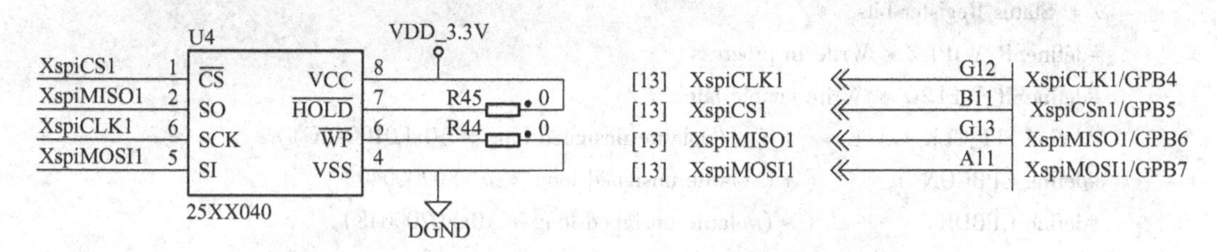

图 10-16　S5PV210 与 25XX040 芯片硬件电路图

（3）S5PV210 为处理器的 SPI 编程

1）spi. c 源程序。spi. c 文件里面定义了 spi 控制器的寄存器的地址，以及 25XX040 EEPROM 的控制指令，gpio_init 函数将 GPB[4－7]的 GPIO 脚功能配置成对应的 SPI_1_MOSI、SPI_1_MISO、SPI_1_nSS、SPI_1_CLK 功能。set_clk 函数配置 SPI 控制器的时钟，完成选择时钟源 PCLK、使能时钟以及打开时钟门限 3 个操作。spi_init 函数配置 SPI 控制器的工作模式，transfer 和 receive 函数分别通过 SPI_TX_DATA 与 SPI_RX_DATA 进行数据的传输和接收，write_spi 与 read_spi 函数则通过二者进行封装，作为 main 函数调用的接口。

25XX040 操作指令定义代码如下：

```
#define OPCODE_WREN 0x06      /* Write enable */
#define OPCODE_WRDA 0x04      /* Write disable */
#define OPCODE_RDSR 0x05      /* Read status register */
#define OPCODE_WRSR 0x01      /* Write status register 1 byte */
```

```
#define OPCODE_NORM_READ 0x03       /* Read data bytes (low frequency) */
#define OPCODE_FAST_READ 0x0b      /* Read data bytes (high frequency) */
#define OPCODE_PP 0x02      /* Page Program (up to 256 bytes) */
#define OPCODE_BE_4K 0x20       /* Erase 4KiB block */
#define OPCODE_BE_32K 0x52      /* Erase 32KiB block */
#define OPCODE_CHIP_ERASE 0xc7      /* Erase whole flash chip */
#define OPCODE_SE 0xd8      /* Sector erase (usually 64KiB) */
#define OPCODE_RDID 0x9f      /* Read JEDEC ID */
```

S5PV210 的 SPI 相关寄存器定义代码如下：

```
#define CH_CFG                  (*(volatile unsigned long *)0xE1400000)
#define CLK_CFG                 (*(volatile unsigned long *)0xE1400004)
#define MODE_CFG                (*(volatile unsigned long *)0xE1400008)
#define CS_REG                  (*(volatile unsigned long *)0xE140000C)
#define SPI_INT_EN              (*(volatile unsigned long *)0xE1400010)
#define SPI_STATUS              (*(volatile unsigned long *)0xE1400014)
#define SPI_TX_DATA             (*(volatile unsigned long *)0xE1400018)
#define SPI_RX_DATA             (*(volatile unsigned long *)0xE140001C)
#define PACKET_CNT_REG          (*(volatile unsigned long *)0xE1400020)
#define PENDING_CLR_REG         (*(volatile unsigned long *)0xE1400024)
#define SWAP_CFG                (*(volatile unsigned long *)0xE1400028)
#define FB_CLK_SEL              (*(volatile unsigned long *)0xE140002C)
/* Status Register bits. */
#defineSR_WIP1 /* Write in progress */
#defineSR_WEL2 /* Write enable latch */
#define SPI_CLK_GATE        ((*(volatile unsigned long *)0xE010046C))
#define GPBCON          (*(volatile unsigned long *)0xE0200040)
#define GPBDRV          (*(volatile unsigned long *)0xE0200048)
```

SPI1 相关的引脚定义代码如下：

```
void gpio_init(void){
    GPBCON = 0x22220000;
    GPBDRV = 0xff00;
}
```

下面是 SPI 相关的操作函数定义。

```
//时钟设置
void set_clk(void){
    CLK_CFG = 0x50;
    CLK_CFG |= 1 << 8;
    SPI_CLK_GATE |= (1 << 13);
}
//延时函数
```

```
void delay(int times) {
    volatile int i,j;
    for (j=0; j<times; j++){
        for (i=0; i<100000; i++);
            i=i+1;
    }
}
//禁能芯片
void disable_chip(void){
    CS_REG |=0x1;
    delay(1);
}
//使能
void enable_chip(void) {
    CS_REG &= ~(0x01<<0);
    delay(1);
}
//软件复位
void soft_reset(void) {
    CH_CFG |=0x1<<5;
    delay(1);
    CH_CFG &= ~(0x1<<5);
}
//SPI 初始化
void spi_init(void) {
    soft_reset();
    CH_CFG &= ~((0x1<<2)|(0x1<<3)|(0x1<<4));
    CH_CFG &= ~0x3;
    CS_REG &= ~(0x1<<1);
    MODE_CFG &= ~((0x3<<17)|(0x3<<29));
}
//SPI 发送函数
void transfer(unsigned char *data, int len) {
    int i;
    CH_CFG &= ~(0x1<<1);
    CH_CFG |=0x1;
    delay(1);
    for(i=0; i<len; i++) {
        SPI_TX_DATA=data[i];
        while(!(SPI_STATUS & (0x1<<25)));
        delay(1);
    }
```

```
    CH_CFG &= ~0x1;
}
//SPI 接收函数
void receive(unsigned char *buf, int len) {
    int i;
    CH_CFG &= ~0x1;
    CH_CFG |=0x1 <<1;
    delay(1);
    for(i=0; i<len; i++) {
        buf[i] = SPI_RX_DATA; //need while
        delay(1);
    }
    CH_CFG &= ~(0x1 <<1);
}
//擦除一个扇区
void erase_sector(int addr) {
    unsigned char buf[4];
    buf[0] = OPCODE_SE;
    buf[1] = addr>>16;
    buf[2] = addr>>8;
    buf[3] = addr;
    enable_chip();
    transfer(buf,4);
    disable_chip();
}
//擦除芯片
void erase_chip() {
    unsigned char buf[1];
    buf[0] = OPCODE_CHIP_ERASE;
    enable_chip();
    transfer(buf,1);
    disable_chip();
}
//等待写完成
void wait_write() {
    unsigned char buf[1];
    enable_chip();
    buf[0] = OPCODE_RDSR;
    while(1) {
        transfer(buf,1);
        receive(buf,1);
        if(buf[0] & SR_WIP) {
            printf("Write is still in progress\n\r");
```

```
            }
            else {
                printf( "Write is finished. \n\r" );
                break;
            }
        }
        disable_chip( );
}
//25XX040 写使能
void write_enable( ) {
        unsigned char buf[1];
        buf[0] = OPCODE_WREN;
        enable_chip( );
        transfer( buf,1);
        disable_chip( );
}
//写 25XX040
void write_spi( unsigned char * data, int len, int addr) {
        unsigned char buf[4];
        soft_reset( );
        write_enable( );
        erase_chip( );
        wait_write( );
        buf[0] = OPCODE_PP;
        buf[1] = addr >> 16;
        buf[2] = addr >> 8;
        buf[3] = addr;
        soft_reset( );
        write_enable( );
        enable_chip( );
        transfer( buf,4);
        transfer( data,len);
        disable_chip( );
        wait_write( );
}
//读 25XX040
void read_spi( unsigned char * data, int len, int addr) {
        unsigned char buf[4];
        soft_reset( );
        buf[0] = OPCODE_NORM_READ;
        buf[1] = addr >> 16;
        buf[2] = addr >> 8;
        buf[3] = addr;
```

```
    enable_chip();
    transfer(buf,4);
    receive(data,len);
    disable_chip();
}
//读 ID 号
void read_id(void) {
    unsigned char buf[3];
    int i;
    buf[0] = OPCODE_RDID;
    enable_chip();
    transfer(buf,1);
    buf[0] = 0x0;
    receive(buf,3);
    disable_chip();
    printf("MI = %x\tMT = %x\tMC = %x\t\n\r", buf[0],
        buf[1], buf[2]);
}
```

2）main.c 源代码。main.c 文件首先调用 spi.c 文件中的 gpio_init、set_clk、spi_init 函数，进行时钟、GPIO 引脚、SPI 控制器的初始化。接着将字符 home 写入 EEPROM 地址 0x1000 处，然后再读出来。

具体代码如下：

```
#include "lib\stdio.h"
unsigned char buf[10] = "home";
unsigned char data[10] = "morning";
int main() {
    uart_init();
    printf(" ++++ eeprom ++++ \n\r");
    gpio_init();
    set_clk();
    spi_init();
    printf("data is:%s\n\r",data);
    while(1) {
        write_spi(buf,10,0x1000);
        read_spi(data,10,0x1000);
        printf("read from spi data is:%s\n\r",data);
    }
    return 0;
}
```

10.3 I²C 接口

I²C 总线是 Philips 公司推出的芯片间串行传输总线。它以两根连线实现了完善的全双工同步数据传输，可以极方便地构成多机系统和外围器件扩展系统。I²C 总线采用了器件地址的硬件设置方法，通过软件寻址完全避免了器件的片选线寻址方法，从而使硬件系统具有最简单而灵活的扩展方法。

10.3.1 I²C 总线工作原理

1. I²C 总线系统结构

I²C 总线系统结构如图 10-17 所示。

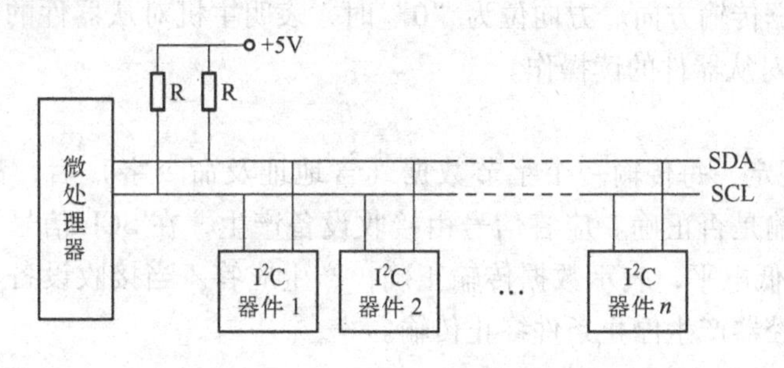

图 10-17 I²C 总线系统结构

其中，SCL 是时钟线，SDA 是数据线。总线上的各器件都采用漏极开路结构与总线相连，因此，SCL、SDA 均需接上拉电阻，总线在空闲状态下均保持高电平。

I²C 总线支持多主和主从两种工作方式，通常为主从工作方式。在主从工作方式中，系统中只有一个主器件（通常是微处理器），总线上其他器件都是具有 I²C 总线的外围从器件。在主从工作方式中，主器件启动数据的发送（发出启动信号），产生时钟信号，发出停止信号。被主机寻访的设备都称为从机。为了进行通信，每个接到 I²C 总线的设备都有一个唯一的地址，以便于主机寻访。主机和从机的数据传输，可以由主机发送数据到从机，也可以由从机发送到主机。凡是发送数据到总线的设备称为发送器，而从总线上接收数据的设备被称为接收器。

I²C 总线上允许连接多个微处理器及各种外围设备，如存储器、LED 及 LCD 驱动器、A-D及 D-A 转换器等。为了保证数据可靠地传输，任一时刻总线只能有一台主机，在总线空闲时发启动数据。I²C 总线允许连接不同传输速率的设备，多台设备之间时钟信号的同步过程称为同步化。

2. I²C 总线工作方式

图 10-18 为 I²C 总线上进行一次数据传输的通信格式。

(1) 发送启动信号

在利用 I²C 总线进行一次数据传输时，首先由主机发出启动信号启动 I²C 总线。在 SCL 为高电平期间，SDA 出现下降沿，则为启动信号。此时具有 I²C 总线接口的从器件会检测到该信号。

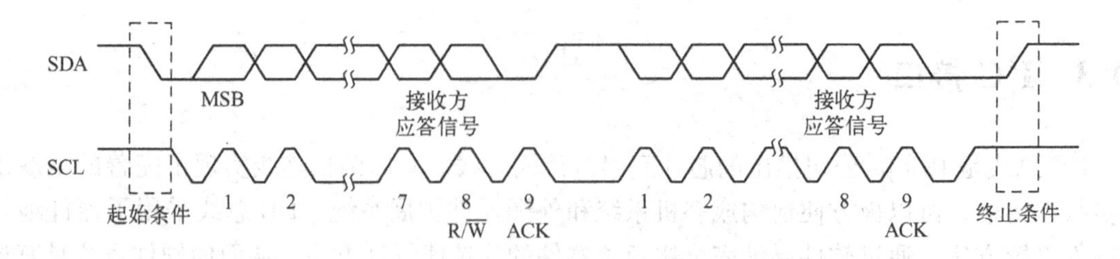

图 10-18　I^2C 总线数据传输时序

（2）发送寻址信号

主机发送启动信号后，再发出寻址信号。器件地址有 7 位和 10 位两种，这里只介绍 7 位地址寻址方式。寻址信号由一个字节构成，高 7 位为地址位，最低位为方向位，用以表明主机与从器件的数据传输方向。方向位为“0”时，表明主机对从器件的写操作；方向位为“1”时，表明主机对从器件的读操作。

（3）应答信号

I^2C 总线协议规定，每传输一个字节数据（含地址及命令字）后，都要有一个应答信号，以确定数据传输是否正确。应答信号由接收设备产生，在 SCL 信号为高电平期间，接收设备将 SDA 拉为低电平，表示数据传输正确，产生应答。当接收设备不能应答时，数据保持为高，接着主控器产生停止条件终止传输。

（4）数据传输

主机发送寻址信号并得到从器件应答后，便可进行数据传输，每次传输一个字节，但每次传输都应在得到应答信号后再进行下一字节传输。

（5）非应答信号

当主机为接收设备时，主机对最后一个字节不应答，以向发送设备表示数据传输结束。

（6）发送停止信号

在全部数据传输完毕后，主机发送停止信号，即在 SCL 为高电平期间，SDA 上产生一上升沿信号。

（7）数据状态改变

SDA 线上的数据在时钟“高”期间必须是稳定的，只有当 SCL 线上的时钟信号为低时，数据线上的“高”或“低”状态才可以改变。输出到 SDA 线上的每个字节必须是 8 位，每次传输的字节不受限制，每个字节必须有一个应答位 ACK。

（8）总线仲裁过程

为避免两主机之间的总线争夺，SDA 线上使用总线仲裁。如果一个高电平的 SDA 主机检测到一个低电平的 SDA 主机，则该主机不会发送数据，因为当前的总线状态与自己的不匹配。仲裁过程一直延续直到 SDA 线转为高电平。如果多个主机同时将 SDA 线置为低电平，每个主机都会判断是否是自己分配的，为了这个目的，每个主机应检测地址位。既然每个主机都会产生从机地址，那么由主机检测 SDA 线上的地址位，因为 SDA 线很有可能会变为低电平而不是高电平。假设一个主机产生一个低电平地址位而其他主机都保持高电平，在这种情况下，两个主机都会检测总线上的低电平，因为电源中低电平优先于高电平。出现这种情况时，产生低电平（地址位的第一位）主机获得总线使用权，而产生高电平（地址位的第一位）的主机放弃总线的使用权。如果两个主机产生的地址位的第一位均为低电平，那么将对地址位的第二位进行仲裁，直到地址位的最后一位。

3. I^{2}C 总线数据传输格式

I^{2}C 总线合法的数据传输格式如下：

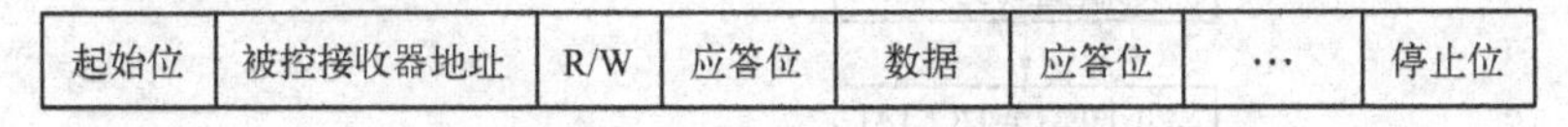

起始位	被控接收器地址	R/W	应答位	数据	应答位	…	停止位

图 10-19　I^{2}C 总线数据传输格式

I^{2}C 总线在开始条件后的首字节决定哪个被控器将被主控器选择，例外的是“通用访问”地址，它可以寻址所有器件。当主控器输出一地址时，系统中的每一器件都将开始条件后的前七位地址和自己的地址进行比较。如果相同，该器件认为自己被主控器寻址，而作为被控接收器或被控发送器则取决于 R/W 位。

10.3.2　S5PV210 微处理器的 I^{2}C 总线接口

S5PV210 微处理器支持 4 个多主机 I^{2}C 总线串行接口。在多主机 I^{2}C 总线模式下，多个 S5PV210 微处理器可与从属设备之间进行串行数据的接收和发送。S5PV210 中的 I^{2}C 总线使用标准的总线仲裁程序。

1. S5PV210 中的 I^{2}C 总线特点

- 4 通道多主机、从机 I^{2}C 总线接口。其中 1 通道为内部连接 HDMI，3 个通用通道。
- 7 位地址模式。
- 串行，8 位双向数据传输。
- 标准模式下最高支持 100 kbit/s 传输速率。
- 快速模式下最高支持 400 kbit/s 传输速率。
- 支持主机发送、主机接收、从机发送、从机接收模式。
- 支持中断或轮询。

2. S5PV210 中的 I^{2}C 总线工作模式

S5PV210 I^{2}C 总线接口有 4 种操作模式，即主机发送模式、主机接收模式、从机发送模式和从机接收模式。

任何 I^{2}C Tx/Rx 操作之前都应先进行以下的步骤：

- 如果需要，在 I2CADD 寄存器中写自己的从机地址。
- 设置 I2CCON 寄存器，使能中断，定义 SCL 周期。
- 设置 I2CSTAT 使能串行输出。

（1）主机发送模式下的工作流程图

主机发送模式下的工作流程图如图 10-20 所示。

主机发送模式首先完成对相关专用寄存器的配置，然后向 I2CDS 寄存器写入数据。一旦数据写入 I2CDS，即启动 I^{2}C 总线主控传输。传输完一个字节后，判断 ACK 信号。若 ACK 信号之后还有数据要传输，则循环写入新数据到 I2CDS 寄存器中。若没有新数据要传输，则向 I2CSTAT 寄存器写入 0xD0，发出结束信号，从而结束 I^{2}C 总线主控传输。

（2）主机接收模式下的工作流程图

主机接收模式下的工作流程图如图 10-21 所示。

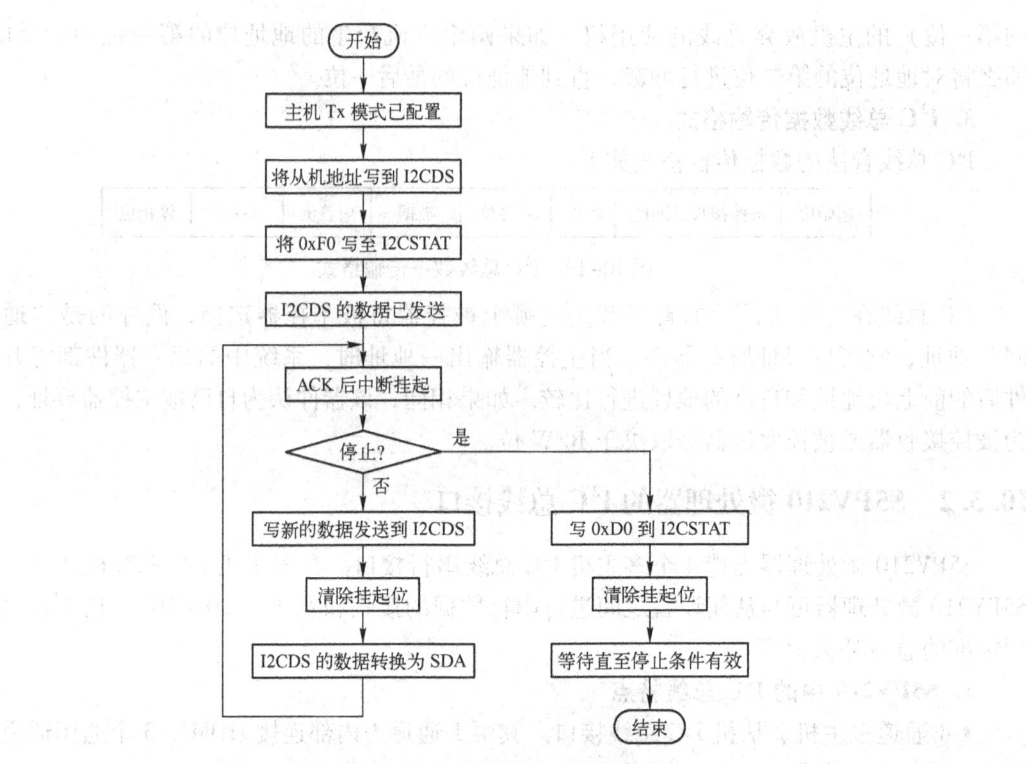

图 10-20　主机发送模式下的操作图

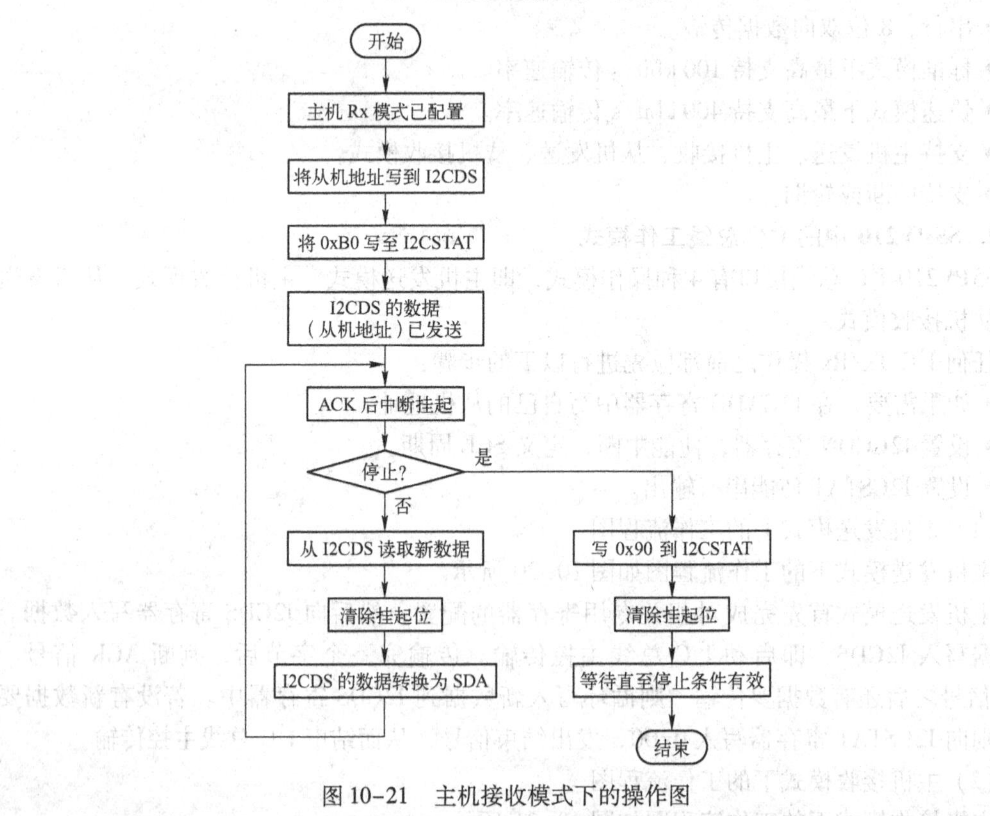

图 10-21　主机接收模式下的操作图

主机接收模式首先对相关寄存器进行配置，然后向 I2CDS 寄存器写入从属地址，并向 I2CSTAT 寄存器写入 0xB0，即设置主控接收模式并发出启动信号，随后传输 I2CDS 寄存器中的数据（即从属地址），判断 ACK 信号。若 ACK 信号之后还有数据要传输，则循环接收新数据到 I2CDS 寄存器中。若没有新数据要接收时，则向 I2CSTAT 寄存器写入 0x90，发出结束信号，从而结束 I^2C 总线主控接收。

（3）从机发送模式下的工作流程图

从机发送模式下的工作流程图如图 10-22 所示。

从机发送模式下首先完成对相关寄存器的配置，然后检测开始信号。若检测到开始信号，则通过 I2CDS 寄存器接收 8 位地址，然后进行从属地址比较。一旦接收到的地址与 I2CADD 寄存器中的地址匹配，即可把数据写入 I2CDS 寄存器，即启动 I^2C 总线从机传输。传输完一个字节后，判断是否有终止信号，有则结束。

（4）从机接收模式下的工作流程图

从机接收模式下的工作流程图如图 10-23 所示。

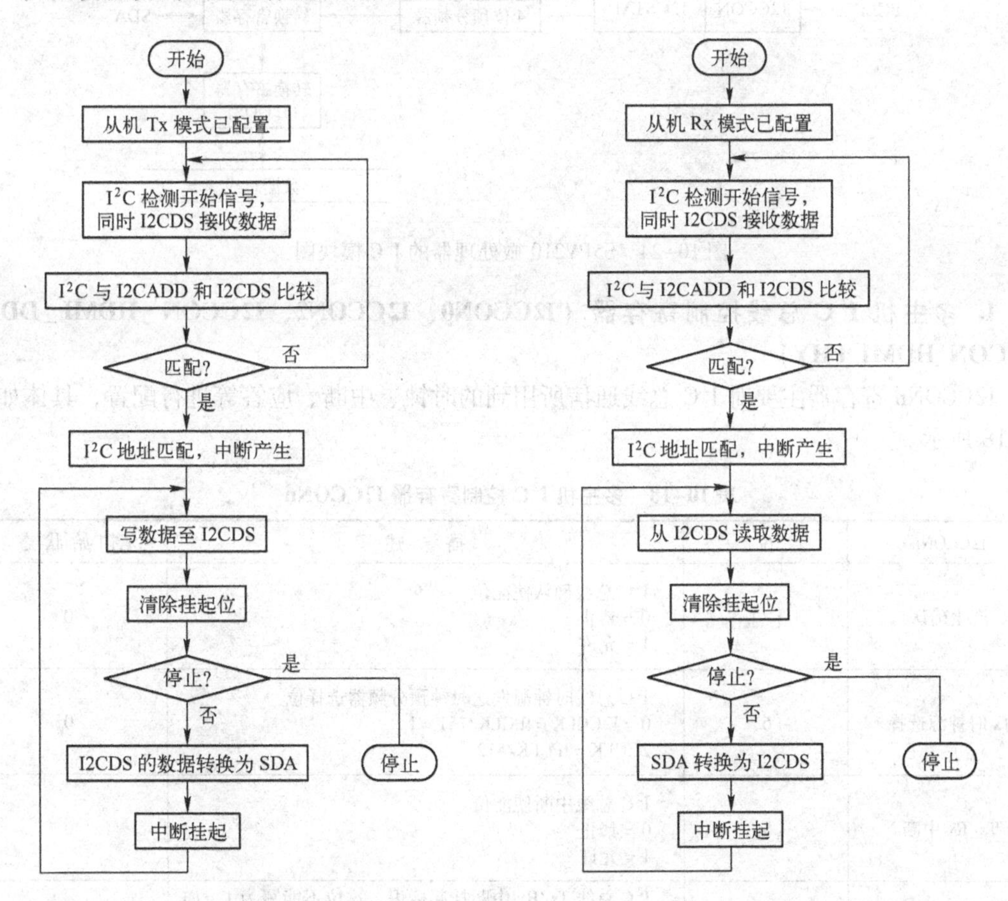

图 10-22　从机发送模式的操作流程　　　图 10-23　从机接收模式的操作流程

从机接收模式下首先完成对相关寄存器的配置，然后检测开始信号。若检测到开始信号，则通过 I2CDS 寄存器接收 8 位地址，然后进行从属地址比较。一旦接收到的地址与 I2CADD 寄存器中的地址匹配，即可把数据从 I2CDS 寄存器中读出，接收完一个字节后，判断是否有终止信号，有则结束。

10.3.3 S5PV210 微处理器的 I²C 接口寄存器

为了控制 S5PV210 微处理器的多主机 I²C 总线操作，以下寄存器必须进行初始化：

- 多主机 I²C 总线控制寄存器——I2CCON。
- 多主机 I²C 总线控制/状态寄存器——I2CSTAT。
- 多主机 I²C 总线接收/发送（Rx/Tx）数据移位寄存器——I2CDS。
- 多主机 I²C 总线地址寄存器——I2CADD。

具体框图如图 10-24 所示。

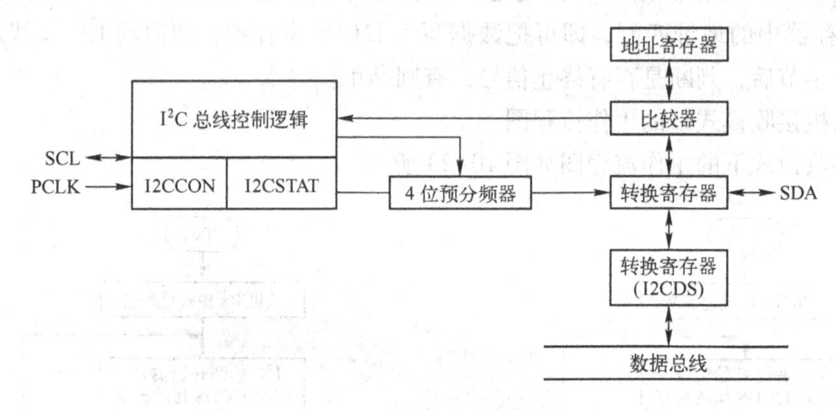

图 10-24 S5PV210 微处理器的 I²C 模块图

1. 多主机 I²C 总线控制寄存器（I2CCON0、I2CCON2、I2CCON_HDMI_DDC、I2CCON_HDMI_PHY）

I2CCONn 寄存器主要对 I²C 总线通信所用到的时钟、中断、应答等进行配置，具体如表 10-18 所示。

表 10-18 多主机 I²C 控制寄存器 I2CCONn

I2CCONn	位	描　述	初始状态
产生确认	[7]	I²C 总线确认使能位 0 = 禁止 1 = 允许	0
Tx 时钟源选择	[6]	I²C 总线时钟源发送时钟预分频器选择位 0 = I2CCLK = fPCLK/161 = I 2CCLK = fPCLK/512	0
Tx/Rx 中断	[5]	I²C 总线中断使能位 0 = 禁止 1 = 允许	0
中断挂起标识	[4]	I²C 总线 Tx/Rx 中断挂起标识。这位不能写为 1。如果此位为 1，则 I2CSCL 绑定为低，I²C 总线停止。重新开始操作，设为 0 0 表示：1）无挂起中断（读） 2）清除挂起条件，并重新开始操作（写） 1 表示：1）中断挂起（读） 2）N/A（写）	0

（续）

I2CCONn	位	描　述	初始状态
传输时钟值	[3:0]	I^2C 总线传输预分频器 I^2C 总线时钟频率由这 4 位和下面的公式决定： Tx 时钟 = I2CCLK/（I2CCON[3:0] +1）	未定义

2. 多主机 I^2C 总线状态寄存器（I2CSTAT0、I2CSTAT2、I2CSTAT_HDMI_DDC、I2CSTAT_HDMI_PHY）

I2CSTATn 总线状态寄存器详细内容如表 10-19 所示。

表 10-19　多主机 I^2C 总线状态寄存器 I2CSTATn

I2CSTATn	位	描　述	初始状态
模式选择	[7:6]	I^2C 总线主机/从机 Tx/Rx 模式选择 00 = 从机接收模式 01 = 从机发送模式 10 = 主机接收模式 11 = 主机发送模式	0
忙标志状态/ START STOP 条件	[5]	I^2C 总线忙信号标志位 0：读）不忙 写）产生 STOP 信号 1：读）忙 写）产生 START 信号 开始信号后，I2CDS 里的数据自动传输	0
连续输出	[4]	I^2C 总线数据输出使能位 0 = 禁止 Tx/Rx 1 = 允许 Tx/Rx	0
仲裁状态标志	[3]	I^2C 总线仲裁过程标志位 0 = 总线仲裁成功 1 = 连续 I/O 过程中总线仲裁失败	0
从机地址状态标志	[2]	I^2C 总线从机地址状态标志位 0 = 如果检测到 START/STOP 条件则清零 1 = 接收的从机地址与 I2CADD 中的地址值匹配	0
地址零状态标志	[1]	I^2C 总线地址零状态标志位 0 = 如果检测到 START/STOP 条件则清零 1 = 接收从机地址 00000000b	0
最后收到位状态标志	[0]	I^2C 总线最后收到位状态标志位 0 = 最后收到位为 0（ACK 已收到） 1 = 最后收到位为 1（ACK 未收到）	0

3. 多主机 I^2C 总线地址寄存器（I2CADD0、I2CADD2、I2CADD_HDMI_DDC、I2CADD_HDMI_PHY）

I2CADDn 总线地址寄存器详细内容如表 10-20 所示。

4. 多主机 I^2C 总线发送/接收数据移位寄存器（I2CDS0、I2CDS2、I2CDS_HDMI_DDC、I2CDS_HDMI_PHY）

I2CDSn 寄存器存放发送或接收的数据，具体内容如表 10-21 所示。

表 10-20　多主机 I^2C 地址寄存器 I2CADDn

I2CADDn	位	描　述	初始状态
从机地址	[7:0]	7 位从机地址，从 I^2C 总线获取。如果 I2CSTAT 串行输出使能为 0，则 I2CADD 可写。不管目前串行输出使能位设置如何，I2CADD 的值随时可读 从机地址：[7:1] 未映射：[0]	未定义

表 10-21　多主机 I^2C 发送/接收数据移位寄存器 I2CDSn

I2CDSn	位	描　述	初始状态
数据转换	[7:0]	8 位数据转换寄存器 如果 I2CSTAT 中串行输出使能位为 1，则 I2CDS 可写。不管目前串行输出使能位设置如何，I2CDS 值随时可读	未定义

5. 多主机 I^2C 总线线控寄存器（I2CLC0、I2CLC2、I2CLC_HDMI_DDC、I2CLC_HDMI_PHY）

I2CLCn 线控寄存器详细内容如表 10-22 所示。

表 10-22　多主机 I^2C 总线线控寄存器 I2CLCn

I2CLCn	位	描　述	初始状态
滤波器使能	[2]	I^2C 总线滤波器使能位 如果 SDA 端口作为输入端，此位设置为 1，此滤波器防止两个 PCLK 时钟间干扰脉冲造成的错误 0 = 禁止滤波器 1 = 允许滤波器	0
SDA 输出延迟	[1:0]	I^2C 总线 SDA 线延迟长度选择位 SDA 线延迟如下时钟长度（PCLK） 00 = 0 时钟 01 = 5 时钟 10 = 10 时钟 11 = 15 时钟	00

10.3.4　S5PV210 微处理器的 I^2C 应用实例

1. LM75 温度传感器简介

LM75 是一个使用了内置带隙温度传感器和 ∑ - △模 - 数转换技术的温度—数字转换器，可提供一个过热检测输出。LM75 包含许多数据寄存器：

- 配置寄存器（Conf）。用来存储器件的某些配置，如器件的工作模式、OS 工作模式、OS 极性和 OS 故障队列等。
- 温度寄存器（Temp）。用来存储读取的数字温度。
- 设定点寄存器（Tos & Thyst）。用来存储可编程的过热关断和滞后限制。

器件通过 2 线的串行 I^2C 总线接口与控制器通信。LM75 有 3 个可选的逻辑地址引脚，使得同一总线上可同时连接 8 个器件而不发生地址冲突。另外，LM75 还包含一个开漏输出，当温度超过编程限制的值时该输出有效，可以用作温度报警器。

2. S5PV210 微处理器通过 I^2C 总线操作 LM75 温度传感器

下面的例子通过 S5PV210 微处理器的 I^2C 接口操作 LM75 温度传感器，读出温度传感器 LM75 所测量的温度值（包括整数部分和小数部分），后续程序可以将温度数据打印或进一步处理。

```
//第一步,确定从设备和初始化设置
I2C0.I2CDS0 = 0x90;                          //(先清 pending 操作)写从设备(LM75)地址
I2C0.I2CSTAT0 = 0xf0;                        //设置主设备为主传输模式、Enable Rx/Tx 等
I2C0.I2CCON0 = 0xef;     //使能 ACK 信号、设置预分频、使能中断、清 pending flag 等
while (! (I2C0.I2CCON0&(1 <<4)));  //等待收到从设备应答后产生中断处理请求,可以继续

//第二步,写命令,指示从设备模式
I2C0.I2CDS0 = mode;                          //此处 mode = 0x0,表示读传感器数据模式
I2C0.I2CCON0 = 0xef;                         //设置和清 pending flag
while (! (I2C0.I2CCON0&(1 <<4)));
for (delay = 0; delay < 0x1fffff; delay ++) ;

//第三步,主设备读模式
I2C0.I2CDS0 = 0x90;
I2C0.I2CSTAT0 = 0xb0;                        //设置主机接收模式
I2C0.I2CCON0 = 0xef;
while (! (I2C0.I2CCON0&(1 <<4)));

I2C0.I2CCON0 = 0xef;                         //使能 ACK 信号,预分频 512,使能中断 Rx/Tx
for (delay = 0; delay < 0xffff; delay ++);
high = I2C0.I2CDS0;                          //从 LM75 芯片获取温度数据(整数部分)

I2C0.I2CCON0 = 0x2f;                         //关闭 ACK 信号,预分频:16,使能中断 Rx/Tx
for (delay = 0; delay < 0xffff; delay ++);
low = I2C0.I2CDS0;                           //从 LM75 芯片获取温度数据(小数部分)

I2C0.I2CSTAT0 = 0x90;                        //这两步是主机接收模式操作结束时的标准操作
I2C0.I2CCON0 = 0xef;                         //清 pending flag
```

本章小结

嵌入式系统与外部器件之间通过各类通信接口进行数据传输。本章介绍了常用的 UART、SPI 和 I^2C 这 3 种通信接口技术。首先介绍了 UART 异步串行通信接口原理、S5PV210 微处理器的 UART 控制器和 UART 例程；然后介绍了同步串行接口 SPI 的接口概述、S5PV210 微处理器的 SPI 控制器、寄存器和使用例程；最后介绍了 I^2C 总线工作原理、相关寄存器、I^2C 控制器使用方法以及 I^2C 例程。

思考题

1. 用图示和文字的方式说明异步串行通信协议中所规定的数据格式。

2. 什么叫波特率？S5PV210 微处理器的 UART 部件的波特率如何计算？写出波特率计算公式。

3. RS－232C 接口信号的特性是如何规定的？

4. 若需要利用 S5PV210 的 UART0 进行异步串行通信，系统 PCLK＝66MHz，且要求数据位为 8 位，偶校验，1 位停止位，写出初始化程序。

5. SPI 接口的 4 根信号线是如何定义的？

6. S5PV210 微处理器的 SPI 接口支持哪 4 种不同的数据传输格式？分别是如何工作的？

7. I^2C 总线有几根信号线和时钟线？分别如何定义？

8. I^2C 总线的上拉电阻和总线速率有何关系？

9. S5PV210 微处理器的 I^2C 控制器支持哪 4 种操作模式？如何编程实现这 4 种操作模式？

10. 请查阅 I^2C 总线接口 EEPROM 芯片 AT24C04 的数据手册，编程实现 S5PV210 微处理器对 AT24C04 的读数据与写数据操作。

第11章 人机交互接口

11.1 LCD 接口

11.1.1 LCD 控制器综述

要使一块 LCD 正常显示文字或图像，不仅需要 LCD 驱动器，而且还需要相应的 LCD 控制器。在通常情况下，生产厂商会把 LCD 驱动器以 COF/COG 的形式与 LCD 玻璃基板制作在一起，而 LCD 控制器则是由外部的电路来实现，现在很多的 MCU 内部都集成了 LCD 控制器，如 S5PV210 等。通过 LCD 控制器就可以产生 LCD 驱动器所需要的控制信号来控制 LCD 屏了。

LCD 控制器可以通过编程支持不同 LCD 屏的要求，例如行和列像素数、数据总线宽度、接口时序和刷新频率等。LCD 控制器的主要作用，是将定位在系统存储器的显示缓冲区中的 LCD 图像数据传输到外部 LCD 驱动器，并产生必要的控制信号，例如行同步信号 RGB_VSYNC、帧同步信号 RGB_HSYNC 和像素时钟信号 RGB_VCLK 等。

11.1.2 S5PV210 的 LCD 控制器

1. LCD 控制器框图

图 11-1 是 S5PV210 微处理器的 LCD 控制器框图。

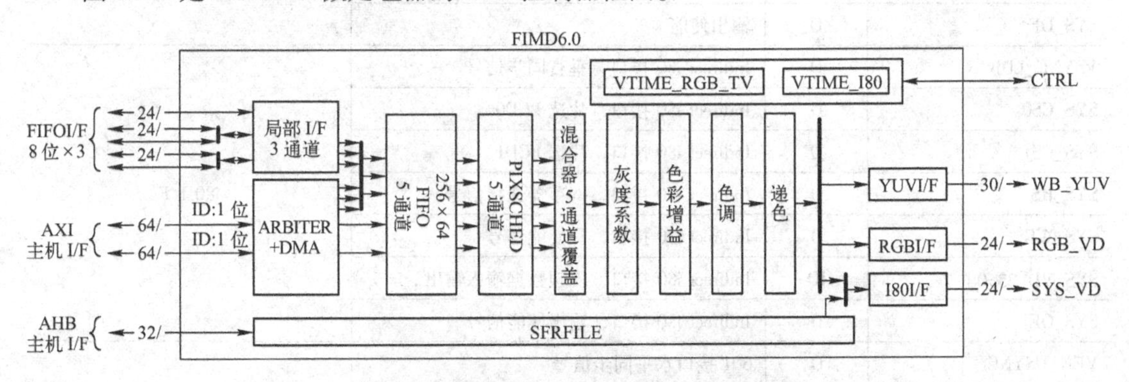

图 11-1　S5PV210 微处理器的 LCD 控制器框图

该 LCD 控制器主要由 VSFR、VDMA、VPRCS、VTIME 和视频时钟产生器几个模块组成：

- VSFR 由 121 个可编程控制器组、一套 gamma LUT 寄存器组（包括 64 个寄存器）、一套 i80 命令寄存器组（包括 12 个寄存器）和 5 块 256×32 调色板存储器组成，主要用于对 LCD 控制器进行配置。
- VDMA 是 LCD 专用的 DMA 传输通道，可以自动从系统总线上获取视频数据传输到

VPRCS，无需 CPU 干涉。

- VPRCS 收到数据后组成特定的格式（如 16bpp 或 24bpp），然后通过数据接口（RGB_VD、VEN_VD、V656_VD 或 SYS_VD）传输到外部 LCD 屏上。
- VTIME 模块由可编程逻辑组成，负责不同 LCD 驱动器的接口时序控制需求。VTIME 模块产生 RGB_VSYNC、RGB_HSYNC、RGB_VCLK、RGB_VDEN、VEN_VSYNC 等信号。

该 LCD 控制器主要特性：

- 支持 4 种接口类型：RGB/i80/ITU 601（656）/YTU444。
- 支持单色、4 级灰度、16 级灰度、256 色的调色板显示模式。
- 支持 64K 和 16M 色非调色板显示模式。
- 支持多种规格和分辨率的 LCD。
- 虚拟屏幕最大可达 16 MB。
- 5 个 256×32 位调色板内存。
- 支持透明叠加。

2. 主要的接口信号

显示控制器全部信号定义如表 11-1 所示。

表 11-1 LCD 显示控制器信号列表

信　号	I/O	描　述	LCD 类型
LCD_HSYNC	O	水平同步信号	RGB I/F
LCD_VSYNC	O	垂直同步信号	
LCD_VDEN	O	数据使能	
LCD_VCLK	O	视频时钟	
LCD_VD[23:0]	O	LCD 像素数据输出	
SYS_OE	O	输出使能	
VSYNC_LDI	O	Indirect i80 接口，垂直同步信号	i80 I/F
SYS_CS0	O	Indirect i80 接口，片选 LCD0	
SYS_CS1	O	Indirect i80 接口，片选 LCD1	
SYS_RS	O	Indirect i80 接口，寄存器选择信号	
SYS_WE	O	Indirect i80 接口，写使能信号	
SYS_VD[23:0]	IO	Indirect i80 接口，视频数据输入输出	
SYS_OE	O	Indirect i80 接口，输出使能信号	
VEN_HSYNC	O	601 接口水平同步信号	ITU 601/656 I/F
VEN_VSYNC	O	601 接口垂直同步信号	
VEN_HREF	O	601 接口数据使能	
V601_CLK	O	601 接口数据时钟	
VEN_DATA[7:0]	O	601 接口 YUV422 格式数据输出	
V656_DATA[7:0]	O	656 接口 YUV422 格式数据输出	
V656_CLK	O	656 接口数据时钟	
VEN_FIELD	O	601 接口域信号	

其中主要的 RGB 接口信号如下：

- LCD_HSYNC：行同步信号，表示一行数据的开始，LCD 控制器在整个水平线（整行）数据移入 LCD 驱动器后，插入一个 LCD_HSYNC 信号。
- LCD_VSYNC：帧同步信号，表示一帧数据的开始，LCD 控制器在一个完整帧显示完成后立即插入一个 LCD_VSYNC 信号，开始新一帧的显示；VSYNC 信号出现的频率表示一秒钟内能显示多少帧图像，称为“显示器的频率”。
- LCD_VCLK：像素时钟信号，表示正在传输一个像素的数据。
- LCD_VDEN：数据使能信号。
- LCD_VD[23:0]：LCD 像素数据输出端口。

3. LCD 工作时序

图 11-2 是 LCD RGB 接口工作时序图。图中各时钟延时参数的含义如下：

- VBPD（Vertical back Porch）：表示在一帧图像开始时，垂直同步信号以后的无效的行数。
- VFBD（Vertical front Porch）：表示在一帧图像结束后，垂直同步信号以前的无效的行数。
- VSPW（Vertical Sync Pulse Width）：表示垂直同步脉冲的宽度，用行数计算。
- HBPD（Horizontal back Porch）：表示从水平同步信号开始到一行的有效数据开始之间的 VCLK 的个数。
- HFPD（Horizontal front Porch）：表示一行的有效数据结束到下一个水平同步信号开始之间的 VCLK 的个数。
- HSPW（Horizontal Sync Pulse Width）：表示水平同步信号的宽度，用 VCLK 计算。

帧传输过程时序如下：

- VSYNC 信号有效时，表示一帧数据的开始，信号宽度为（VSPW +1）个 HSYNC 信号周期，即（VSPW +1）个无效行。
- VSYNC 信号脉冲之后，总共还要经过（VBPD +1）个 HSYNC 信号周期，有效的行数据才出现；所以，在 VSYNC 信号有效之后，还要经过（VSPW +1 + VBPD +1）个无效的行。
- 随即发出（LINEVAL +1）行的有效数据。
- 最后是（VFPD +1）个无效的行。

行中像素数据的传输过程：

- HSYNC 信号有效时，表示一行数据的开始，信号宽度为（HSPW +1）个 VCLK 信号周期，即（HSPW +1）个无效像素。
- HSYNC 信号脉冲之后，还要经过（HBPD +1）个 VCLK 信号周期，有效的像素数据才出现。
- 随后发出（HOZVAL +1）个像素的有效数据。
- 最后是（HFPD +1）个无效的像素。

将 VSYNC、HSYNC、VCLK 等信号的时间参数设置好之后，并将帧内存的地址告诉 LCD 控制器，它即可自动地发起 DMA 传输从帧内存中得到图像数据，最终在上述信号的控制下出现在数据总线 VD［23:0］上。用户只需要把要显示的图像数据写入帧内存中。

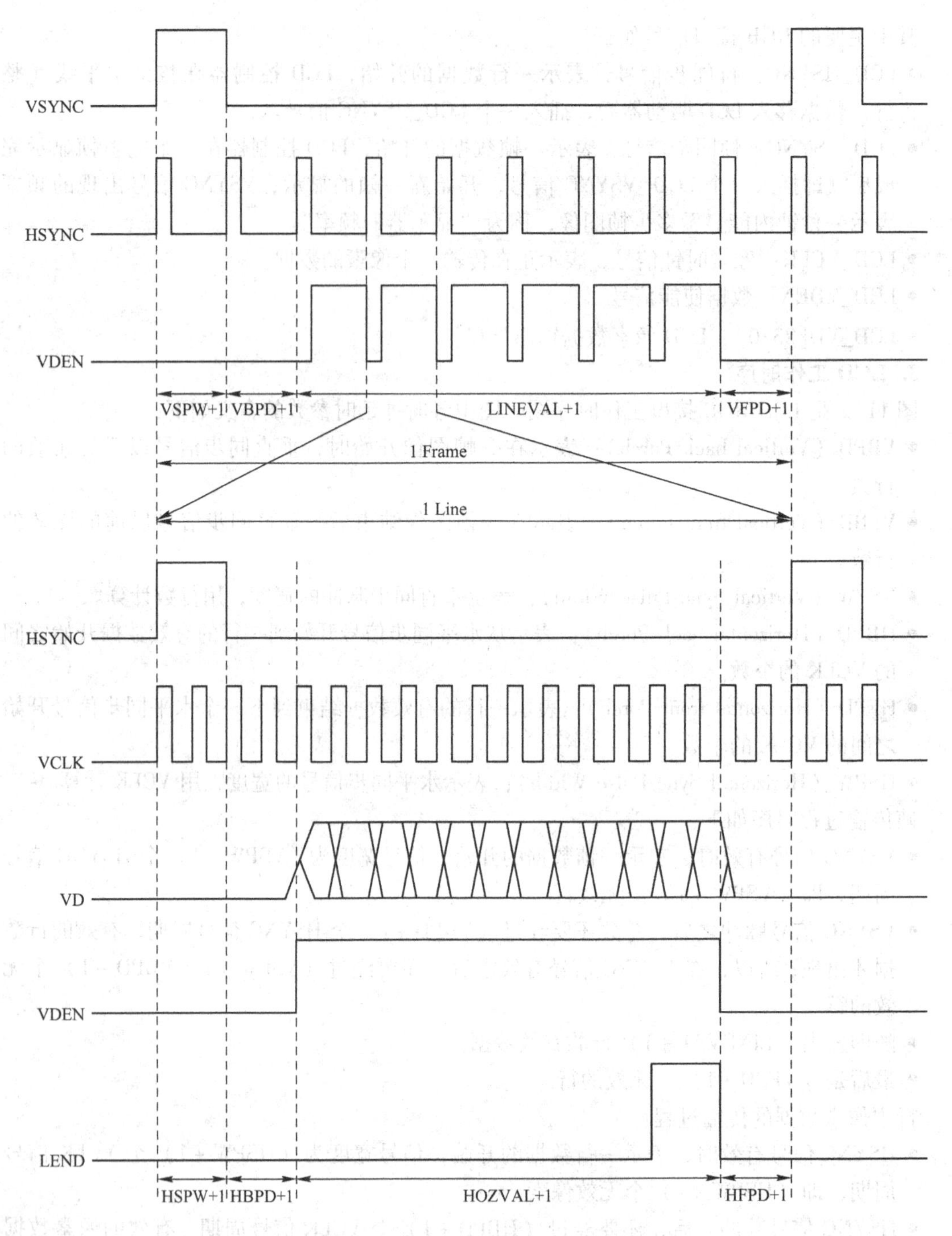

图 11-2　LCD RGB 接口工作时序图

4. 显示模式

- 16 M（24bpp）色的显示模式：用 24 位的数据来表示一个像素的颜色，每种颜色使用 8 位。LCD 控制器从内存中获得某个像素的 24 位颜色值后，直接通过 VD[23:0] 数据线发送给 LCD；在内存中，使用 4 个字节（32 位）来表示一个像素，其中的 3 个字节从高到低分别表示红、绿、蓝，剩余的 1 个字节无效。

• 64 K（16bpp）色的显示模式：用 16 位的数据来表示一个像素的颜色，格式又分为两种。5/6/5 使用 5 位来表示红色，6 位表示绿色，5 位表示蓝色；5/5/5/1 使用 5 位来表示红、绿、蓝，最后一位表示透明度。

不同的显示模式接线方式如表 11-2 所示。

表 11-2　不同显示模式的接线方式

—	并行 RGB				串行 RGB
	24bpp	18bpp	16bpp	24bpp	18bpp
VD[23]	R[7]	R[5]	R[4]	D[7]	D[5]
VD[22]	R[6]	R[4]	R[3]	D[6]	D[4]
VD[21]	R[5]	R[3]	R[2]	D[5]	D[3]
VD[20]	R[4]	R[2]	R[1]	D[4]	D[2]
VD[19]	R[3]	R[1]	R[0]	D[3]	D[1]
VD[18]	R[2]	R[0]	—	D[2]	D[0]
VD[17]	R[1]	—	—	D[1]	D[5]
VD[16]	R[0]	—	—	D[0]	
VD[15]	G[7]	G[5]	G[5]	—	—
VD[14]	G[6]	G[4]	G[4]	—	—
VD[13]	G[5]	G[3]	G[3]	—	—
VD[12]	G[4]	G[2]	G[2]	—	—
VD[11]	G[3]	G[1]	G[1]	—	—
VD[10]	G[2]	G[0]	G[0]	—	—
VD[9]	G[1]	—	—	—	—
VD[8]	G[0]	—	—	—	—
VD[7]	B[7]	B[5]	B[4]	—	—
VD[6]	B[6]	B[4]	B[3]	—	—
VD[5]	B[5]	B[3]	B[2]	—	—
VD[4]	B[4]	B[2]	B[1]	—	—
VD[3]	B[3]	B[1]	B[0]	—	—
VD[2]	B[2]	B[0]	—	—	—
VD[1]	B[1]	—	—	—	—
VD[0]	B[0]	—	—	—	—

11.1.3　LCD 相关寄存器

LCD 相关的主要寄存器如下：

• VIDCON0：配置视频输出格式，显示使能。
• VIDCON1：RGB 接口控制信号。
• VIDCON2：输出数据格式控制。
• VIDCON3：图像增强控制。
• I80IFCONx：i80 接口控制信号。
• ITUIFCON：ITU 接口控制信号。
• VIDTCONx：配置视频输出时序及显示大小。

● WINCONx：每个窗口特性设置。
● VIDOSDxA,B：窗口位置设置。
● VIDOSDxC,D：OSD 大小设置。

1. VIDEO 主控寄存器 0（VIDCON0，R/W，ADDRESS＝0XF800_ 0000）

VIDCON0 主控寄存器配置视频输出格式，并可以使能显示功能，具体定义如表 11-3 所示。

表 11-3　VIDEO 主控寄存器 0 VIDCON0

VIDCON0	位	描　述	重置值
保留	[31]	保留（应为 0）	0
DSI_EN	[30]	MIPI DSI 使能 0＝禁止 1＝允许(i80 有 24 位数据接口,SYS_ADD[1])	0
INTERLACE_F	[29]	交错或渐进 0＝渐进 1＝交错(仅 ITU601/656 接口)	0
VIDOUT	[28:26]	决定视频控制器的输出格式 000＝RGB I/F 001＝ITU601/656 010＝LDI0 间接 I80 接口 011＝LDI1 间接 I80 接口 100＝WB 接口和 RGB I/F 101＝保留 110＝LDI0 WB 接口和 I80I/F 111＝LDI1 WB 接口和 I80I/F	000
L1_DATA16	[25:23]	选择 i80 接口输出数据模式（LDI1.） （如果 VIDOUT[1:0]　＝＝2b11） 000＝16 位模式(16bpp) 001＝16＋2 位模式(18bpp) 010＝9＋9 位模式(18bpp) 011＝16＋8 位模式(24bpp) 100＝18 位模式(18bpp) 101＝8＋8 位模式(16bpp)	000
L0_DATA16	[22:20]	选择 I80 接口输出数据模式（LDI0.） （如果 VIDOUT[1:0]　＝＝2b10） 000＝16 位模式(16bpp) 001＝16＋2 位模式(18bpp) 010＝9＋9 位模式(18bpp) 011＝16＋8 位模式(24bpp) 100＝18 位模式(18bpp) 101＝8＋8 位模式(16bpp)	000
保留	[19]	保留（应为 0）	0

（续）

VIDCON0	位	描　述	重置值
RGSPSEL	[18]	选择显示模式(DIVOUT[1:0] =2b00) 0 = RGB 并行模式 1 = RGB 串行模式 选择显示模式(DIVOUT[1:0]! = 2b00) 0 = RGB 并行模式	0
PNRMODE	[17]	控制 RGB_ ORDER 转换 0 = 正常：RGBORDER [2] 1 = 反转：~ RGBORDER [2]	00
CLKVAL_ F	[13:6]	决定 VCLK 和 CLKVAL [7:0] 的比率 VCLK = HCLK/（CLKVAL + 1）(当 CLKVAL > = 1 时) 注意：1. VCLK 的最大频率为 66 MHz 2. CLKSEL_ F 寄存器选择视频时钟源	0
VCLKFREE	[5]	VCLK 自由振荡控制（仅在 RGB IF 模式下有效） 0 = 正常模式（ENVID 控制） 1 = 自由振荡模式	0
CLKDIR	[4]	选择时钟源直接使用或通过 CLKVAL_ F 分频使用 0 = 直接使用时钟源（VCLK 频率 = 时钟源频率） 1 = CLKVAL_ F 分频	0
保留	[3]	应为 0	0x0
CLKSEL_ F	[2]	选择视频时钟源 0 = HCLK 1 = SCLK_ FIMD HCLK 是总线时钟，SCLK_ FIMD 是显示控制器的特殊时钟	0
ENVID	[1]	视频输出和逻辑使能 0 = 禁止视频输出和显示控制信号 1 = 允许视频输出和显示控制信号	0
ENVID_ F	[0]	当前帧结束时视频输出和逻辑使能 0 = 禁止视频输出和显示控制信号 1 = 允许视频输出和显示控制信号	0

2. Video 显示主控寄存器 1（VIDCON1）

VIDCON1 显示主控寄存器配置视频接口信号，具体定义如表 11-4 所示。

表 11-4　VIDEO 显示主控寄存器 VIDCON1

VIDCON1	位	描　述	初始状态
LINECNT （只读）	[26:16]	提供线计数器状态（只读） 计数从 0 到 LINEVAL	0
FSTATUS	[15]	指示域状态（只读） 0 = ODD 域 1 = EVEN 域	0

（续）

VIDCON1	位	描　　述	初始状态
VSTATUS	[14:13]	指示垂直状态（只读） 00 = VSYNC 01 = BACK Porch 10 = ACTIVE 11 = FRONT Porch	0
保留	[12:11]	保留	0
FIXCLK	[10:9]	指示数据“under - flow”时 VCLK 的持有状态 00 = VCLK 暂停 01 = VCLK 运行 11 = VCLK 运行且禁止 VDEN	0
保留	[8]	保留	0
IVCLK	[7]	控制 VCLK 活动沿极性 0 = 视频数据从 VCLK 下降沿取得 1 = 视频数据从 VCLK 上升沿取得	0
IHSYNC	[6]	指明 HSYNC 脉冲极性 0 = 正常 1 = 反向	0
IVSYNC	[5]	指明 VSYNC 脉冲极性 0 = 正常 1 = 反向	0
IVDEN	[4]	指明 VDEN 信号极性 0 = 正常 1 = 反向	0
保留	[3:0]	保留	0x0

3. Video 显示主控寄存器 2（VIDCON2）

VIDCON2 显示主控寄存器配置输出数据格式，具体定义如表 11-5 所示。

表 11-5　VIDEO 显示主控寄存器 VIDCON2

VIDCON2	位	描　　述	初始状态
保留	[31:28]	保留	0
RGB_SKIP_EN	[27]	RGB 跳跃模式使能（RGBSPSEL == 1b0） 0 = 禁止 1 = 允许	0
保留	[26]	保留	0
RGB_DUMMY_LOC	[25]	控制 RGB 虚拟插入位置（仅当 RGBSPSEL = 1b1 并且 RGB_DUMMY_EN = 1b1） 0 = 倒数第 4 位 1 = 第 1 位	0
RGB_DUMMY_EN	[24]	RGB 虚拟插入模式使能（仅当 RGBSPSEL = 1b1） 0 = 禁止 1 = 允许	0

（续）

VIDCON2	位	描　述	初始状态
保留	[23:22]	保留	0
RGB_ORDER_E	[21:19]	控制 RGB 接口输出顺序 （偶数线，当 RGBSPSEL = = 1b0） 000 = RGB 001 = GBR 010 = BRG 100 = BGR 101 = RBG 110 = GRB （当 RGBSPSEL = = 1b1 或 RGBSPSEL = 1b1 并且 RGB_DUMMY_EN = 1b1） 000 = R→G→B 001 = G→B→R 010 = B→R→G 100 = B→G→R 101 = R→B→G 110 = G→R→B	0
RGB_ORDER_O	[18:16]	控制 RGB 接口输出顺序 （奇数线，当 RGBSPSEL = = 1b0） 000 = RGB 001 = GBR 010 = BRG 100 = BGR 101 = RBG 110 = GRB （当 RGBSPSEL = = 1b1 或 RGBSPSEL = 1b1 并且 RGB_DUMMY_EN = 1b1） 000 = R→G→B 001 = G→B→R 010 = B→R→G 100 = B→G→R 101 = R→B→G 110 = G→R→B	0
保留	[15:14]	保留	0
TVFORMATSEL	[13:12]	指定 YUV 数据输出格式 00 = 保留 01 = YUV422 1x = YUV444	0
保留	[11:9]	保留	0
OrgYCbCr	[8]	指定 YUV 数据的顺序 0 = Y – CbCr 1 = CbCr – Y	0
YUVOrd	[7]	指定 YUV 数据的顺序 0 = Cb – Cr 1 = Cr – Cb	0
保留	[6:5]	保留	0

（续）

VIDCON2	位	描　述	初始状态
WB_FRAME_SKIP	[4:0]	控制 WB 帧跳跃率 00000 = 无跳跃 00001 = 跳跃率 = 1:2 00010 = 跳跃率 = 1:3 … 11101 = 跳跃率 = 1:30 1111x = 保留	0

4. VIDEO 时间控制寄存器 VIDTCON2

VIDTCON2 配置视频输出时序及显示大小，具体定义如表 11-6 所示。

表 11-6　VIDEO 时间控制寄存器 VIDTCON2

VIDTCON2	位	描　述	初始状态
LINEVAL	[21:11]	决定显示的垂直尺寸。在延迟模式下（LINEVAL + 1）应该为偶数	0
HOZVAL	[10:0]	决定显示的水平尺寸	0

注：HOZVAL =（水平显示尺寸）- 1；LINEVAL =（垂直显示尺寸）- 1。

5. VIDEO 时间控制寄存器 VIDTCON3

VIDTCON3 配置视频输出时序及显示大小，具体定义如表 11-7 所示。

表 11-7　VIDEO 时间控制寄存器 VIDTCON3

VIDTCON3	位	描　述	初始状态
VSYNCEN	[31]	VSYNC 信号输出使能 0 = 禁止 1 = 允许 VBPD（VFPD，VSPW）+ 1 < LINEVAL（当 VSYNCEN = 1）	0
保留	[30]	保留	0
FRMEN	[29]	FRM 信号输出使能 0 = 禁止 1 = 允许	0
INVFRM	[28]	控制 FRM 脉冲极性 0 = 高电平有效 1 = 低电平有效	0
FRMVRATE	[27:24]	控制 FRM 流出比率（最大比率达 1:16）	0x00
保留	[23:16]	保留	0x00
FRMVFPD	[15:8]	指示 FRM 信号和活动数据间的线数量	0x00
FRMVSPW	[7:0]	指示 FRM 信号宽度的数量。 （FRMVFPD + 1）+（FRMVSPW）< LINEVAL + 1（RGB）	0x00

11.1.4 LCD 应用实例

该实例通过 S5PV210 微处理器的 LCD 控制器，驱动分辨率为 800×480 像素，颜色深度为 16 位的 7 in（1 in = 0.0254 m）电容 LCD 屏。

1. 电路原理图

LCD 接口电路图如图 11-3 所示。

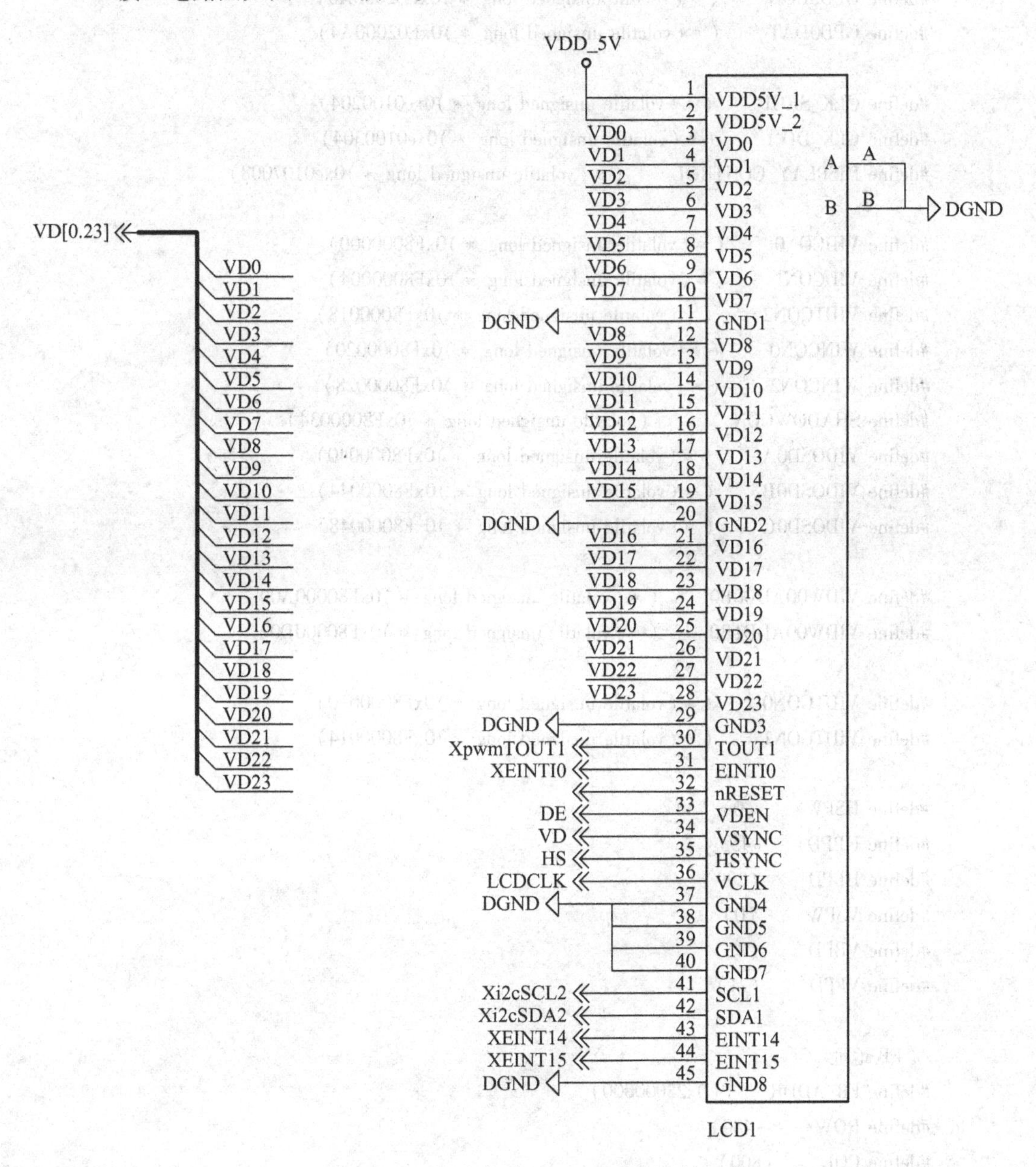

图 11-3　LCD 接口电路图

2. 寄存器声明和宏定义

```
#define GPF0CON      ( * ( volatile unsigned long * )0xE0200120)
#define GPF1CON      ( * ( volatile unsigned long * )0xE0200140)
#define GPF2CON      ( * ( volatile unsigned long * )0xE0200160)
#define GPF3CON      ( * ( volatile unsigned long * )0xE0200180)

#define GPD0CON      ( * ( volatile unsigned long * )0xE02000A0)
#define GPD0DAT      ( * ( volatile unsigned long * )0xE02000A4)

#define CLK_SRC1      ( * ( volatile unsigned long * )0xe0100204)
#define CLK_DIV1      ( * ( volatile unsigned long * )0xe0100304)
#define DISPLAY_CONTROL      ( * ( volatile unsigned long * )0xe0107008)

#define VIDCON0      ( * ( volatile unsigned long * )0xF8000000)
#define VIDCON1      ( * ( volatile unsigned long * )0xF8000004)
#define VIDTCON2      ( * ( volatile unsigned long * )0xF8000018)
#define WINCON0      ( * ( volatile unsigned long * )0xF8000020)
#define WINCON2      ( * ( volatile unsigned long * )0xF8000028)
#define SHADOWCON      ( * ( volatile unsigned long * )0xF8000034)
#define VIDOSD0A      ( * ( volatile unsigned long * )0xF8000040)
#define VIDOSD0B      ( * ( volatile unsigned long * )0xF8000044)
#define VIDOSD0C      ( * ( volatile unsigned long * )0xF8000048)

#define VIDW00ADD0B0      ( * ( volatile unsigned long * )0xF80000A0)
#define VIDW00ADD1B0      ( * ( volatile unsigned long * )0xF80000D0)

#define VIDTCON0      ( * ( volatile unsigned long * )0xF8000010)
#define VIDTCON1      ( * ( volatile unsigned long * )0xF8000014)

#define HSPW      (0)
#define HBPD      (45)
#define HFPD      (209)
#define VSPW      (0)
#define VBPD      (22)
#define VFPD      (21)

// FB 地址
#define FB_ADDR      (0x23000000)
#define ROW      (480)
#define COL      (800)
#define HOZVAL      (COL - 1)
#define LINEVAL      (ROW - 1)
```

3. LCD 初始化函数

```
//初始化 LCD
void lcd_init(void)
{
    //配置引脚用于 LCD 功能
    GPF0CON = 0x22222222;
    GPF1CON = 0x22222222;
    GPF2CON = 0x22222222;
    GPF3CON = 0x22222222;

    //打开背光
    GPD0CON& = ~(0xf << 4);
    GPD0CON| = (1 << 4);
    GPD0DAT| = (1 << 1);

    // 10: RGB = FIMD I80 = FIMD ITU = FIMD
    DISPLAY_CONTROL = 2 << 0;

    // bit[26 ~ 28]:使用 RGB 接口
    // bit[18]:RGB 并行
    // bit[2]:选择时钟源为 HCLK_DSYS = 166MHz
    VIDCON0& = ~((3 << 26)|(1 << 18)|(1 << 2));

    // bit[1]:使能 LCD 控制器
    // bit[0]:当前帧结束后使能 LCD 控制器
    VIDCON0| = ((1 << 0)|(1 << 1));

    // bit[6]:选择需要分频
    // bit[6 ~ 13]:分频系数为 15,即 VCLK = 166 MHz/(14 + 1) = 11 MHz
    VIDCON0| = 14 << 6|1 << 4;

    // H43 - HSD043I9W1.pdf(p13)时序图:VSYNC 和 HSYNC 都是低脉冲
    // S5PV210 芯片手册时序图:VSYNC 和 HSYNC 都是高脉冲有效,所以需要反转
    VIDCON1| = 1 << 5|1 << 6;

    //设置时序
    VIDTCON0 = VBPD << 16|VFPD << 8|VSPW << 0;
    VIDTCON1 = HBPD << 16|HFPD << 8|HSPW << 0;
    //设置长宽
    VIDTCON2 = (LINEVAL << 11)|(HOZVAL << 0);

    //设置 windows1
```

```
	// bit[0]:使能
	// bit[2~5]:24bpp
	WINCON0|=1<<0;
	WINCON0&=~(0xf<<2);
	WINCON0|=(0xB<<2)|(1<<15);

#define LeftTopX     0
#define LeftTopY     0
#define RightBotX    799
#define RightBotY    479

	//设置 windows1 的上下左右
	VIDOSD0A=(LeftTopX<<11)|(LeftTopY<<0);
	VIDOSD0B=(RightBotX<<11)|(RightBotY<<0);
	VIDOSD0C=(LINEVAL+1)*(HOZVAL+1);

	//设置 fb 的地址
	VIDW00ADD0B0=FB_ADDR;
	VIDW00ADD1B0=(((HOZVAL+1)*4+0)*(LINEVAL+1))&(0xffffff);

	//使能 channel 0 传输数据
	SHADOWCON=0x1;
}
```

4. LCD 清屏和描点画线函数

```
//清屏
void lcd_clear_screen(int color)
{
	int i, j;
	for(i=0; i<ROW; i++)
		for(j=0; j<COL; j++)
			lcd_draw_pixel(i, j, color);
}

//描点
void lcd_draw_pixel(int row, int col, int color)
{
	unsigned long * pixel=(unsigned long *)FB_ADDR;
	*(pixel+row * COL+col)=color;
}

//画横线
void lcd_draw_hline(int row, int col1, int col2, int color)
```

```
{
    int j;
    //描第 row 行,第 j 列
    for(j = col1; j < = col2; j ++ )
        lcd_draw_pixel(row, j, color);
}

//画竖线
void lcd_draw_vline(int col, int row1, int row2, int color)
{
    int i;
    //描第 i 行,第 col 列
    for(i = row1; i < = row2; i ++ )
        lcd_draw_pixel(i, col, color);
}

//画十字
void lcd_draw_cross(int row, int col, int halflen, int color)
{
    lcd_draw_hline(row, col - halflen, col + halflen, color);
    lcd_draw_vline(col, row - halflen, row + halflen, color);
}
```

5. main. c 主函数

```
#include "lib\stdio. h"
#include "lcd. h"

#define WIDTHEIGHT800
#define HEIGHT480
void uart_init(void);
int main(void)
{
    int c =0;
    //初始化串口
    uart_init();
    //初始化 LCD
    lcd_init();
    //打印菜单
    while(1)
    {
        printf("\r\n###############LCD Test##############\r\n");
        printf("[1] lcd_clear_screen\r\n");
        printf("[2] lcd_draw_cross\r\n");
```

```
            printf("[3] lcd_draw_hline\r\n");
            printf("[4] lcd_draw_vline\r\n");
            printf("Enter your choice:");
            c = getc();
            printf("%c\r\n",c);
            switch(c)
            {
                case '1':
                    // 清屏
                    lcd_clear_screen(0x000000);                                  // 黑
                    break;
                case '2':
                    // 画十字
                    lcd_draw_cross(50, 50, 20, 0x0000ff);                        // 蓝
                    break;
                case '3':
                    // 画横线
                    lcd_draw_hline(HEIGHT/2, 100, WIDTHEIGHT - 100, 0xff0000);   // 红
                    break;
                case '4':
                    // 画竖线
                    lcd_draw_vline(WIDTHEIGHT/2, 50, HEIGHT - 50, 0x00ff00);     // 绿
                    break;
                    default:
                break;
            }
        }
    return 0;
}
```

11.2 键盘功能

11.2.1 键盘接口概述

S5PV210中的键盘接口模块与外部键盘设备交互。GPIO复用的端口提供14行8列键盘支持，使用键盘接口port0和port1实现。port0映射8×8按键接口，而port1映射14×8按键接口，也可以使用自定义的映射，进行port0和port1的混合。按键或键释放事件通过中断传输到CPU。如果是来自行线的中断，软件必须使用正确的步骤扫描列线来检测一个或多个按键或键释放。

键盘接口提供在按键或释放键或两种情况同时发生（当两个中断被同时激活）时的中断状态寄存器位。为了防止开关噪声，键盘接口还包含了内部去抖动滤波器。

11.2.2　去抖动滤波器

如图 11-4 所示，去抖动滤波器支持任意键输入键盘中断。滤波宽度约为 FCLK 的两个时钟周期（当 FCLK 为 32 kHz 时，约 62.5 μs）。CPU 键盘中断（键按下或释放）是过滤后的所有行输入线相与的结果。

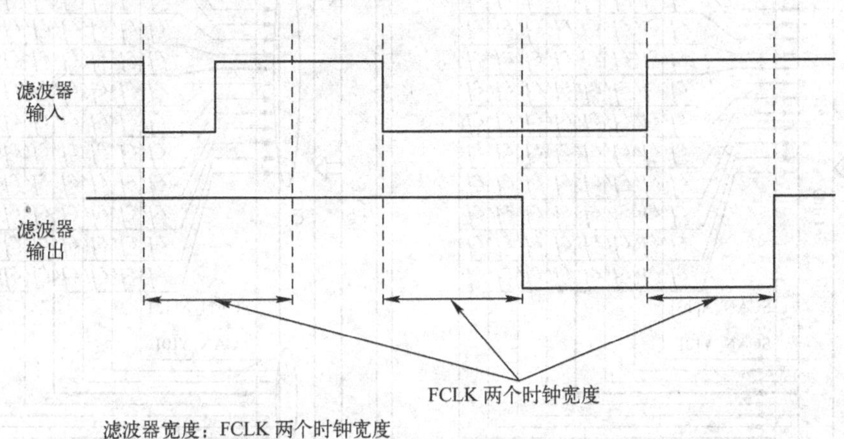

图 11-4　内部去抖动操作

11.2.3　键盘扫描步骤

键盘扫描过程如图 11-5、图 11-6 和图 11-7 所示。在初始状态下，所有的列线（输出）

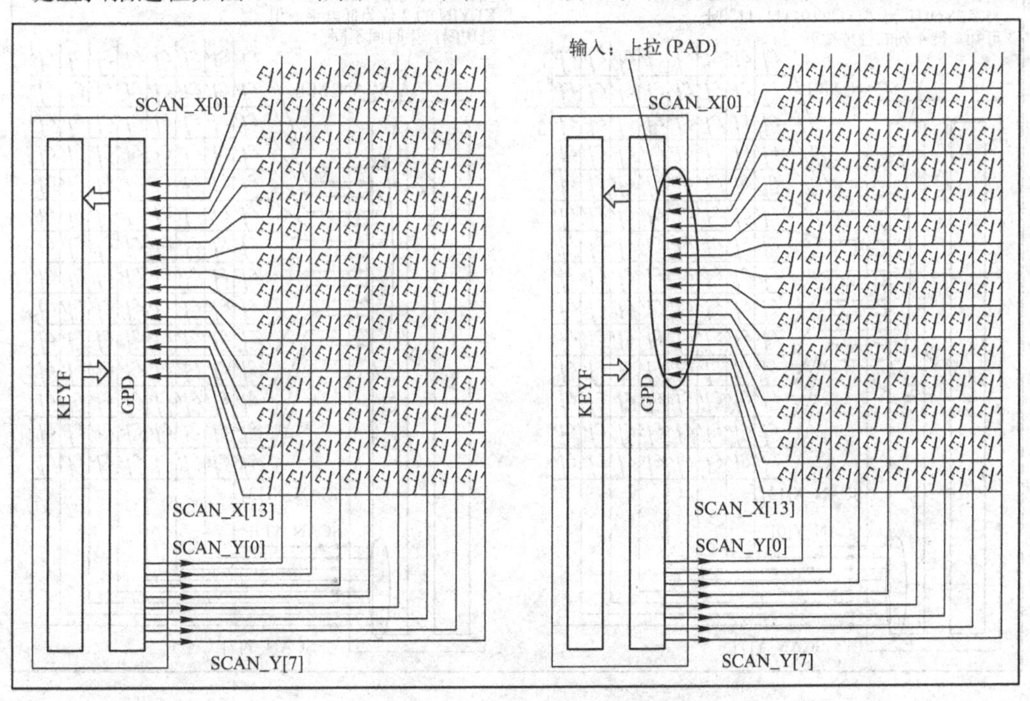

图 11-5　键盘扫描步骤 I

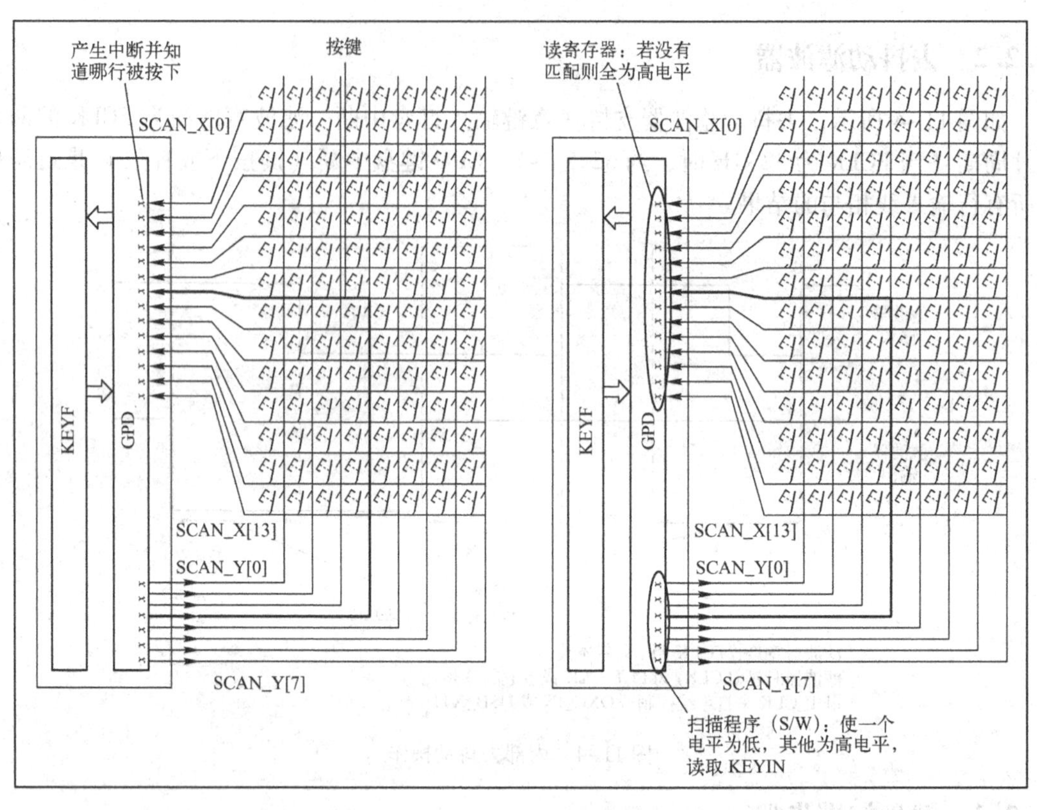

图 11-6　键盘扫描步骤Ⅱ

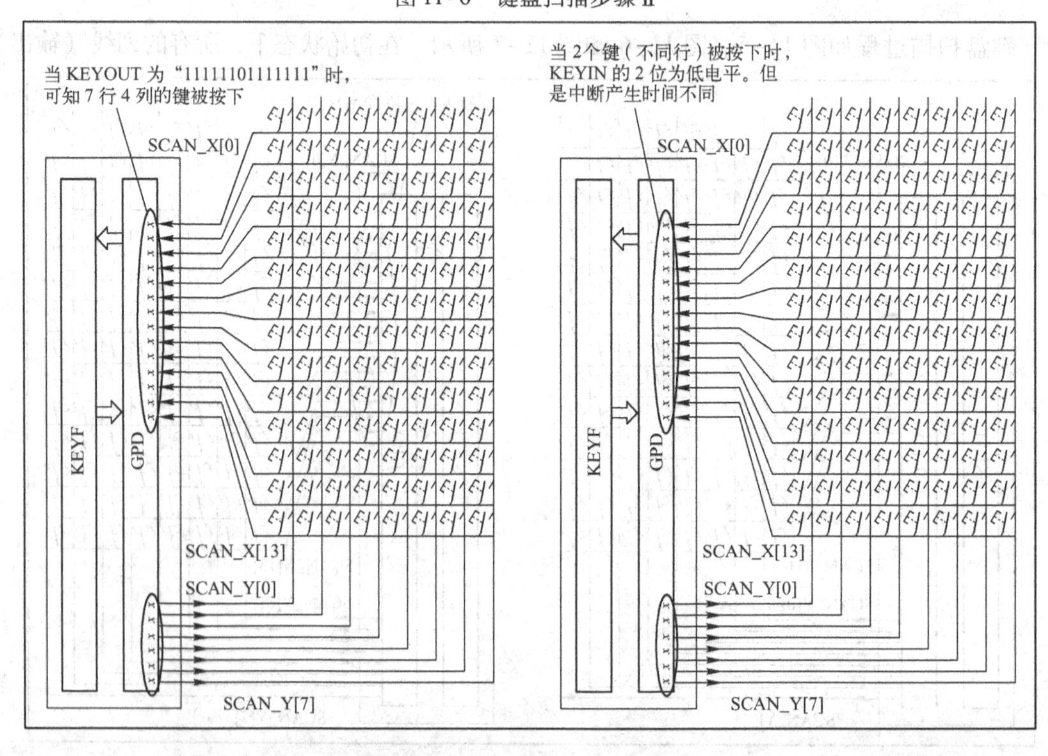

图 11-7　键盘扫描步骤Ⅲ

是低电平，但是列数据输出三态使能位为高，因此，不使用三态使能模式时，这些位应写入零。如果状态是没有按任何键，所有的行线（输入）置高。任何键被按下时，相应的行线和列线被短路在一起，相应的行线被列线拉低，产生一个键盘中断。通过设置 KEYIFCOLEN、KEYIFCOL 和 KEYIFCOL 寄存器，CPU 通过软件在一个列线上输出低电平，在其他线上输出高电平，CPU 通过读取 KEYIFROW 寄存器的值可以检测相应列线的键是否按下。因为行线被拉高，除了被按下的键的行，其余的对应 KEYIFROW 位将被读取数值为高。因此，当在扫描过程结束时，按下的键（单键或多键）都可以被检测。

不同行的两个键按下时的扫描流程如图 11-8 所示。

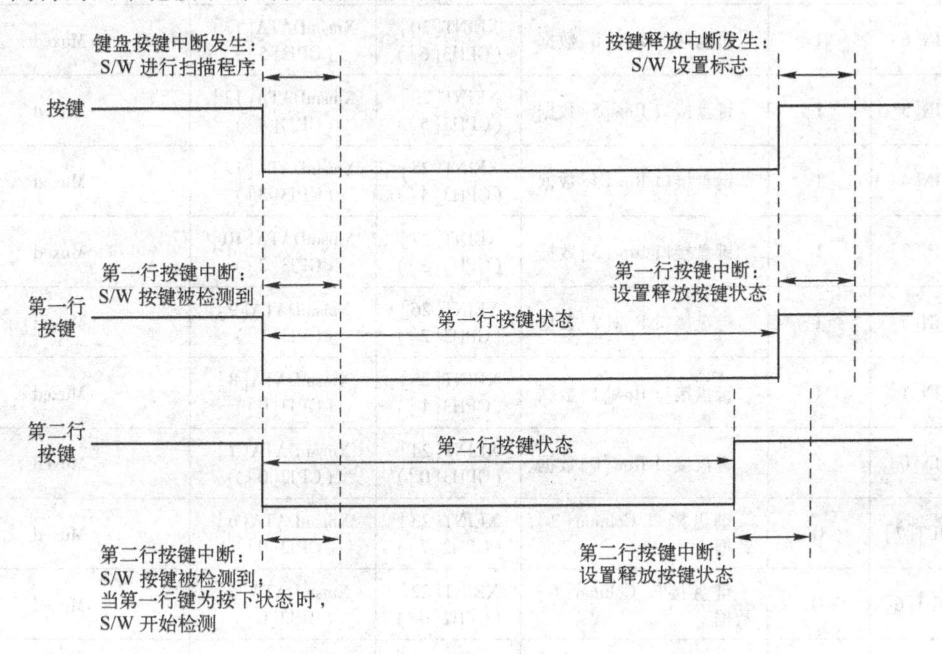

图 11-8 键盘扫描流程图

11.2.4 键盘的 I/O 接口

S5PV210 微处理器的键盘 I/O 接口如表 11-8 所示。键盘有两个端口，其中端口 0 与 GPH 端口复用，端口 1 与 GPJ 端口复用。

表 11-8 键盘 I/O 接口

信号	IO	描述	键盘		类型
			端口 0	端口 1	
ROW_IN[13]	I	键盘接口 Row[13] 数据		XmsmADVN (GPJ4[4])	Muxed
ROW_IN[12]	I	键盘接口 Row[12] 数据		XmsmRQn (GPJ4[3])	Muxed
ROW_IN[11]	I	键盘接口 Row[11] 数据		XmsmRn (GPJ4[2])	Muxed
ROW_IN[10]	I	键盘接口 Row[10] 数据		XmsmWEn (GPJ4[1])	Muxed

（续）

信　号	IO	描　述	键　盘		类　型
			端口 0	端口 1	
ROW_IN[9]	I	键盘接口 Row[9]数据		XmsmCSn (GPJ4[0])	Muxed
ROW_IN[8]	I	键盘接口 Row[8]数据		XmsmDATA[15] (GPJ3[7])	Muxed
ROW_IN[7]	I	键盘接口 Row[7]数据	XEINT[31] (GPH3[7])	XmsmDATA[14] (GPJ3[6])	Muxed
ROW_IN[6]	I	键盘接口 Row[6]数据	XEINT[30] (GPH3[6])	XmsmDATA[13] (GPJ3[5])	Muxed
ROW_IN[5]	I	键盘接口 Row[5]数据	XEINT[29] (GPH3[5])	XmsmDATA[12] (GPJ3[4])	Muxed
ROW_IN[4]	I	键盘接口 Row[4]数据	XEINT[28] (GPH3[4])	XmsmDATA[11] (GPJ3[3])	Muxed
ROW_IN[3]	I	键盘接口 Row[3]数据	XEINT[27] (GPH3[3])	XmsmDATA[10] (GPJ3[2])	Muxed
ROW_IN[2]	I	键盘接口 Row[2]数据	XEINT[26] (GPH3[2])	XmsmDATA[9] (GPJ3[1])	Muxed
ROW_IN[1]	I	键盘接口 Row[1]数据	XEINT[25] (GPH3[1])	XmsmDATA[8] (GPJ3[0])	Muxed
ROW_IN[0]	I	键盘接口 Row[0]数据	XEINT[24] (GPH3[0])	XmsmDATA[7] (GPJ2[0])	Muxed
COL_OUT[7]	O	键盘接口 Column[7]数据	XEINT[23] (GPH2[7])	XmsmDATA[6] (GPJ2[0])	Muxed
COL_OUT[6]	O	键盘接口 Column[6]数据	XEINT[22] (GPH2[6])	XmsmDATA[5] (GPJ2[0])	Muxed
COL_OUT[5]	O	键盘接口 Column[5]数据	XEINT[21] (GPH2[5])	XmsmDATA[4] (GPJ2[0])	Muxed
COL_OUT[4]	O	键盘接口 Column[4]数据	XEINT[20] (GPH2[4])	XmsmDATA[3] (GPJ2[0])	Muxed
COL_OUT[3]	O	键盘接口 Column[3]数据	XEINT[19] (GPH2[3])	XmsmDATA[2] (GPJ2[0])	Muxed
COL_OUT[2]	O	键盘接口 Column[2]数据	XEINT[18] (GPH2[2])	XmsmDATA[1] (GPJ2[0])	Muxed
COL_OUT[1]	O	键盘接口 Column[1]数据	XEINT[17] (GPH2[1])	XmsmDATA[0] (GPJ2[0])	Muxed
COL_OUT[0]	O	键盘接口 Column[0]数据	XEINT[16] (GPH2[0])	XmsmDATA[3] (GPJ2[0])	Muxed

11.2.5 键盘接口相关寄存器

1. 键盘接口控制寄存器 KEYIFCON

键盘接口控制寄存器 KEYIFCON 具有使能唤醒信号、计数器、去抖动等功能，只有低 5 位有效，具体定义如表 11-9 所示。

表 11-9　键盘接口控制寄存器 KEYIFCON

KEYIFCON	位	描　述	初始状态
保留	[31:5]	保留	—
WAKEUPEN	[4]	键盘输入停止/空闲模式唤醒使能 唤醒信号由系统控制器生成 0＝禁止 1＝按键输入低电平唤醒	1'b0
FC_EN	[3]	10 位计数器使能 0＝禁止：没有分频计数器 1＝允许：使用分频计数器	1'b0
DF_EN	[2]	键盘输入端去抖动使能 0＝禁止 1＝允许	1'b0
INT_R_EN	[1]	键盘输入端上升沿中断 0＝禁止 1＝允许	1'b0
INT_F_EN	[0]	键盘输入端下降沿中断 0＝禁止 1＝允许	1'b0

2. 键盘接口中断状态和清除寄存器 KEYIFSTSCLR

键盘接口中断状态和清除寄存器 KEYIFSTSCLR 设置释放中断和按下中断状态，具体定义如表 11-10 所示。

表 11-10　键盘接口中断状态和清除寄存器 KEYIFSTSCLR

KEYIFSTSCLR	位	描　述	初始状态
R_INT	[29:16]	键盘"释放"时产生中断(上升沿) 读： 1＝释放中断发生 0＝不发生 写：写入 1 时清除中断	14'b0
P_INT	[13:0]	键盘"按下"时产生中断(下降沿) 读： 1＝按下中断发生 0＝不发生 写：写入 1 时清除中断	14'b0

3. 键盘接口列数据输出寄存器 KEYIFCOL

键盘接口列数据输出寄存器 KEYIFCOL 确定键盘列数据输出状态和数值，具体定义如表 11-11 所示。

表 11-11　键盘接口列数据输出寄存器 KEYIFCOL

KEYIFCOL	位	描　述	初始状态
保留	[31:16]	保留	—
KEYIFCOLEN	[15:8]	键盘接口列数据输出三态使能寄存器 每一位对应一个 KEYIFCOL 位 0＝允许输出键盘三态缓冲(正常输出) 1＝禁止输出键盘三态缓冲(高阻输出)	8'b1111_1111
KEYIFCOL	[7:0]	键盘接口列数据输出寄存器	8'b0

4. 键盘接口行数据输入寄存器 KEYIFROW

键盘接口行数据输出寄存器 KEYIFROW 确定键盘行数据输入值，具体定义如表 11-12 所示。

表 11-12　键盘接口行数据输入寄存器 KEYIFROW

KEYIFROW	位	描　述	初始状态
保留	[31:16]	保留	—
KEYIFROW	[13:0]	键盘接口行数据输入寄存器(只读) 从端口到达这个寄存器的值未过滤	输入端口

11.2.6　键盘接口实例

本实例电路如图 11-9 所示，S5PV210 微处理器外接 4×4 键盘，当有按键按下时，触发键盘中断，开始执行键盘扫描。其中 GPH2 为列输出接口，GPH3 为行输入接口。

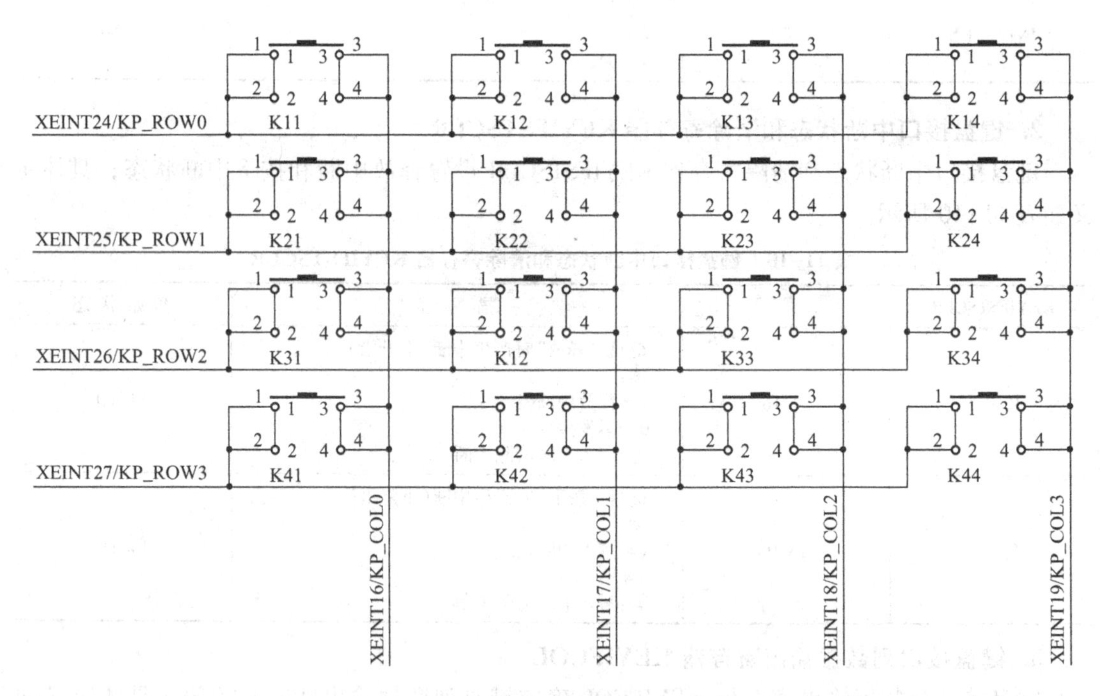

图 11-9　4×4 键盘接口电路图

1. main.c 源代码

main.c 文件定义了所使用的寄存器地址，调用 uart_init()函数初始化 UART 串口，初始化所使用的外部中断，进入 while 循环。另外，main()函数还定义了按键的中断处理程序。

```
#include "lib\stdio.h"
#include "int.h"
#define GPH2CON              (*(volatile unsigned long *)0xE0200C40)
#define GPH3CON              (*(volatile unsigned long *)0xE0200C60)
```

```
#define GPH2PUD          ( * (volatile unsigned long * )0xE0200C48)
#define GPH3PUD          ( * (volatile unsigned long * )0xE0200C68)
#define GPH2DRV          ( * (volatile unsigned long * )0xE0200C4C)
#define GPH3DRV          ( * (volatile unsigned long * )0xE0200C6C)
#define KEYIFCON         ( * (volatile unsigned long * )0xE1600000)
#define KEYIFSTSCLR      ( * (volatile unsigned long * )0xE1600004)
#define KEYIFCOL         ( * (volatile unsigned long * )0xE1600008)
#define KEYIFROW         ( * (volatile unsigned long * )0xE160000C)
#define KEYIFFC          ( * (volatile unsigned long * )0xE1600010)

unsigned char flag = 0;                          //有效按键中断发生标记
unsigned char key_int;
unsigned char temp;
//延时函数
void delay(unsigned long count)
{
    volatile unsigned long i = count;
    while(i --);
}
void isr_key(void)                               //修改中断服务子程序
{
    intc_clearvectaddr();
    key_int = KEYIFSTSCLR;                       //读键盘接口中断状态与清零寄存器
    if((key_int&0x00003fff) != 0)
        flag = 1;
    intc_disable(NUM_KEYPAD);
    temp = KEYIFCOL;
}
int main(void)
{
    int c = 0, KEY_NUM, ROW_NUM;
    unsigned char i;
    uart_init();                                 // 初始化串口
    system_initexception();                      // 中断相关初始化
    printf(" ************** KEYPAD Int test ***************\r\n");
    KEYIFCON| = 0b011111;                        // 键盘接口控制寄存器设置
    KEYIFFC| = 0xf;                   //消抖时钟分频寄存器,根据情况修改,这里初始化零
    GPH2CON = 0x33333333;
    //GPH2PUD  = 0x8000;                         //GPH2[7]上拉,其他位禁止上下拉
    GPH2DRV = 0x00;
    GPH3CON  = 0x33333333;                       //端口 GPH3 接 KP_ROW[1]到 KP_ROW[8]
    GPH3PUD = 0xaaaa;                            //GPJ3 所有的端口上拉使能
    GPH3DRV = 0x0000;
```

```
    KEYIFCOL = 0x0000;                              //初始状态列输出都是 0
    intc_setvectaddr(NUM_KEYPAD, isr_key);          // 设置中断处理函数
    intc_enable(NUM_KEYPAD);                        // 使能中断
    while(1)
    {
        if(flag = =1)                               //有键按下
        {
            KEYIFSTSCLR = 0xffffffff;               //清零
            flag =0;
            delay(1000);
            for(i =0;i <4;i ++)
            {
                if(i! =0){
                    KEYIFCOL = (0xfe << i)|1; //要实现循环左移
                    KEYIFCOL& = ~(0xff <<8);
                }
                else {
                    KEYIFCOL = 0xfe;
                }
                ROW_NUM = KEYIFROW;             //读行输入寄存器的值,判断哪行有键按下
                if(ROW_NUM! =0xff)
                {
                    switch(ROW_NUM)
                    {
                      case 0xfe:   {ROW_NUM =0;break;}
                      case 0xfd:   {ROW_NUM =1;break;}
                      case 0xfb:   {ROW_NUM =2;break;}
                      case 0xf7:   {ROW_NUM =3;break;}
                      default:     {ROW_NUM =4;break;}
                    }
                    KEY_NUM = ROW_NUM * 4 + i;
                    printf("%d\r\n",KEY_NUM);//打印键值
                    break;
                }
            }
            KEYIFCOL = 0x0000;                      //初始状态列输出都是 0,为下一次按键做准备
        }
        delay(0x10000);
        intc_enable(NUM_KEYPAD);
    }
}
```

本章小结

本章介绍了S5PV210微处理器人机交互接口中的LCD液晶屏接口和Keypad矩阵键盘接口。在LCD液晶屏接口中介绍了S5PV210的LCD控制器和相关寄存器，并举例对分辨率为800×480像素、颜色深度16位的7 in电容屏进行描点画线操作。在矩阵键盘接口中详细介绍了键盘扫描功能、相关I/O口、键盘接口寄存器，并举实例说明键盘编程方法。

思考题

1. 简述LCD控制器的主要作用。
2. S5PV210微处理器的LCD控制器如何传送16M色和64K色的图像颜色值？
3. 简述LCD控制器相关的主要寄存器及其作用。
4. S5PV210微处理器的键盘接口支持最大多少的矩阵键盘？其相关端口定义是怎样的？
5. 简述键盘扫描过程。
6. 如何实现组合按键（两个按键同时按下）的编程响应？

第 12 章　Windows CE 操作系统移植与开发

12.1　Windows CE 6.0 介绍

12.1.1　Windows CE 嵌入式操作系统简介

Microsoft Windows CE 是为各种嵌入式系统和产品设计的一种压缩的、具有高效的、可升级的 32 位操作系统，其多线性、多任务、全优先的操作系统环境是专门针对资源有限的硬件而设计的。这种模块化设计使嵌入式系统开发者和应用开发者能够定做各种产品，如家用电器、专门的工业控制器和嵌入式通信设备。Windows CE 支持各种硬件外围设备、其他设备及网络系统，包括键盘、鼠标设备、触摸屏、串行端口、以太网连接器、调制解调器、通用串行总线（USB）设备、音频设备、并行端口、打印设备及存储设备等。Windows CE 的设计目标是模块化及可伸缩性、实时性能好、通信能力强大、支持多种 CPU。

从操作系统内核的角度看，Windows CE 具有灵活的电源管理功能，包括睡眠/唤醒模式。在 Windows CE 中，还使用了对象存储（Object Store）技术，包括文件系统、注册表及数据库。它还具有很多高性能、高效率的操作系统特性，包括按需换页、共享存储、交叉处理同步、支持大容量堆（Heap）等。Windows CE 拥有良好的通信能力，它广泛支持各种通信硬件，也支持 PC、局域网以及 Internet 的连接，包括用于应用级数据传输的设备至设备间的连接。在提供各种基本的通信基础结构的同时，Windows CE 还提供与 Windows 9x/NT/XP/Vista/Windows 7 的最佳集成和通信。Windows CE 的图形用户界面相当出色，它拥有基于 Microsoft Internet Explorer 的 Internet 浏览器，此外，还支持 TrueType 字体。开发人员可以利用丰富灵活的控件库在 Windows CE 环境下为嵌入式应用建立各种专门的图形用户界面。Windows CE 甚至还能支持诸如手写体和声音识别、动态影像、3D 图形等特殊应用。

从编程的角度看，Windows CE 所支持的编程界面是大家所熟悉的 Windows 32 API 的子集，它支持 600 多种最常用的 Windows 32 API。它具有专门为实时嵌入应用而设计的、抢先式多任务的操作系统核心，可以烧入 ROM，操作系统核心只用 500 KB 的 ROM 和 250 KB 的 RAM。由于已有大量的 Windows 32 应用作为巨大的代码库，OEM 厂商可以从中获得适当的技术许可，同时，软件开发商们可将其现有的资源快速移植到 Windows CE 平台上。

12.1.2　Windows CE 6.0 简介

Windows CE 经过 10 多年的风风雨雨，产生了几个比较重要的里程碑，分别是 Windows CE 3.0、Windows CE 4.2、Windows CE 5.0、Windows CE 6.0，目前的最新版本为微软在 2010 年 6 月发布的嵌入式平台 Windows CE 7.0，而 Windows CE 6.0 仍在很多领域大量使用。

Windows CE 6.0 的内核被重新修订，使 Windows CE 操作系统更加符合当今嵌入式开发的发展方向。在内核方面的改变主要是为了适应嵌入式设备硬件发展的要求，早期的32进程和每个进程32 MB虚拟内存的限制也不再存在，取而代之的是最多支持3.2万个进程和每个进程2G虚拟地址空间。在OS布局方面，为了更好地解决CPU在状态间切换而造成的性能损失问题，Windows CE 6.0将关键的驱动程序、文件系统和图形界面管理器（GWES）移到了内核中。

Windows CE 6.0很重视ARM架构，新的BSP（Board Support Package，板级支持包）与编译器可支持ARM的最新体系，同时也可支持其他嵌入式处理器。Windows CE 6.0是首个导入扩展档案系统ExFAT的操作系统，ExFAT在其中担当的角色是总管所有外接存储媒体的中间层。这既解除了传统FAT文件系统的32 GB单一容量限制，又解除了单一文件只能在2 GB以下的限制，有利于Windows CE支持大容量存储硬件。另外，ExFAT还加上了安全机制，因此ExFAT可以被视为Windows CE 6.0的NTFS加强版。

VoIP是Windows CE 6.0另一个研究的重点，不仅更进一步整合了应用程序层，操作系统核心也具备了直接支持的能力，因此硬件开发人员可以更容易地在Windows CE环境中进行各种网络中语音通信服务的开发。在网络协议方面，6.0版本直接支持了802.11i、WAP2、802.11e（无线QoS）、蓝牙A2DP/AVRCP的AES加密等，为无线通信建立了一个稳定、安全以及可靠的应用环境。

而从使用者观点来看，Windows CE 6.0更新了以往版本全部的功能，包括最新的多媒体能力，在Platform Builder开发工具中加入了对便携式播放器的支持，借由Windows Media Connect 2.0大幅强化对多媒体应用的支持能力，并且与其他微软的操作系统或硬件装置进行同步整合。

尽管核心部分出现了这么大的更新，但是不同于微软其他操作系统在更新以后造成存储空间快速增长，Windows CE 6.0相对于5.0来说，在体积上只增加了5%左右。以下章节介绍都以Windows CE 6.0系统为例。

12.1.3 Windows CE 6.0开发环境架构

Windows CE 6.0的应用程序并不是在运行Windows CE 6.0的设备上进行开发，而是在桌面Windows系统中进行开发，Windows CE 6.0的设备在调试程序时作为联机调试设备使用。要开发Windows CE应用程序，首先要安装和配置软件开发环境，即安装Windows CE Platform Builder，它是用于开发Windows CE程序并产生自定义操作系统映像OS的工具。在Windows CE所有早期版本中，Platform Builder工具都是独立于操作系统的工具，专门支持Windows CE相关的开发。Windows CE 6.0版本中，Platform Builder是一个安装于Visual Studio 2005（VS 2005）的插件。这个插件可以构建BSP（板级支持包）、创建设备驱动程序、生成Windows CE 6.0操作系统映像，并导出SDK来支持应用程序开发。其OS编译的标准界面如图12-1所示。

图12-1中，VS2005界面主要分为3个区域：一是新建项目所产生的项目树，二是代码编辑区，剩下的是项目编译输出的代码区。

由于跟以前相比变化比较大，在搭建开发环境时需要安装多个软件及更新，十分容易出错。因此，建议按照推荐的顺序，正确地安装所有需要的开发工具，并确保得到正确的开发

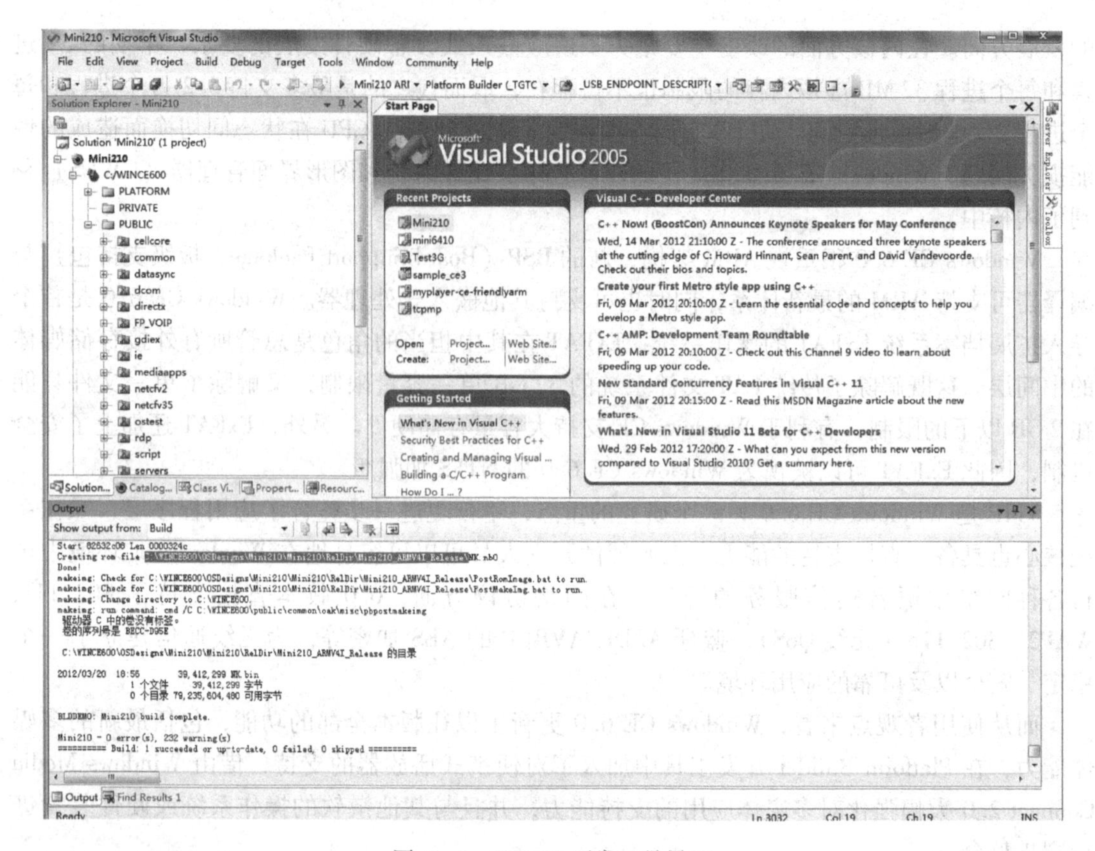

图 12-1　VS2005 开发工具界面

环境。在每一步安装之后，要确保该软件已被正确安装，然后再执行下一步安装。

安装流程如下：

1）安装 Visual Studio 2005。

2）安装 VS2005 SP1 补丁。

3）安装 Visual Studio 2005 SP 更新。

4）安装 Windows CE 6.0（含 Platform Builder 工具的插件）。

5）安装 Windows CE 6.0 SP1。

6）安装 Windows CE 6.0 R2（Windows CE 6.0 的更新）。

7）安装 Windows CE 6.0 Update2009，即 Windows CE 6.0 R3。

8）安装 BSP（Board Support Package）软件开发包。

在 Windows CE 开发环境的搭建过程中，如果采用默认安装，可能会安装很多开发根本不需要的软件，最后安装下来需要的磁盘空间很大，所以简化软件安装是非常有必要的。比如在安装 VS2005 时，如果只需要采用 VC++ 语言，其他的一些开发语言如 Java 等相关的组件就没必要安装了。如果以后需要用，可以重新在 VS2005 更新的基础上，装上相关开发语言组件。另外，在搭建 Platform Builder 时，一定要选择对应于硬件平台所需要的处理器，其他的处理器不要选，否则在安装时会费事，浪费大量磁盘空间，而对开发无用。

通常从 OEM 手中得到的 BSP 有源代码和 MSI 安装包两种形式，如果是以 MSI 安装包形式提供的 BSP，安装 BSP 则相对简单，只需要像安装其他软件包一样，运行安装程序即可。

如果 BSP 是以源代码形式提供的，则需要手工安装。如果需要修改 BSP，则通常在最后会把 BSP 打包成安装文件，即 MSI 文件，以方便使用。

至此，编译 Windows CE 6.0 软件开发包的所有编译环境就安装完成了。安装顺序大体上是先安装 Visual Studio 2005 及补丁，再安装 Windows CE 6.0 及补丁，之后还可以安装一些第三方软件。

12.2 基于 Windows CE 的嵌入式系统开发流程

与通常 PC 上的应用程序开发不同，如果要开发一个嵌入式系统，通常软件开发和硬件开发都是需要考虑的内容。基于 Windows CE 的嵌入式系统开发也不例外。本章节内容安排将以开发流程顺序进行介绍。

图 12-2 描述了一般的基于 Windows CE 的嵌入式系统开发流程。

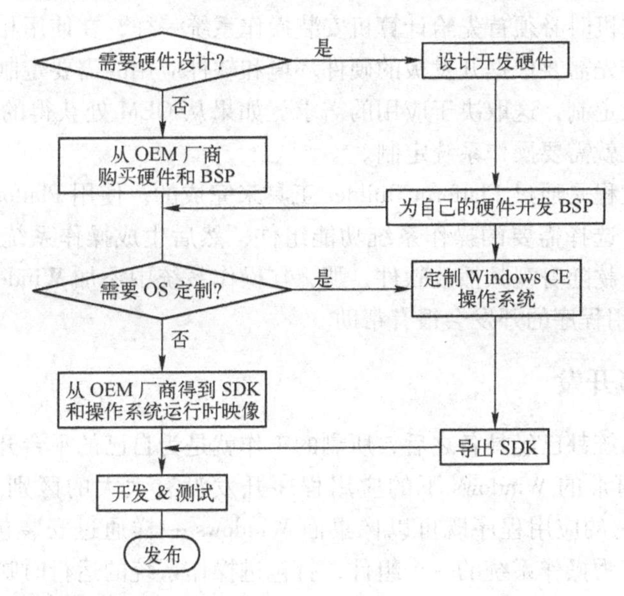

图 12-2 基于 Windows CE 的嵌入式系统开发流程

12.2.1 硬件设计

首先，我们要确定系统所运行的硬件平台。这需要根据具体的应用，选择合适的硬件。嵌入式系统的硬件设计与通用 PC 的硬件设计不同，由于嵌入式系统通常都是专用的系统，嵌入式系统硬件设计强调的一点是“够用”而不是“功能强大”。也就是说，在可以实现应用的功能的前提下，尽量去掉用不到的接口和外设，以节约成本。

例如，要开发一套视频会议系统，那么有可能需要选择一款 40 in 的显示屏，并且配置传声器、耳机等音频输入输出设备。但是如果开发的是一款类似于 iPod 的随身听，有可能连显示屏都是多余的。此外，还要考虑的是选择的硬件必须满足 Windows CE 的运行需要，例如，CPU 是否被 Windows CE 支持，是否有 MMU 等。硬件平台可以由两条途径获得：自主研发或者从硬件 OEM 厂商处购买。

12.2.2 运行 Windows CE

得到了硬件之后，下一步是让 Windows CE 运行在硬件平台上。这需要拥有针对这块硬件板的板级支持包（Board Support Package，BSP）。BSP 是操作系统与硬件板卡之间的重要交互接口。

根据硬件获取方法的不同，BSP 也有两种获取方式。如果硬件是从 OEM 处采购，并且 OEM 宣称此款硬件板支持 Windows CE，那么通常 OEM 都会提供 Windows CE 的 BSP、运行时映像和 SDK。利用 OEM 提供的 BSP 就可以在硬件板上运行 Windows CE。如果硬件是自主研发的，那么 BSP 通常也需要自主研发，开发 BSP 是一个比较复杂的过程。本书中有相关的章节对 BSP 的开发作介绍。

12.2.3 定制操作系统

如同在使用台式机时必须首先给计算机安装操作系统一样，在使用相应的开发板运行自己的应用程序前，首先需要根据开发板的硬件环境和软件应用的需要定制所需要的系统。是否需要进行操作系统定制，这取决于应用的需求。如果从 OEM 处获得的默认运行时映像不能满足应用的需求，就需要操作系统定制。

操作系统定制过程是通过 Platform Builder 工具来完成的。使用 Platform Builder，可以根据具体的应用需要，选择需要的操作系统功能组件，然后生成操作系统的运行时映像。例如，如果正在开发一款随身视频播放软件，那么在操作系统中添加 Windows Media 视频编码/解码组件可能对应用程序的开发会很有帮助。

12.2.4 应用程序开发

当硬件和操作系统都已经具备之后，所剩的工作就是为自己的平台开发一些必要的应用程序。这一步骤与通常的 Windows 下的应用程序开发没有太大的区别。唯一不同的是在 Windows CE 下，编写的应用程序既可以像桌面 Windows 一样通过安装包的形式进行安装，也可以把应用程序作为操作系统的一个组件，打包进操作系统的运行时映像中。

12.3 Windows CE 操作系统移植

12.3.1 Windows CE 操作系统移植原理

Windows CE 系统的基本结构从下至上主要分为硬件层、OEM 层、操作系统层和应用层 4 个层次，位于最底层的硬件层是指 CPU、板卡、外围电路等硬件设备组成的硬件系统。最顶层的应用层，主要包括系统应用程序、客户应用程序、Internet 服务和国际化的用户接口等部分。操作系统层负责提供多任务运行环境支持、系统资源管理以及为应用层提供系统服务。OEM 层则作为操作系统层与硬件交互的接口，实现应用软件的硬件无关性。因此 OEM 层是实现 Windows CE 系统可移植性的最重要的一层，它实现了 Windows CE 广泛的硬件平台支持。

OEM 层主要包括 OAL（OEM Adaptation Layer）模块、系统引导程序、配置文件和驱动程序。在实际的系统结构中，OEM 层由 CSP（Chip Support Package）和 BSP（Board Support Package）两部分组成。其中 CSP 用来支持不同的处理器体系结构，主要由微软公司提供；BSP 用来支持具体的硬件底板，以及通过驱动程序支持不同类型的外围设备。其中以 BSP 的开发最为重要和困难，是系统移植的主要工作。为了提高开发效率，一般都是基于 Windows CE 自带的 BSP 源代码做相应的修改。其开发过程一般包括：

1）Bootloader 开发：Bootloader 完成硬件的初始化，然后将系统映像复制到系统运行内存中，最后跳转至系统启动程序 Startup。

2）OEM Adaptation Layer（OAL）开发：OAL 层是内核与硬件之间的接口，内核通过 OAL 中的程序与硬件进行通信。

3）设备驱动程序开发：支持特定硬件及 I/O 接口设备且符合 Windows CE 设备驱动规范。

4）系统运行映像配置文件开发：包括注册表、二进制映像生成器、文件系统、数据库以及本地化字符文件，在系统映像创建过程中将会使用这些文件。

BSP 一般由硬件厂商负责提供，用户根据各自特殊的需要对其进行修改和配置，完全从头创建 BSP 几乎是不可完成的任务。Windows CE 系统的移植，实际上来说就是对 BSP 的移植，而 BSP 的移植工作中，最为主要的是对 OAL 的移植。

12.3.2 开发 BSP

1. Bootloader 移植

系统加电后执行的第一条指令就是 Bootloader 的代码，所以，Bootloader 通常位于目标设备的非易失性存储设备中，并且在系统加电或重启时自动执行。Bootloader 的主要作用分为 3 类：

1）初始化硬件设备，包括内存、中断控制器和 MMU 等。

2）通过串口打印整个 Bootloader 运行过程中的输出信息，并提供与用户交互的接口，用户可选择启动过程和配置相关参数。

3）下载并执行操作系统镜像。

Bootloader 的执行过程如下：

1）执行 Startup. s 文件。Startup. s 一般用汇编语言编写，把 CPU 设置为合适的状态。主要工作是清空 TLB，使看门狗、指令和数据 Cache 失效，关闭所有中断和 MMU，设置锁相环频率。设置完栈指针后，打开可读写权限位，打开 MMU 进行物理和虚拟地址映射，打开 Cache，清空 RAM，复制 Bootloader 代码到 RAM 中并执行，最后跳转到 C 语言的 Main( ) 函数。

2）Main( )函数是 Bootloader 中执行的第一个 C 语言函数，它需要 OEM 来编码实现，主要是调用 BLCommon 中的 BootloaderMain( )。BootloaderMain( )控制整个启动代码的执行流程。

3）全局变量重定位函数 KernelRelocate( )。BootloaderMain( )第一个调用的就是 KernelRelocate( )，作用是把 Bootloader 中的全局变量定位在 RAM 中。

4）调试端口初始化函数 OEMDebugInit( )。主要作用是初始化硬件调试端口，一般是初始化第一个 UART 口，这样可以方便地在微机端获取调试信息。

5）平台初始化函数 OEMPlatformInit( )。主要任务是初始化目标平台，包括 BSP 参数、

USB、块设备驱动、Bin 文件系统分区、以太网等。同时，在 PC 的终端软件中看到输出信息，用户可以选择菜单进行相关操作。

6）下载镜像准备函数 OEMPreDownload()。完成镜像下载前的工作，包括获取 IP 地址、初始化 TFTP 等。

7）下载镜像函数 DownloadImage()。其作用是下载系统镜像到目标设备。除此之外，它还须解析下载文件的格式，并把映像文件的长度、大小和运行起始地址返回给 BLCommon 库。

8）启动镜像函数 OEMLaunch()。首先，OEMLaunch()函数会判断用户是否需要将镜像写入 Smart Media Card，接着把 Bootloader 参数写入 NAND Flash 当中，然后写入用户配置信息和启动配置信息，完成虚拟地址到物理地址转换后，调用 Launch()函数进行实际的跳转。

Bootloader 移植的主要过程有：

1）修改相应的 DIR 和 Sources 文件，这里列出部分库路径：

```
TARGETL IBS = \
 $(_PLATCOMMONLIB)\$(_CPUINDPATH)\oal_blcommon. lib\
 $(_COMMONOAKROOT)\lib\$(_CPUINDPATH)\eboot. lib\
 $(_TARGETPLATROOT)\lib\$(_CPUINDPATH)\dm9000_debug. lib\
 $(_TARGETPLATROOT)\lib\$(_CPUINDPATH)\smflash_eboot_lib. lib\
 $(_COMMONOAKROOT)\lib\$(_CPUINDPATH)\fulllibc. lib\
```

其中 fulllibc. lib 文件是专供 Bootloader 和 OAL 使用的 C 语言函数库，库中的函数可在不依赖操作系统的情况下运行，因此在操作系统启动前，代码中使用的 C 语言函数必须通过 fulllibc. lib 实现。

2）BIB 文件包含了目标设备上的内存分配信息、ROM 配置信息和需要打包的文件列表。为了让 Platform Builder 知道目标设备上哪些地址是可读写的，需要修改 Boot. bib 文件。下面是修改后的部分内容：

```
MEMORY
;    Name    Start      Size      Type
RAM    80021000    00006000    RAM
STACK   80027000    00009000 RESERVED
EBOOT   80038000    00019000 RAM IMAGE
CONFIG
ROM START = 80038000
ROM SIZE = 19000
MODULES
;NamePathMemory Type
nk. Exe $(_TARGETPLATROOT)\target\$(_TGTCPU)\$(WINCEDEBUG)\eboot. exe EBOOT
```

由于 Windows CE 操作系统会按 1:1 的比例把物理内存映射到虚拟地址的 0x80000000 和 0xA0000000 处。因此，如果 EBOOT 要写入的物理地址是 0x00038000，在配置文件中要写成 0x80038000。

2. OAL 移植

OAL 是操作系统内核的一部分，运行在内核态下，可直接对硬件资源进行访问。当一个任务执行系统调用内核代码时，称进程处于内核态。在系统构架中，OAL 代码被编译成 OAL. lib 库文件，与其他一些库文件进行统一的链接，因此 OAL 的启动过程也是整个操作系统的启动过程。OAL 执行大致经历了启动、内核启动、ARM 芯片初始化、内核初始化和第一个任务调度的过程。

1）Startup( )主要完成硬件的初始化工作，如果 OAL 是通过 Bootloader 引导执行的，那么很多硬件设备无需重复初始化，仅需跳转到 OAL 的主控函数 KernelStart( )开始执行。Startup. s 核心部分代码如下：

```
……
INCLUDE oemaddrtab_cfg. inc
LEAF_ENTRY StartUp
……
Add     r0, pc, # g_oalAddressTable  -(. +8)
BlKernelStart
```

KernelStart( )需要一个参数：g_oalAddressTable 表的物理地址。在 ARM 代码中，此值被放在寄存器 r0 中，由于 ARM 采用流水线结构，允许指令预取，所以载入 r0 中的值是预取指令的前一条指令，这也是 -（. +8）的原因。

2）KernelStart( )主要完成内核的最小初始化并且通过调用 OEMInit( )函数完成板级硬件初始化。主要过程是：初始化页表、打开 MMU 和 Cache，设置异常向量跳转表，初始化栈。这样可以安全地进入 C 语言代码执行。

3）ARMInit( )函数的主要功能是初始化基于 ARM 的硬件平台（Cache、中断、时钟、内核传输层）。ARMInit( )调用的最重要的函数是 OEMInit( )，它几乎完成了所有的硬件初始化工作。

4）KernelInit( )函数完成初始化内核工作，大致工作过程是初始化系统 API 函数调用表，然后依次初始化系统堆、内存池、第 1 个进程和线程。

5）FirstSchedule( )调度实际上不是一个函数，而是 armtrap. s 文件中的一个标签。系统会调用 HandleException( )函数并传入 ID_RESCHEDULE 参数，作用是让第 1 个处于就绪态的线程执行。

12.4 Windows CE 操作系统定制流程

Windows CE 系统定制流程如图 12-3 所示，主要工作如下：

- 编写基于特定目标设备的 BSP。
- 根据需要添加和裁减 Windows CE 组件，并修改相应的配置文件。
- 编译内核、组件和 BSP，生成 OS 映像文件。
- 将映像文件下载到目标设备上，进行调试。
- 重复修改、创建、下载和调试的过程，直到得到所需的 OS 映像。
- 为方便应用程序开发，需导出 SDK。

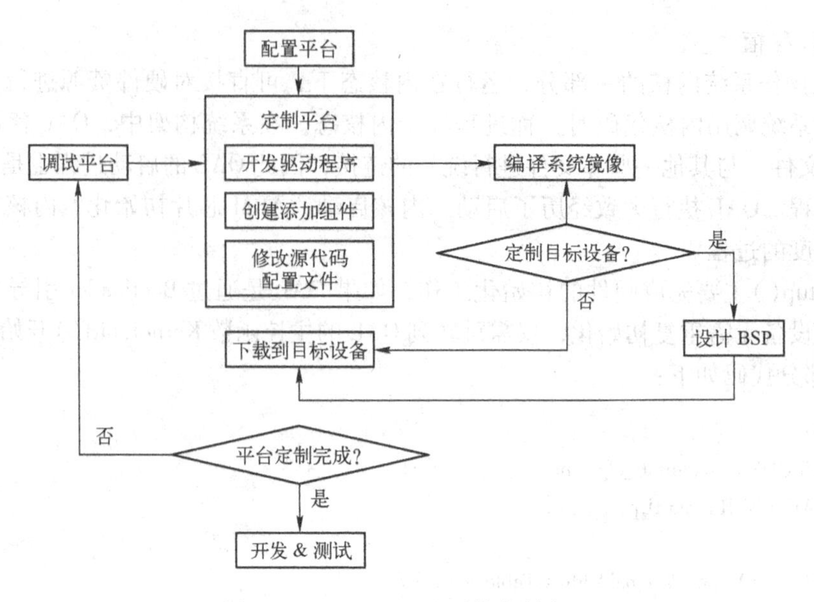

图 12-3　Windows CE 系统定制流程

12.4.1　选择 BSP

创建新的 Windows CE 6.0 OS 设计项目，在 Visual Studio 2005 中启动 OS 设计向导（见图 12-4），OS 设计项目的创建过程按步骤进行。

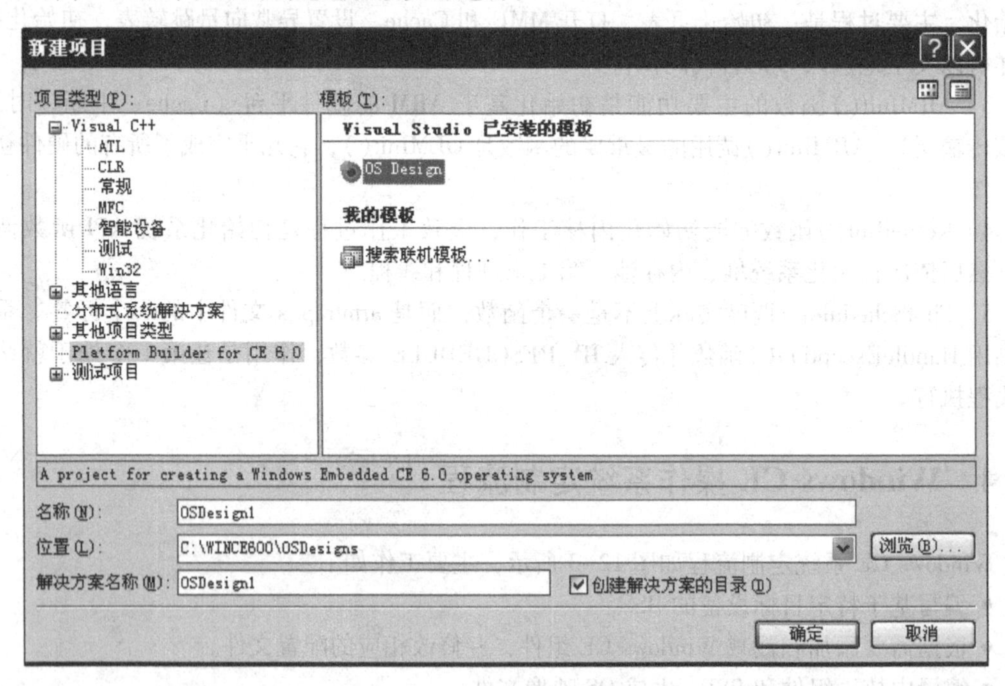

图 12-4　创建 OS 新项目

在 BSP 栏中选择开发所需的 BSP，如图 12-5 所示。后面的选项可以根据应用环境和需要进行选择，工程建立完毕后可以在 Visual Studio 2005 的 Solution Explorer 中看到以设定名称命名的 OS 设计工程，如图 12-6 所示。

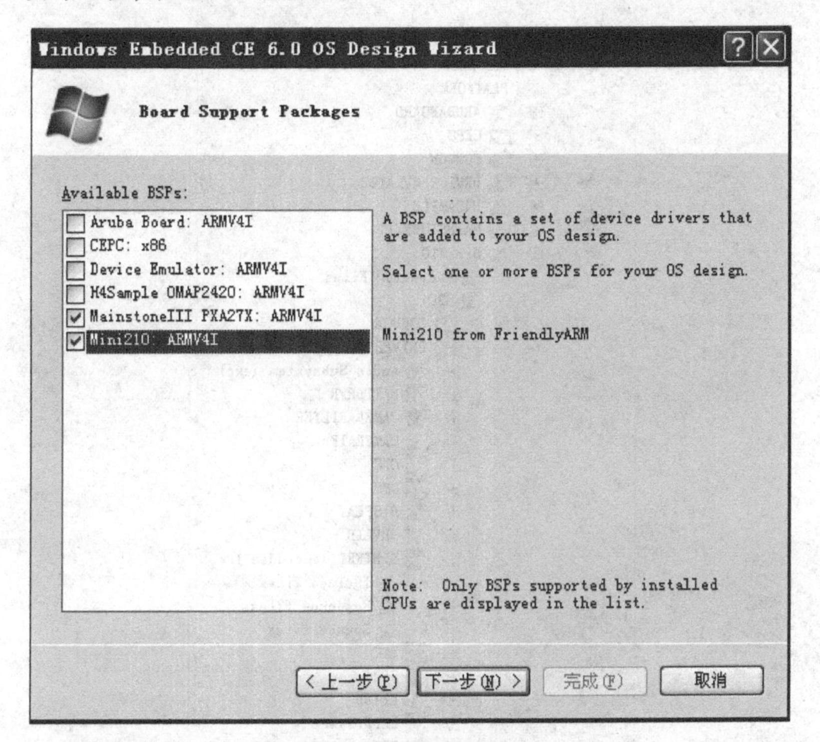

图 12-5　BSP 选择

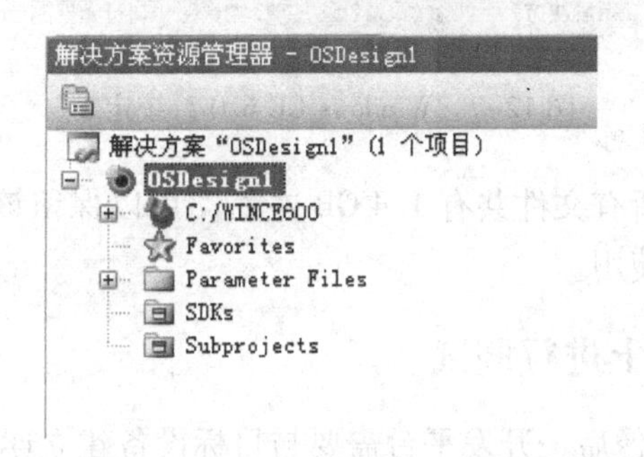

图 12-6　Windows CE 6.0 OS 设计工程

12.4.2　编译生成镜像文件

接下来就可以根据需要对系统服务和驱动配置进行定制了，打开工程窗口，如图 12-7 所示。

在定制系统时，还需要考虑硬件及外接设备的特征，例如所使用的屏幕分辨率、触摸屏的驱动是否加载、有无蓝牙红外等设备，等等。如与 BSP 默认所支持的硬件设备不同，则需要进行必要的修改或者驱动加载。

根据应用需要配置完服务和驱动之后，就可以编译系统了。依次选择 Build→Advanced Build Commands→Clean Sysgen。编译成功后就可以看到在指定目录下输出“NK.bin”文件。该文件大小为 30 ~ 40 MB，这是 Windows CE 6.0 系统镜像文件中的最关键文件。需要注意的

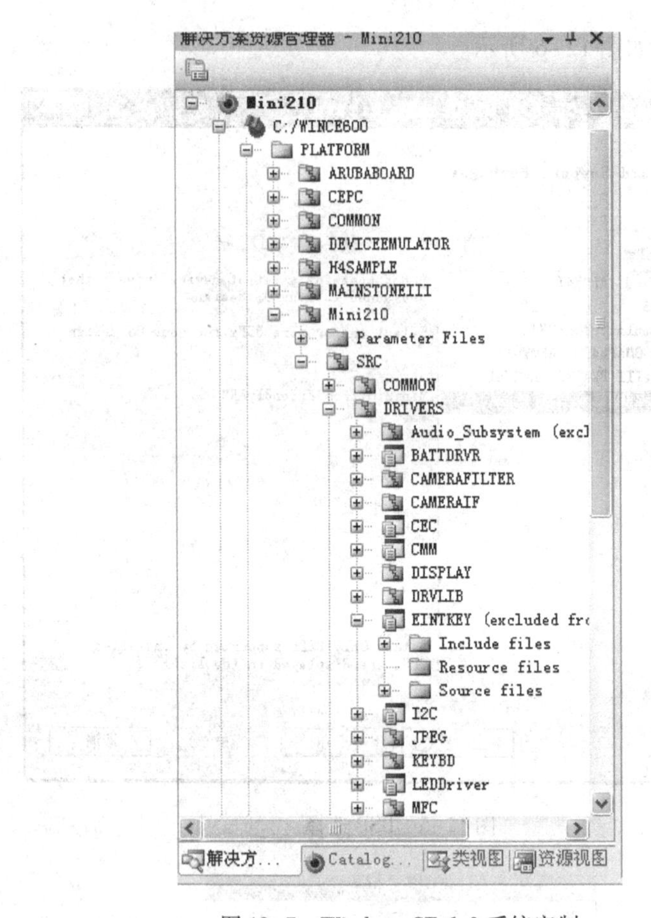

图 12-7　Windows CE 6.0 系统定制

是，系统镜像定制的工程所有文件共有 1.4 GB 左右，可以保留该工程文件，便于下次对定制的系统镜像进行修改时使用。

12.4.3　下载到开发板上进行调试

OS 设计生成了运行映像后，开发平台需要与目标设备建立连接来把映像下载到设备中。将映像文件下载到目标设备上以后，便可以进行调试，直到得到所需的 OS 映像。

首先需要得到并安装 BootLoader。BootLoader 的作用是把 Windows CE 运行时的映像从开发机下载到目标机。因此 BootLoader 必须在 OS 被下载之前就先安装在目标机上，并且与 Platform Builder 交互。原则上来说，BootLoader 可以通过任何可用的物理连接下载运行时映像，例如并口、串口、USB、网线等。目前常见的 BootLoader 一般都通过以太网下载运行时映像，称为 EthernetBootLoader，简称 EBoot。BootLoader 是 BSP 的一个部分。通常，在构建操作系统的时候，也会得到 BootLoader 的可执行映像，只需要把 BootLoader 的映像用硬件厂商提供的 Flash 烧写工具烧写到开发板的 Flash 中让它开机执行即可。

连接目标设备常用 3 种方式：以太网、USB 和串口通信。如果要通过以太网下载 Windows CE运行时映像，还要配置以太网网络连接。可以通过两种方式连接开发机与目标机：第一种方式可以通过 HUB 连接，把开发机与目标机都连接到 HUB 上，如果这样配置网络，通常同一网段内还会有一个 DHCP 服务器，这样，目标板就可以通过 DHCP 服务获得 IP 地址进行下载；另外一种方式是通过以太网交叉网线把目标板与开发机进行连接，不过这个时候目标板的 IP 地址需要自己指定（通常是在 EBoot 中的选项）。

如果 Windows CE 映像不能正常运行，有可能还需要进行一些调试工作，再重复以上操作，直到得到所需的 OS 映像。

12.5 Windows CE 操作系统硬件驱动

12.5.1 驱动程序简介

设备驱动程序是提供操作系统和硬件之间接口的模块，在高级操作系统中，应用程序是不能直接对硬件进行访问的，需要调用操作系统提供的统一的接口函数，而操作系统通过设备驱动与底层各个不同的硬件进行通信。通过这种设计，可以很好地实现应用程序的平台无关性，并且使系统更加安全稳定。因此，设备驱动程序的主要作用就是通过对具体底层硬件的控制来实现操作系统提供给上层应用程序的统一设备访问接口。

图 12-8 是一个简单的驱动程序的模型。假设一个网络应用程序需要通过网卡发送信息，网络应用程序本身并不需要知道这台机器上配备的网卡型号和工作原理，它只需要调用操作系统的函数（系统调用）与操作系统交互，对于图 12-8 中的例子，send( )函数就是对操作系统进行的系统调用。

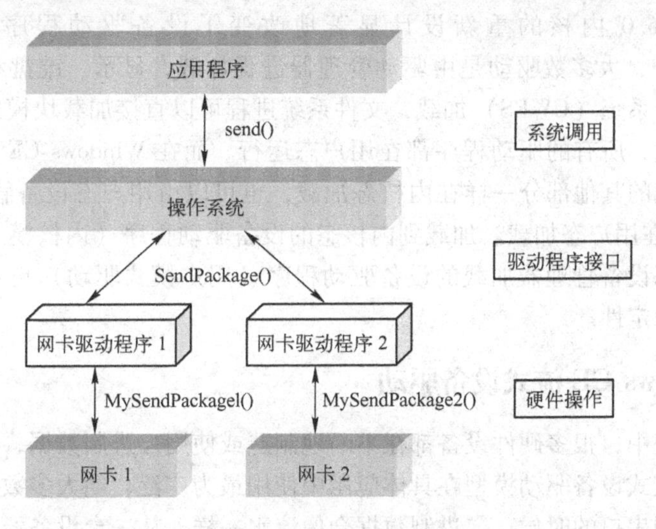

图 12-8　驱动程序模型

对于操作系统而言，依然不需要直接与硬件交互，而仅需要与驱动程序交互。对于某一类型的驱动程序，例如图 12-8 所示模型中的网卡、操作系统会公开一些预先定义的驱动程序接口，而所有网卡驱动程序都会实现这些接口（例如图 12-8 所示模型中的 SendPackge 函数）。这样当操作系统需要访问网卡的时候，就通过这些统一的接口与驱动程序交互，对于不同型号、不同品牌的网卡，操作系统与网卡驱动交互的接口其实是统一的。

真正的访问硬件操作发生在驱动程序中。对于不同的硬件，通常它们的工作机制都不一样。驱动程序的任务，就是把操作系统的驱动接口“映射”到具体的功能实现中。例如图12-8给出的模型中，对于操作系统提供的SendPackage接口，网卡驱动程序1与网卡驱动程序2对于不同的网卡有不同的实现，这些实现才是与具体硬件的实现紧密耦合的代码。对于不同的硬件设备一般不能直接通用。

这样，通过驱动程序的抽象，操作系统与应用程序都可以与具体的硬件无关，因而增强了整个系统的灵活性。

12.5.2 Windows CE 下的硬件驱动程序

按照驱动程序提供给操作系统的软件接口的类型不同，区分为几种不同的驱动模型，这些模型与其支持的硬件结构无关，仅仅取决于接口类。随着Windows CE版本的不断升级，其支持的驱动程序接口类也越来越多，例如：

- 电源管理接口。
- 块（Block）驱动程序接口。
- 卡服务接口。
- 键盘接口。
- 照相机和照相机引脚接口。
- 电池接口。
- NDIS微型端口（Miniport）接口。
- 通用流接口。

Windows CE 6.0 内核的重新设计显著地改变了设备驱动程序的管理方式。在Windows CE 5.0中，大多数驱动是由驱动管理器进程加载，显示、键盘和触摸屏驱动由图像、窗口、事件子系统（GWES）加载，文件系统进程可以直接加载块模式的磁盘驱动。不管由哪个程序加载，所有的驱动程序都在用户态运行。而在Windows CE 6.0中，驱动程序既可以和操作系统的其他部分一样在内核态加载，也可以由用户态设备管理器（User Mode Device Manager）在用户态加载。加载到内核态的设备驱动程序（内核模式驱动）运行效率更高，而由用户态设备管理器加载的设备驱动程序（用户模式驱动）更加安全，而且不会影响操作系统的稳定性。

12.5.3 Windows CE 流式设备驱动

在计算机系统中，很多硬件设备都在不断地制造或使用二进制数据，这些设备可以被抽象成流式设备。流式设备驱动模型在具体应用中使用最为广泛，绝大多数的串口设备都使用流式驱动。在使用串口的时候，二进制数据会像流水一样，从一台设备经过串口线流到另外一台设备上。而显卡通常就不属于流式设备，它们通常会公开帧缓冲区（Frame Buffer），给显卡驱动程序写入。

要编写一个流式设备驱动程序，需要实现12个调用入口函数，操作系统通过这12个接口与驱动程序进行交互：

1）xxx_Init：当一个驱动实例被载入时调用。

2）xxx_PreDeinit：当一个驱动程序即将被卸载前调用。此时，操作系统仍将其视为已载入的驱动程序。

3）xxx_Deinit：当一个驱动程序被卸载时调用。

4）xxx_Open：当一个驱动程序被应用程序用 CreateFile 打开时调用。

5）xxx_PreClose：当驱动程序的 xxx_Close 入口函数被调用前调用，此时，该驱动在技术上仍然处于打开状态。

6）xxx_Close：当驱动被应用程序用 CloseHandle 关闭时被调用。

7）xxx_Read：当应用程序调用 ReadFile 时被调用。

8）xxx_Write：当应用程序调用 WriteFile 时被调用。

9）xxx_Seek：当应用程序调用 SetFilePointer 时被调用。

10）xxx_IOControl：当应用程序调用 DeviceIoControl 时被调用。

11）xxx_PowerDown：当系统挂起前被调用。

12）xxx_PowerUp：当系统恢复挂起前被调用。

每个函数名前的 xxx 代表驱动程序的 3 字符长度的名字。例如，如果驱动程序是一个 COM 驱动，函数会被命名为 COM_Init、COM_Deinit 等。对于没有名称的驱动程序（那些在注册表中 prefix 一项为空的驱动程序），入口函数的名称就是除了开头“xxx_”之外的部分，如 Init 或 Deinit。另外，驱动程序也可以像一个普通应用程序一样通过调用 CreateFile 打开另一个驱动程序来与之交互。

12.6 Windows CE 应用程序开发与实践

Windows CE 与 Windows 家族的其他系统其实差别很大，这在软件开发方面体现得更加明显。因为 Windows CE 比 Windows XP 和 Windows 7 要小很多，所以它无法支持桌面 Windows 上的所有函数。例如，Windows CE 去掉了桌面 Windows 中的一些用来向前兼容 DOS 和 Windows 3. x 的函数。但是，如果需要的某个函数 Windows CE 没有提供，它往往会提供另外一个函数或者一系列函数的组合，来实现那个函数的功能。这就需要改变 Windows 环境下的软件设计习惯来适应 Windows CE 下的软件设计特点。不过，相对于 Vxworks、Linux 和 Android 系统来说，在软件开发方面，Windows CE 是最接近 Windows 软件开发的，桌面 Windows 的软件开发人员可以在很多时候借鉴他们在桌面 Windows 上数十年的软件开发经验，这大大提高了软件开发的效率。

与桌面 Windows 所面对的硬件设备相比，一般情况下，Windows CE 设备的系统内存和存储容量小得多，并且经常运行在较慢的处理器上。当开发 Windows CE 设备的软件时，开发者需要注意资源的有限性，并且认识到 Windows CE 不具备桌面 Windows 所拥有的便利条件。所以在开发 Windows CE 应用程序时，应该不断释放不再需要的资源，并且考虑 Windows CE 设备可能有一个分辨率很低的显示器，目标设备可能会使用按钮或者触摸屏来捕获用户输入，设备的电源可能会意外关闭等。

12.6.1 导出并安装 SDK

在使用 platformBuilder 编译成功 BSP 后，可以导出编译应用程序用的 SDK，安装后即可使用此 SDK 来编译程序。具体步骤如下：

1）打开解决方案工程，单击 Project→AddNewSDK…命令后，按照弹出的对话框信息进行填写。在 Install 界面中，可以看到编译出来的 SDK 的位置和名字。

2）设置完成后，可以在解决方案管理器视图中看见创建出来的 SDK，右击并在弹出的快捷菜单中选择 Build 命令，看是否会编译此 SDK，如图 12-9 所示。

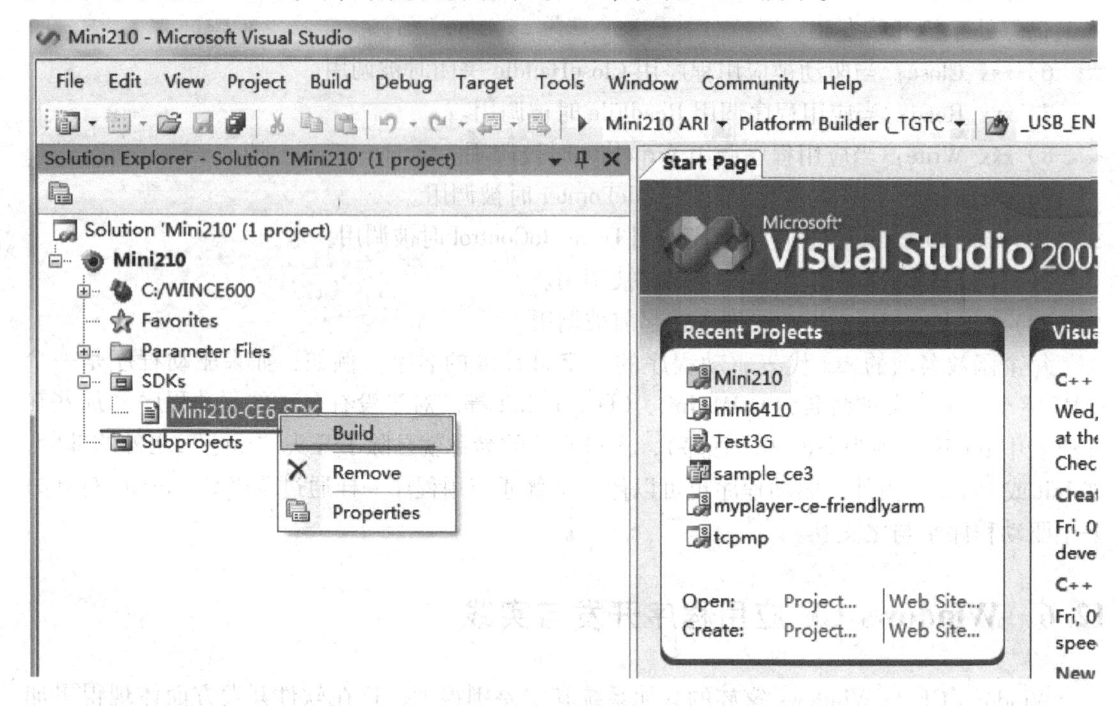

图 12-9　编译 SDK

3）编译成功后，会显示导出的 SDK 的目录和名称，如图 12-10 所示。

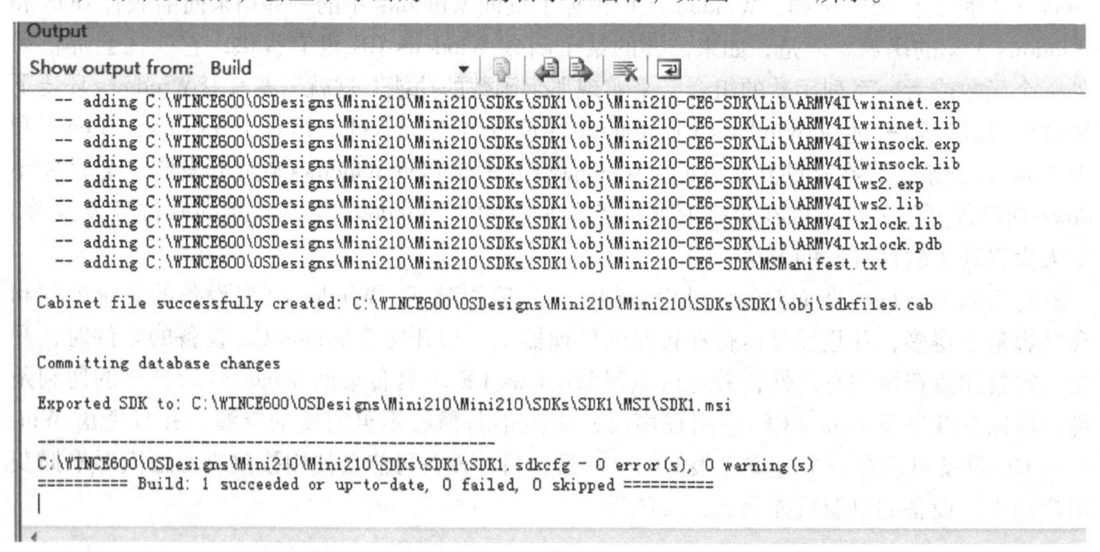

图 12-10　SDK 的目录和名称

4）在 C:\WINCE600\OSDesigns\Mini210\Mini210\SDKs\SDK1\MSI 目录下，可以看到已经生成 SDK1.msi 安装文件。安装结束以后，会在指定的目录下找到 SDK 相应的头文件和库文件。

12.6.2 使用 SDK 编译 Hello World

创建此 SDK 并安装后，就可以使用此 SDK 来编译应用程序。

以下以“Helloworld”程序为例简单介绍如何使用 SDK。

1）打开 VS2005，单击 File→New→Project 命令，进行相关设置。在选择要使用的 SDK 时，加入创建的 SDK。选择基于对话框的应用程序。

2）双击 HelloworldDlg. cpp，打开源代码，加入以下代码：

```
int WINAPI WinMain(HINSTANCE hInstance, HINSTANCE hPrevInstance, LPWSTR lpCmdLine, int nShowCmd)
{
        MessageBox(NULL,TEXT("Hello World!"),TEXT("Hello"),MB_OK);
        return 0;
}
```

3）单击 Build→Build Solution 命令编译此工程。

4）编译结束后将 Helloworld. exe 使用 ActiveSync 下载到目标板上或者复制到 SD 卡上，然后将 SD 卡插入到以 S5PV210 为主芯片的目标板启动，运行之后就可以看到结果了。

本章小结

Microsoft Windows CE 是为嵌入式系统设计的一种压缩的、具有高效的、可升级的 32 位操作系统。本章首先介绍了 Microsoft Windows CE 嵌入式操作系统的特点及其 Visio Studio 开发环境架构，然后介绍了基于 Windows CE 的嵌入式系统开发流程，重点介绍了 Windows CE 操作系统移植、定制与硬件驱动程序开发，最后介绍了一个简单的 Hello World 例程的实现。

思考题

1. 请介绍 Windows CE 的体系结构及特点。
2. 基于 Windows CE 嵌入式应用程序的开发流程是怎样的?
3. BSP 和 CSP 的全称是什么？各有什么作用?
4. Platform Builder 的主要功能是什么?
5. Bootloader 的主要作用是什么？它是如何完成这些作用的?
6. 什么是 SDK？为什么 Windows CE 不能像桌面 Windows 一样有一个统一的 SDK?
7. 简述 Windows CE 下中断处理的流程。
8. 在 Visio Studio 开发环境下创建自己的第一个 Windows CE 应用程序。

第 13 章　Android 系统移植与开发

13.1　Android 操作系统简介

Android 是 Google 公司于 2007 年 11 月 05 日宣布的基于 Linux 平台的开源手机操作系统，该平台由操作系统、中间件、用户界面和应用软件组成。它采用软件堆层（Software Stack，又名软件叠层）的架构，主要分为 3 部分：底层以 Linux 内核工作为基础，由 C 语言开发，只提供基本功能；中间层包括函数库 Library 和虚拟机 Virtual Machine，由 C++ 开发；最上层是各种应用软件，包括通话程序、短信程序等，应用软件则由各公司自行开发，以 Java 作为编写程序的一部分。

2010 年末的数据显示，仅正式推出两年的操作系统 Android 已经超越称霸十年的诺基亚（Nokia）Symbian OS 系统，采用 Android 系统的主要手机厂商包括宏达电子（HTC）、三星（SAMSUNG）、摩托罗拉（Motorola）、LG、Sony Ericsson、魅族公司等，跃居全球最受欢迎的智能手机平台，Android 系统不但应用于智能手机，也在平板电脑市场广泛使用。

13.2　Android 基本架构

如图 13-1 所示，Android 系统架构采用分层结构，从上至下分为 4 个层次，分别为应用程序层（Applications）、应用程序框架层（Application Framework）、系统运行库层（Libraries & Android Runtime）和 Linux 核心层（Linux Kernel）。每一层都实现底层封装，并将调用接口开放给上一层。

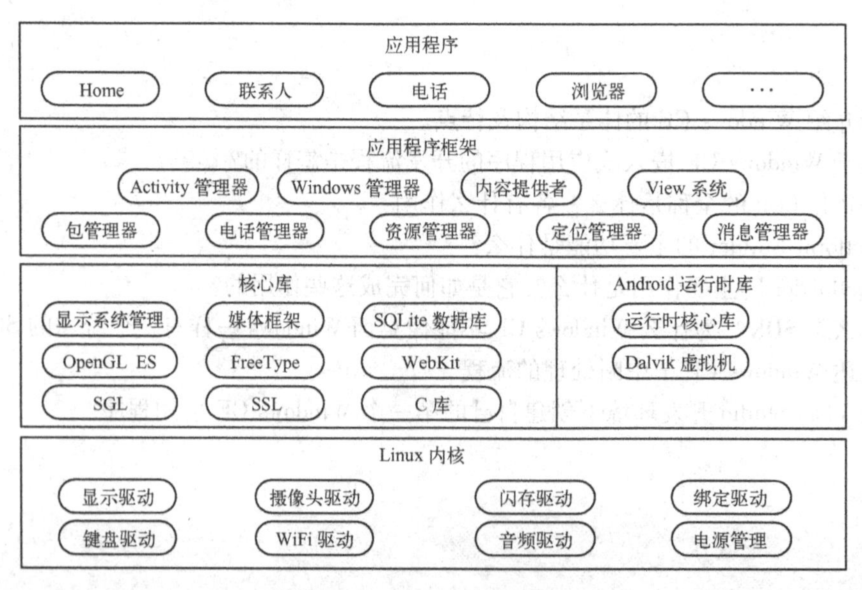

图 13-1　Android 系统架构图

13.2.1 应用程序层

Android 装备一个核心应用程序集合，包括电子邮件客户端、SMS 程序、日历、地图、浏览器、联系人和其他设置，均用 Java 语言编写。

13.2.2 应用程序框架层

通过提供开放的开发平台，Android 使开发者能够编制丰富和新颖的应用程序。开发者可以自由地利用设备硬件优势访问位置信息、运行后台服务、设置闹钟、向状态栏添加通知等。应用程序的体系结构旨在简化组件的重用，这一机制允许用户替换组件。所有的应用程序其实是一组服务和系统，包括：

- 视图（View）：丰富的、可扩展的视图集合，可用于构建一个应用程序，包括列表、网格、文本框、按钮等。
- 内容提供器（Content Providers）：使应用程序能访问其他应用程序（如通讯录）的数据，或共享自己的数据。
- 资源管理器（Resource Manager）：提供访问非代码资源，如本地化字符串、图形和布局文件。
- 通知管理器（Notification Manager）：使所有的应用程序能够在状态栏显示自定义提示信息。
- 活动管理器（Activity Manager）：管理应用程序生命周期，并提供通用的导航回退功能。

13.2.3 系统运行库层

1. 程序库（Libraries）

Android 包含一个 C/C++ 库的集合，供 Android 系统的各个组件使用。这些功能通过 Android 的应用程序框架（Application Framework）提供给开发者。下面列出一些核心库：

- 系统 C 库：标准 C 系统库（libc）的 BSD 衍生。
- 媒体库：基于 Packet Video 和 Open CORE 库的多媒体框架。这些库支持播放和录制许多流行的音频和视频格式以及静态图像文件，包括 MPEG4、H.264、MP3、AAC、AMR、JPG、PNG。
- 界面管理：显示了对子系统的管理，无缝组合多个应用程序的二维和三维图形层。
- LibWebCore：最新的 Web 浏览器引擎，支持 Android 浏览器和内嵌的 Web 视图。
- SGL：底层的 2D 图形引擎。
- 3D 库：基于 OpenGL ES 1.0 APIs 的实现。使用硬件 3D 加速或包含高度优化的 3D 软件加速。
- FreeType：位图和矢量字体显示。
- SQLite：所有应用程序都可以使用，强大的轻型关系型数据库引擎。

2. 运行时库（Android Runtime）

Android 包含一个核心库的集合，提供大部分在 Java 编程语言核心类库中可用的功能。每一个 Android 应用程序是一个独立的 Dalvik 虚拟机实例，运行在它们自己的进程中。Dalvik 虚拟机被设计成一个设备，可以高效地同时运行多个虚拟机。Dalvik 虚拟机执行的是

.dex 文件，dex 格式是专为 Dalvik 设计的一种压缩格式，适合内存和处理器速度有限的系统。大多数虚拟机包括 JVM 都是基于栈的，而 Dalvik 虚拟机则是基于寄存器的。所有的类都经由 Java 编译器编译，然后通过 SDK 中的“dx”工具转化为 .dex 格式由虚拟机运行。

13.2.4 Linux 核心层

Android 基于 Linux 2.6 提供核心系统服务，例如：安全、内存管理、进程管理、网络堆栈、驱动模型。Linux Kernel 也作为硬件和软件之间的抽象层，它隐藏具体硬件细节而为上层提供统一的服务。

13.2.5 Android 操作系统源码结构

Android 操作系统源码分为 3 个部分：

- 核心工程（Core Project）：建立 Android 系统的基础，在根目录的各个文件夹中。
- 扩展工程（External Project）：使用其他开源项目扩展的功能，在 external 文件夹中。
- 包（Package）：提供 Android 的应用程序和服务，在 package 文件夹中。

1. Android 的核心工程

Android 的核心工程包含了对 Android 系统基本运行的支持，以及 Android 系统的编译系统，工程的内容如表 13-1 所示。

表 13-1 Android 核心工程描述表

Android 的核心工程名称	工 程 描 述
bionic	[Build 系统] C 运行时支持：libc、libm、libdl、动态 linker
bootloader/legacy	Bootloader 参考代码（内核加载器，在内核运行之前运行）
build	[Build 系统] Build 系统
dalvik	Dalvik 虚拟机
development	高层的开发和调试工具
framework/base	Android 核心的框架库
framework/policies/base	框架配置策略
hardware/libhardware	硬件抽象层库
hardware/ril	无线接口层（Radio Interface Layer）
kernel	Linux 内核
prebuilt	[预编译内核] 对 Linux 和 Mac OS 编译的二进制支持
system/core	最小化可启动的环境
system/extras	底层调试和检查工具

2. Android 的扩展工程

Android 的扩展工程包含在 external 文件夹中，是一些经过修改后适应 Android 系统的开源工程，有一些工程在主机上运行，也有些在目标机上运行。扩展工程内容如表 13-2 所示。

表 13-2 Android 扩展工程描述表

工程名称	工程描述
aes	高级加密标准
Apache - http	Http 服务器
bison	（主机）自动生成语法分析器程序
bluez	蓝牙库
bsdiff	（主机）用于为二进制文件生成补丁
bzip2	（主机/目标机）压缩文件工具
clearsilver	（主机）模板语言，包括 Python、Java、Perl、C 的库
dbus	freedesktop 下开源的 Linux IPC 通信机制
dheped	动态主机配置协议的工具
dropbear	ssh2 服务器和客户端
e2fsprogs	（主机 Ext2/3/4 文件系统的工具）
elfcopy	（主机）ELF 工具
……	……

3. Android 中的 Java 程序包

Android 中的 Java 程序包是 Android 系统架构第 4 层的内容，主要包括应用程序（Application）和内容提供器（Content Providers）两个部分，还有一个目录 inputmethods 是输入法的部分。

应用程序（Application）在 package/apps 目录中，主要包括：

AlarmClock、Browser、Calculator、Calendar、Camera、Contacts、E - mail、GoogleSearch HTML Viewer、IM、Launcher、Mms、Music、PackageInstaller、Phone Settings、SoundRecorder、Stk、Sync、Updater、VoiceDialer。

内容提供器（Content Providers）在 package/providers 目录中，主要包括：

CalendarProvider、ContactsProvider、DownloadProvider、DrmProvider、GoogleContactsProvider、GoogleSubsribedFeedsProvider、cImProvider、MediaProvider、SettingsProvider、Subscribed-FeedsProvider、TelephonyProvider。

其中应用程序 Launcher 是 Android 的用户界面，即第一个启动的界面，和其他的应用程序一样，是系统中的一个应用程序包。

13.3 Android 操作系统移植

Android 是基于 Linux 内核的操作系统，其位于 Android 系统的最底层。目前 Android 系统支持多种 ARM 处理器、MIPS 和 x86 平台，平台间的可移植性由 Linux 的移植性实现。

Android 系统中的 Linux 系统主要包含 3 个方面的内容：

- 体系结构和处理器。
- Android 特定的驱动程序。
- 标准的设备驱动程序。

其中，体系结构处理器和标准的设备驱动程序与硬件相关，而 Android 特定的驱动程序通常是和硬件无关的，仅在 Android 系统中使用。

如果在非 Android 的 Linux 系统上构建 Android 系统，那么主要的任务是添加 Android 特定的驱动程序。将 Android 的 Linux 系统上的驱动程序添加到新的系统中，需要增加源代码，以及在 KConfig 和 Makefile 上增加内容。

在基本 Linux 操作系统之上主要添加各具体设备的驱动程序。在 Android 系统中，通常使用 framebuffer 驱动、Event 输入驱动、Flash MTD 驱动、WiFi 驱动、蓝牙驱动、串口驱动等标准的驱动程序。在音/视频的输入、输出方面，标准 Linux 具有 Alas Audio 驱动、OSS Audio 驱动等驱动程序。

如图 13-2 所示，驱动程序是介于硬件到用户空间之间的部分，一般需要提供内核空间到用户空间的接口。接口类型有：系统调用、字符设备节点、块设备节点、网络设备、proc 文件系统、sys 文件系统和无用户空间接口。

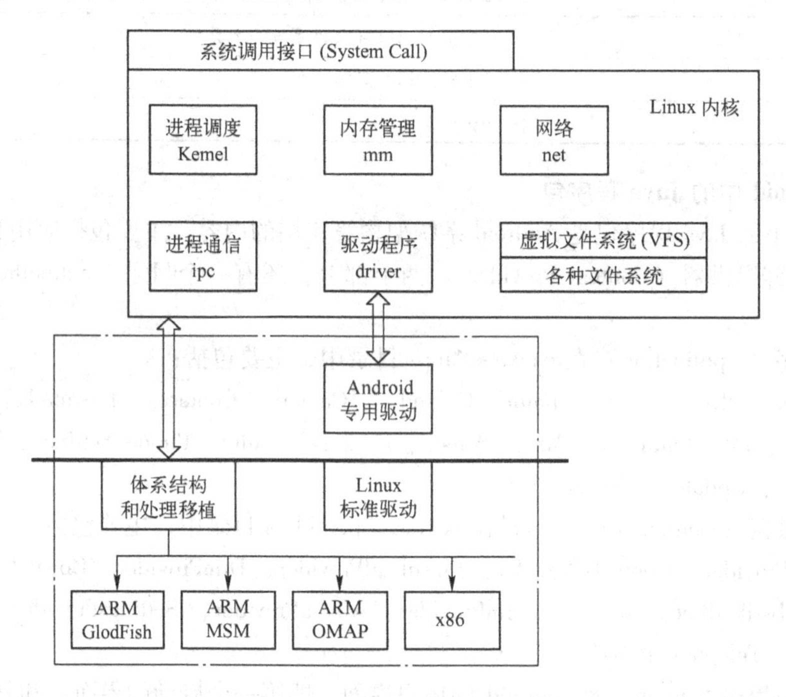

图 13-2　内核与驱动示意图

系统调用是操作系统实现的所有系统调用所构成的集合，是内核空间到用户空间最直接的接口。每种体系结构的系统调用基本相同。系统调用的 id 通常在 arch/{体系结构}/include/asm/目录的 unistd. h 文件中。

字符设备如鼠标、键盘、串口等，可通过字符设备文件来访问。字符设备文件进行 I/O 操作时每次传输一个字符，不经过操作系统的缓冲区。file_operations 表示对一个文件的操作，在 Linux 源文件的 include/linux 目录的 fs. h 文件中定义。Android 系统包含了很多标准的字符设备和 Android 系统特有的字符设备，设备节点大部分在/dev/目录中。

块设备如光盘、硬盘等，使用随机访问的方式传输数据，且数据总有固定大小的块。为了提高数据传输的效率，块设备驱动程序内部采用块缓冲技术。块设备可通过块文件来访问，在 include/linux/fs. h 中定义。块设备在/dev/block 目录中。

与字符设备和块设备不同，网络设备是一种特殊的设备，它没有设备文件。在 Linux 的网络系统中，使用 UNIX 的 socket 机制。系统与驱动程序之间通过专有的数据结构访问，系统内部支持数据的收发，对网络设备的使用需要通过 socket 而不是文件系统的节点。对网络设备的访问，通常使用 socket 相关的几个函数：socket( )、bind( )、listen( )、accept( )、connect( )。

proc 文件系统常放置在 Linux 系统的/proc 目录中，可用于查看有关硬件、进程的状态，在 include/proc_fs. h 中定义。

与 proc 作用相似，sys 文件系统是一种基于内存的文件系统，除了查看和设定参数功能之外，它还有为 Linux 统一设备模型作为管理之用。Sys 文件系统在 Linux 系统的/sys 目录中。

某些驱动程序只对 Linux 内核或驱动程序的框架提供接口，不对用户空间直接提供接口。

Android 的硬件抽象层是位于用户空间的 Android 系统和位于内核空间的 Linux 驱动程序间的一个层次。硬件抽象层结构如图 13-3 所示。

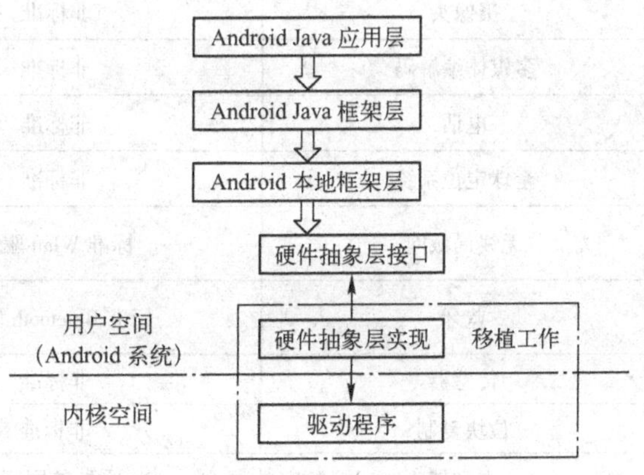

图 13-3　硬件抽象层的结构图

经典的方式是实现硬件抽象层和驱动程序。Android 系统实际关心的只是硬件抽象层而非驱动程序。这样做的好处是将系统的部分功能和 Linux 中的驱动程序隔离，使系统不依赖于驱动程序。同一功能的实现可能有不同的驱动程序，如 Audio、Video 输出、GPS 等。

有些情况下硬件抽象层是标准的，这样就只需实现驱动程序，一般为 Linux 中的标准驱动程序。

硬件抽象层有多种接口方式，分为 hardware 模块方式、直接接口方式、C++ 继承实现方式、直接调用驱动等。

- hardware 模块方式：Android 的 libhardware 库提供一种不依赖编译时绑定、可以动态加载的接口方式。使用硬件抽象层的过程中，系统的框架层将调用 libhardware 的接口，根据每个模块的 id 动态打开各个硬件模块，找到符号（dlsym），调用模块中的各个接口。通常调用者是本地框架层。
- 直接接口方式：hardware_legacy 库提供了一些各自独立的接口，由用户实现后形成库，被直接连接到系统中。这是实现硬件抽象层最简单和最直接的方式，实际上并没有完全将硬件抽象层和 Android 的本地框架分开。
- C++ 继承实现方式：Android 平台定义了 C++ 的接口，由具体的实现者继承实现，同时在 Android 系统中通常有通用的实现方式，可作为一个简易的实现或起到“桩(stub)”的作用。
- 直接调用驱动：Android 中比较简单的子系统并没有在物理上存在的硬件抽象层，即实现其硬件抽象功能的部分不在单独的代码中。

以上介绍了 Android 系统的驱动程序接口和硬件抽象层方面的内容。Android 各个子系统的移植实现方式如表 13-3 所示。

表 13-3　Android 系统移植实现方式

系　统	驱 动 程 序	硬件抽象层
显示（旧）	Framebuffer 标准	DisplaySurface（Android 标准）
显示（新）	Framebuffer 标准或其他	Gralloc 硬件模块
用户输入	Event 设备	EventHub
3D 加速	非标准	OpenGL 抽象层（Android 标准）
音频	非标准	C++ 继承的硬件抽象层
视频输出	非标准	overlay 硬件模块
摄像头	非标准	C++ 继承的硬件抽象层
多媒体编解码	非标准	Skia 和 OpenMax 插件
电话	非标准	动态开发的插件库
全球定位系统	非标准	直接接口
无线局域网	标准 Wlan 驱动	Wpa（Linux 标准）和 WiFi 库（Android 标准）
蓝牙	标准 Bluetooth 驱动	Bluez（Linux 标准）和 Bluedroid 库（Android 标准）
传感器	非标准	Sensor 硬件模块
位块复制	非标准	Copybit 硬件模块
振动器	Sys 系统的固定位置	直接接口（Android 标准）
背光和指示灯	非标准	Light 硬件模块
警告器	Misc 设备	简化到 JNI 层次中（Android 标准）
电池管理	Sys 系统的固定位置	直接使用接口（Android 标准）

13.4　Android 应用开发环境

Android 开发环境一般在以下几个平台搭建：

- Windows XP 或 Vista。
- Mac OS X 10.4.8 或之后版本（适用 x86 架构的 Intel Mac）。
- Linux（官方于 Ubuntu 6.10 Dapper Drake 上测试）。

需要安装一些 Android 开发环境所需的程序工具，这些工具都是可以通过网络免费获得的。

- JDK。
- Eclipse IDE，一个多用途的开发工具平台。
- ADT，基于 Eclipse 的 Android 开发工具扩充套件（Android Development Tools plugin）。

• Android SDK，Android 程序开发套件，包含 Android 手机模拟器（Emulator）。
• 其他开发环境工具（非必要安装）。

13.4.1　JDK 安装

Android SDK 使用 Java SE 开发工具包（JDK）。JDK 包括 Java 运行环境、工具和基础的类库。下载官方网站安装包，进入安装界面，单击“下一步”按钮。选择希望安装的位置和程序功能，如图 13-4 所示。

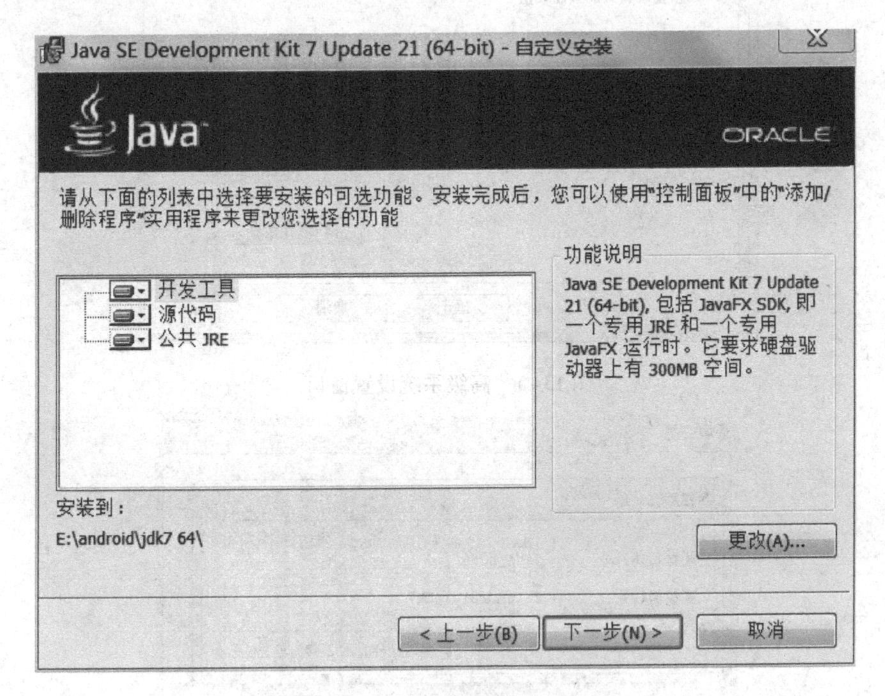

图 13-4　JDK 安装界面

继续单击“下一步”按钮，安装 JRE。

安装后进行对 JDK 的配置工作。右击“我的电脑”，在弹出的快捷菜单中选择“属性”命令，弹出“系统属性”对话框，选择“高级”标签进行系统设置，如图 13-5 所示，单击“环境变量”按钮。配置环境变量是为方便 JDK 的路径表示，这样每次使用只需输入% JAVA_HOME% 就可以了，同时有些应用也必须使用 JAVA_HOME 变量。

单击“新建”按钮，弹出“新建系统变量”对话框，在“变量名”文本框中输入 JAVA_ HOME，在“变量值”文本框中输入 JDK 的安装路径，这里是“E:\android\jdk7”，如图 13-6 所示。接下来要配置 Path 环境变量。选择环境变量中的 Path，单击“编辑”按钮，在原变量值后添加“;%JAVA_HOME% \bin”，这样就将之前安装的 JDK 的 bin 目录写上去了，系统可通过 Path 变量找到 Java 编程使用的程序。配置 CLASSPATH 变量，与上述方法一样，“新建”变量名“CLASSPATH”，输入“变量值”“. ;%JAVA_HOME% \lib\dt. jar;%JAVA_HOME% \lib\tools. jar”。

配置完成后在 DOS 命令行窗口中输入“java - version”，可看到相应的 JDK 版本配置成功，如图 13-7 所示。

图 13-5　高级系统设置窗口

图 13-6　配置环境变量

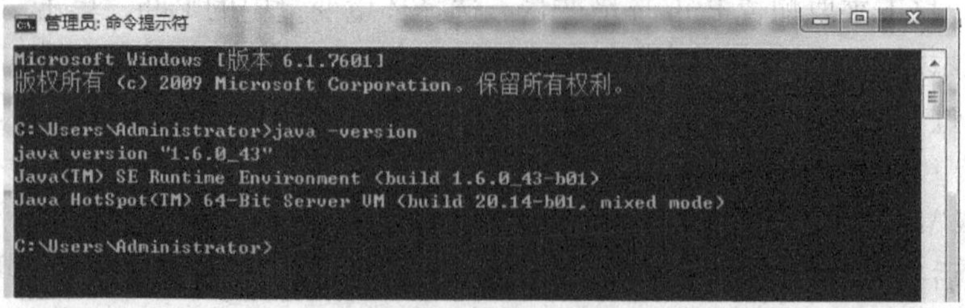

```
管理员: 命令提示符
Microsoft Windows [版本 6.1.7601]
版权所有 (c) 2009 Microsoft Corporation。保留所有权利。

C:\Users\Administrator>java -version
java version "1.6.0_43"
Java(TM) SE Runtime Environment (build 1.6.0_43-b01)
Java HotSpot(TM) 64-Bit Server VM (build 20.14-b01, mixed mode)

C:\Users\Administrator>
```

图 13-7　查看 JDK 版本

13.4.2 Eclipse 安装

Eclipse 是基于 Java 的可扩展开源开发平台，通过组件插件构建开发环境。可从 http://www.eclipse.org/downloads 下载，这里下载的是 64 bit 版本。Eclipse 不需要安装，只要在 JDK 配置基础上运行即可。图 13-8 所示为初始化界面和工作目录设置界面。

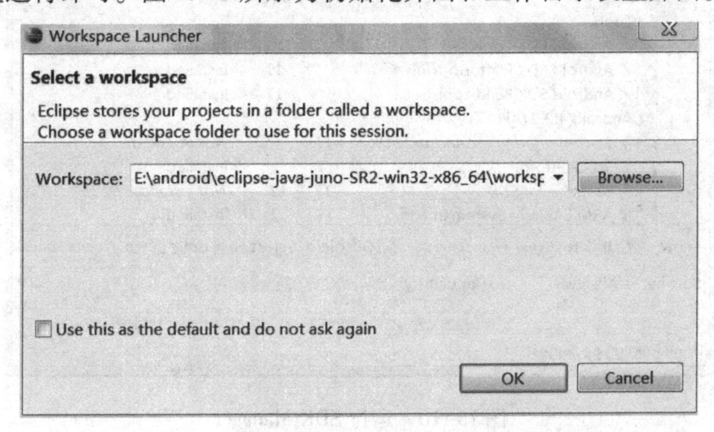

图 13-8 Eclipse 初始化和工作目录设置界面

进入欢迎界面。单击右侧的箭头进入图 13-9 所示的工作环境。

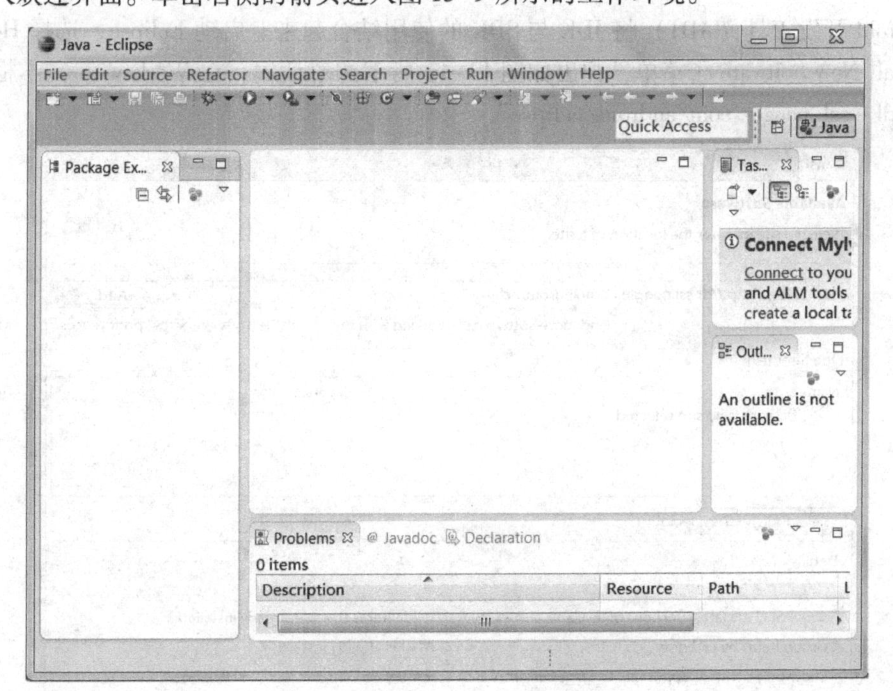

图 13-9 Eclipse 工作环境

13.4.3 Android SDK 安装和配置

Android SDK 是 Android 专属的软件开发包。从 http://developer.android.com/sdk/index.html 下载 Android SDK。运行 SDK.Manager.exe，如图 13-10 所示。可通过勾选希望下

载的 Android 版本进行下载安装。

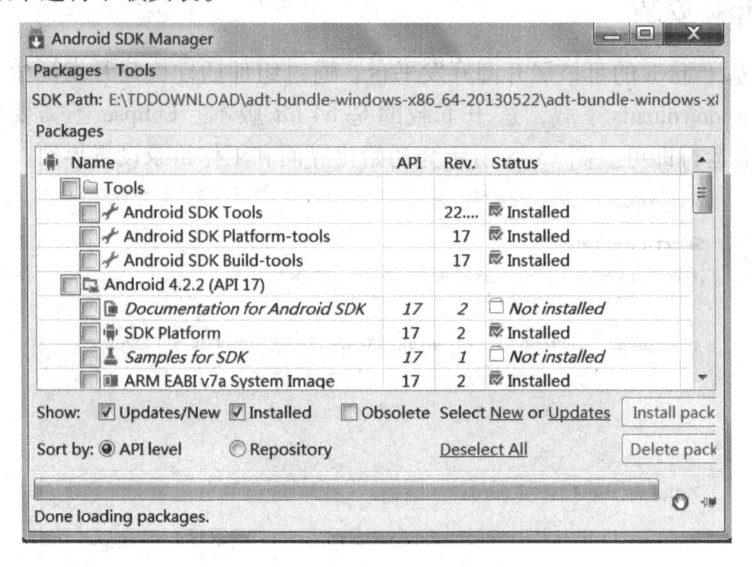

图 13-10 运行 SDK Manager

13.4.4 ADT 安装

Android 开发工具（ADT）将 JDK 与 SDK 的使用结合起来。启动 Eclipse，选择 Help 菜单下的 Install New Software 子菜单，弹出如图 13-11 所示的对话框，在 Work with 文本框中输入"http://dl-ssl.google.com/android/eclipse"。

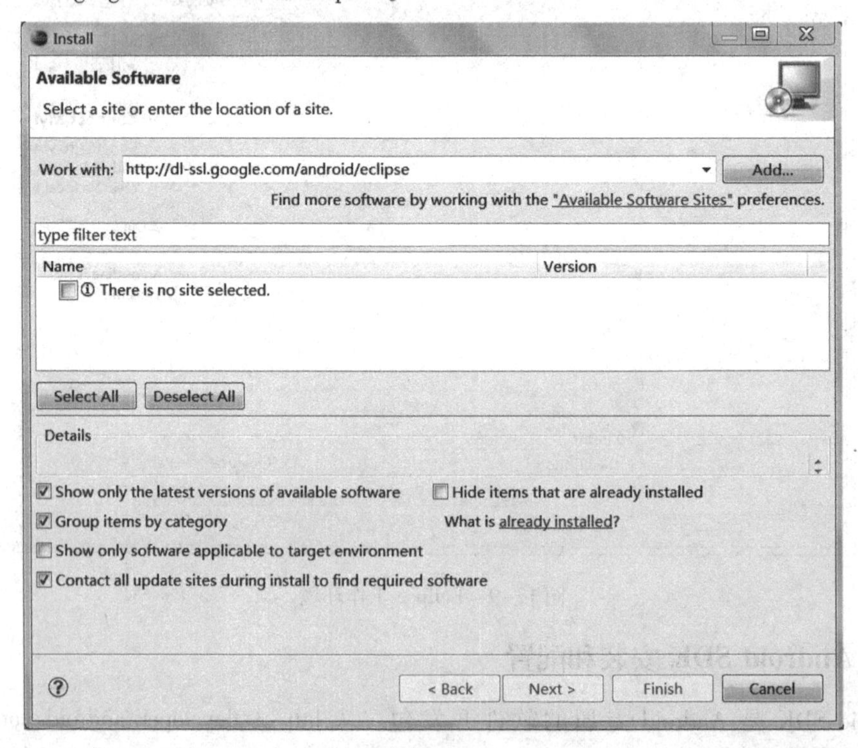

图 13-11 ADT 安装

窗口将显示 Developing Tools 项，全选，然后单击 Next 按钮，会出现安装详细信息。接下来，选中接受许可证选项，单击 Finish 按钮。安装完毕会提示重启 Eclipse，重启后 Eclipse 就可以使用 SDK 了。

13.4.5 创建模拟器

打开 Android SDK Manager，选择“Tools”下的“Manage AVDs...”子菜单，弹出创建模拟器对话框，如图 13-12 所示。

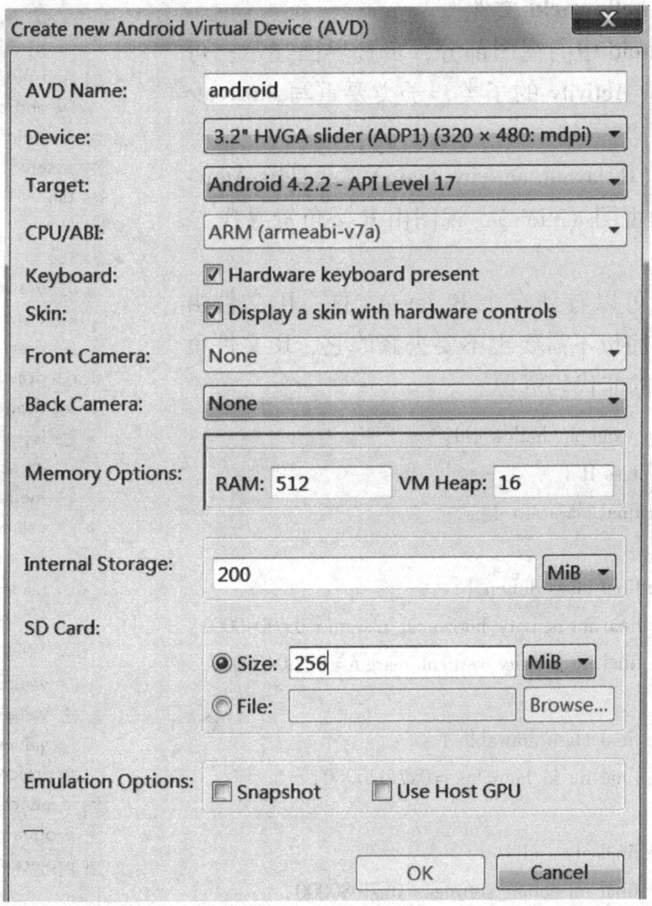

图 13-12 创建模拟器

给模拟器命名，选择设备屏幕大小、API 级别号等，设置好后单击 OK 按钮。选中 AVD 后单击 start 按钮，这时弹出运行界面，单击 Launch 按钮即创建成功。

13.5 创建第一个 Android 应用程序

13.5.1 创建 HelloWorld 工程

打开 Eclipse，单击 File→New→Project 命令，选择“Android Aplication Project”选项。

单击“下一步”按钮，输入工程名和相应的 SDK 版本。配置应用程序的图标、范围、颜色等，然后单击 Next 按钮。接着创建活动，选择 Blank Activity，单击 Finish 按钮，HelloWorld 工程创建完成，如图 13-13 所示。

13.5.2 HelloWorld 源码分析

下面分析简单的 HelloWorld 程序的目录结构。如图 13-13 所示是 HelloWorld 的工程目录树。

1. Activity 类 helloworld 文件

Activity 是 Android 中的视图部分，负责界面显示。可以看到 helloworld 是 Activity 的子类，子类要重写 onCreate 方法。

setContentView(R.layout.activity_main) 方法是给 Activity 设置可以显示的视图（View），视图由 R 类负责寻找。

2. R 文件

在 Gen 目录下可以看到有个 R.Java 文件，R 文件由 ADT 自动生成，程序员不需要也不要去修改它，R 文件负责调用应用程序中的非代码资源。

```
helloworld
  src
    com.example.helloworld
      MainActivity.java
  gen [Generated Java Files]
    com.example.helloworld
      BuildConfig.java
      R.java
  Android 4.2.2
    android.jar - D:\android\andrc
  Android Private Libraries
  assets
  bin
  libs
  res
    drawable-hdpi
    drawable-ldpi
    drawable-mdpi
    drawable-xhdpi
    drawable-xxhdpi
    layout
      activity_main.xml
    menu
    values
      dimens.xml
      strings.xml
      styles.xml
    values-sw600dp
    values-sw720dp-land
    values-v11
    values-v14
  AndroidManifest.xml
  ic_launcher-web.png
  proguard-project.txt
  project.properties
```

图 13-13 HelloWorld 工程目录树

```
package com.example.helloworld;
public final class R {
public static final class attr {
}
public static final class dimen {
public static final int activity_horizontal_margin = 0x7f040000;
public static final int activity_vertical_margin = 0x7f040001;
}
public static final class drawable {
public static final int ic_launcher = 0x7f020000;
}
public static final class id {
public static final int action_settings = 0x7f080000;
}
public static final class layout {
public static final int activity_main = 0x7f030000;
}
public static final class menu {
public static final int main = 0x7f070000;
}
public static final class string {
public static final int action_settings = 0x7f050001;
public static final int app_name = 0x7f050000;
public static final int hello_world = 0x7f050002;
```

```
}
public static final class style {
public static final int AppBaseTheme = 0x7f060000;
public static final int AppTheme = 0x7f060001;
}
}
```

从 R 文件中可以看到每一个资源都会有一个整数和它相对应。

3. res/layout/main. xml 文件

res 目录即 resource 目录，这个目录下存放资源文件，资源文件的统一管理是 Android 系统的一大特色。layout 目录下的 activity_main. xml（以往版本为 main. xml）的内容是关于用户界面布局和设计的，可以用 html 来类比 xml 在布局中的用途。

```
<LinearLayout xmlns:android = "http://schemas. android. com/apk/res/android"
xmlns:tools = "http://schemas. android. com/tools"
android:layout_width = "match_parent"
android:layout_height = "match_parent"
android:paddingBottom = "@dimen/activity_vertical_margin"
android:paddingLeft = "@dimen/activity_horizontal_margin"
android:paddingRight = "@dimen/activity_horizontal_margin"
android:paddingTop = "@dimen/activity_vertical_margin"
tools:context = ". MainActivity" >
<TextView
android:layout_width = "wrap_content"
android:layout_height = "wrap_content"
android:text = "@string/hello_world" />
</LinearLayout>
```

从以上代码可以看到整个程序界面由一个线性布局控件（LinearLayout）和一个文本框控件（TextView）组成。res 的其他目录里的其他文件也都是相关的资源描述。

4. AndroidManifest. xml 文件

每个应用程序的根目录都有一个 AndroidManifest. xml 文件，该文件向 Android 操作系统描述了本程序所包括的组件、所实现的功能、能处理的数据、要请求的资源等。

```
<?xml version = "1.0" encoding = "utf-8"?>
<manifest xmlns:android = "http://schemas. android. com/apk/res/android"
package = "com. example. helloworld"
android:versionCode = "1"
android:versionName = "1.0" >
<uses-sdk
android:minSdkVersion = "8"
android:targetSdkVersion = "17" />
<application
```

```
android:allowBackup = "true"
android:icon = "@ drawable/ic_launcher"
android:label = "@ string/app_name"
android:theme = "@ style/AppTheme" >
<activity
android:name = "com. example. helloworld. MainActivity"
android:label = "@ string/app_name" >
<intent - filter >
<action android:name = "android. intent. action. MAIN" />
<category android:name = "android. intent. category. LAUNCHER" />
</intent - filter >
</activity >
</application >
</manifest >
```

5. Android. jar 文件

作为一个 Java 项目通常情况下都会引入要用到的工具类，也就是 Jar 包。在 Android 开发中，绝大部分开发用的工具包都被封装到一个名为 Android. jar 的文件里。在 Eclipse 中展开来看可以看到 j2se 中的包、apache 项目中的包，还有 Android 自身的包文件。在这里简单浏览一下 Android 的包文件：

- android. app：提供高层的程序模型、提供基本的运行环境。
- android. content：包含各种对设备上的数据进行访问和发布的类。
- android. database：通过内容提供者浏览和操作数据库。
- android. graphics：底层的图形库，包含画布、颜色过滤、点、矩形，可以将它们直接绘制到屏幕上。
- android. location：定位和相关服务的类。
- android. media：提供一些类管理多种音频、视频的媒体接口。
- android. net：提供帮助网络访问的类，超过通常的 java. net. * 接口。
- android. os：提供了系统服务、消息传输、IPC 机制。
- android. opengl：提供 OpenGL 的工具。
- android. provider：提供类访问 Android 的内容提供者。
- android. telephony：提供与拨打电话相关的 API 交互。
- android. view：提供基础的用户界面接口框架。
- android. util：涉及工具性的方法，例如时间日期的操作。
- android. webkit：默认浏览器操作接口。
- android. widget：包含各种 UI 元素（大部分是可见的）在应用程序的屏幕中使用。

13.5.3 在模拟器上运行 HelloWorld

在左边目录树的程序名上右击，单击 Run As→Android Application 命令，如图 13-14 所示，即开始运行模拟器。

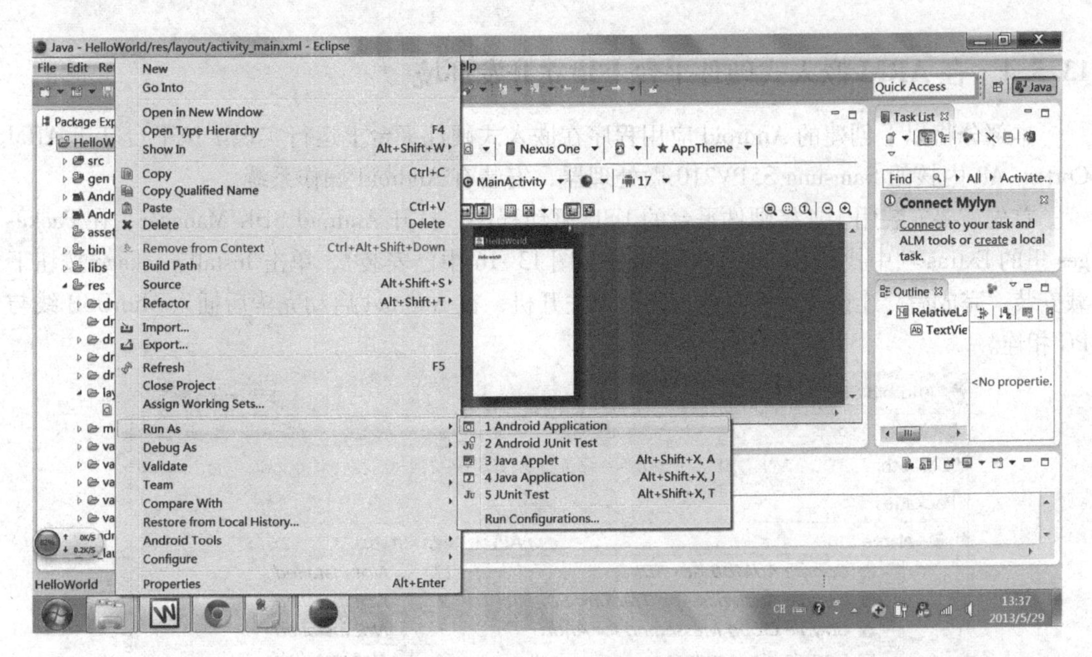

图 13-14　运行 HelloWorld

HelloWorld 在模拟器上的运行界面如图 13-15 所示。

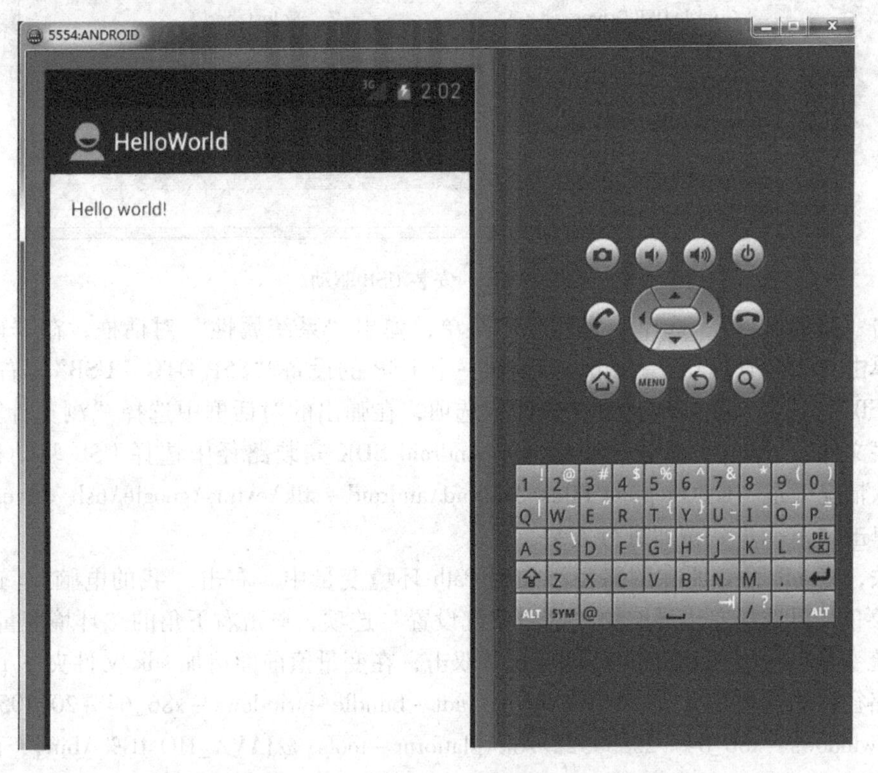

图 13-15　在模拟器运行 HelloWorld

13.5.4 在 ARM 嵌入式硬件平台上建立开发环境

本部分将以上创建的 Android 应用程序在嵌入式硬件平台上运行实现。该平台基于 ARM Cortex-A8 内核的 Samsung S5PV210 微处理器，安装有 Android 操作系统。

首先需要安装用于连接硬件平台的 USB 驱动程序。打开 Android SDK Manager，在 Packages 里的 Extras 项中找到 Google USB Driver（图 13-16 中已安装），单击 Install package 按钮下载安装。完成后，连接开发板电源，拨动开关开机，在 Android 启动完毕后插入 MiniUSB 线与 PC 相连。

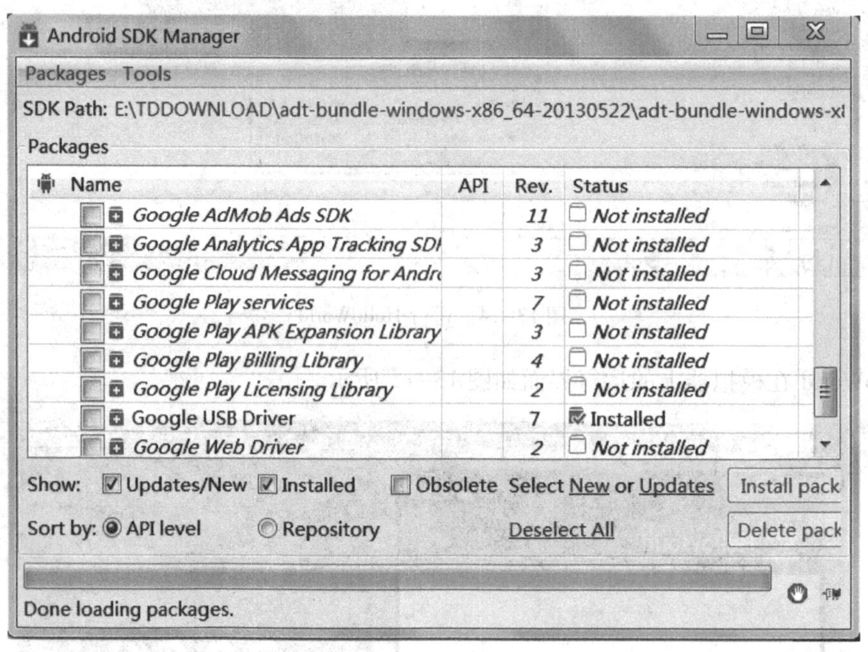

图 13-16 安装 USB 驱动

右击“我的电脑”，选择“属性”子菜单，弹出“系统属性”对话框，在“硬件”标签下，单击“设备管理器”按钮，会看到一个 USB 的设备“S5P OTG - USB”。右击“S5P OTG - USB”，选择“更新驱动程序软件”选项，在弹出的对话框中选择“浏览计算机上的驱动程序文件”，单击“浏览”按钮，在 Android SDK 安装路径中选择 USB 驱动程序的路径，默认情况下是“C:\Program Files\Android\android - sdk\extras\google\usb_driver”。选择路径后单击“下一步”按钮进行安装。

其次，将 adb 命令所在的路径添加到 Path 环境变量中。右击“我的电脑”，选择“属性”子菜单，再选择左边导航的“高级系统设置”选项，单击右下角的“环境变量”选项。在“系统变量”中，找到 Path 环境变量并双击，在变量值前面追加 sdk 文件夹下 platform - tools 的路径，如这里是 E:\TDDOWNLOAD\adt - bundle - windows - x86_64 - 20130522\adt - bundle - windows - x86_64 - 20130522\sdk\platform - tools;%JAVA_HOME%\bin;，注意后面有一个分号。

测试一下是否找到 adb 命令：打开命令行操作窗口，输入 adb 按回车，如果所示图 13-17 所示的信息，表示环境变量设置成功。

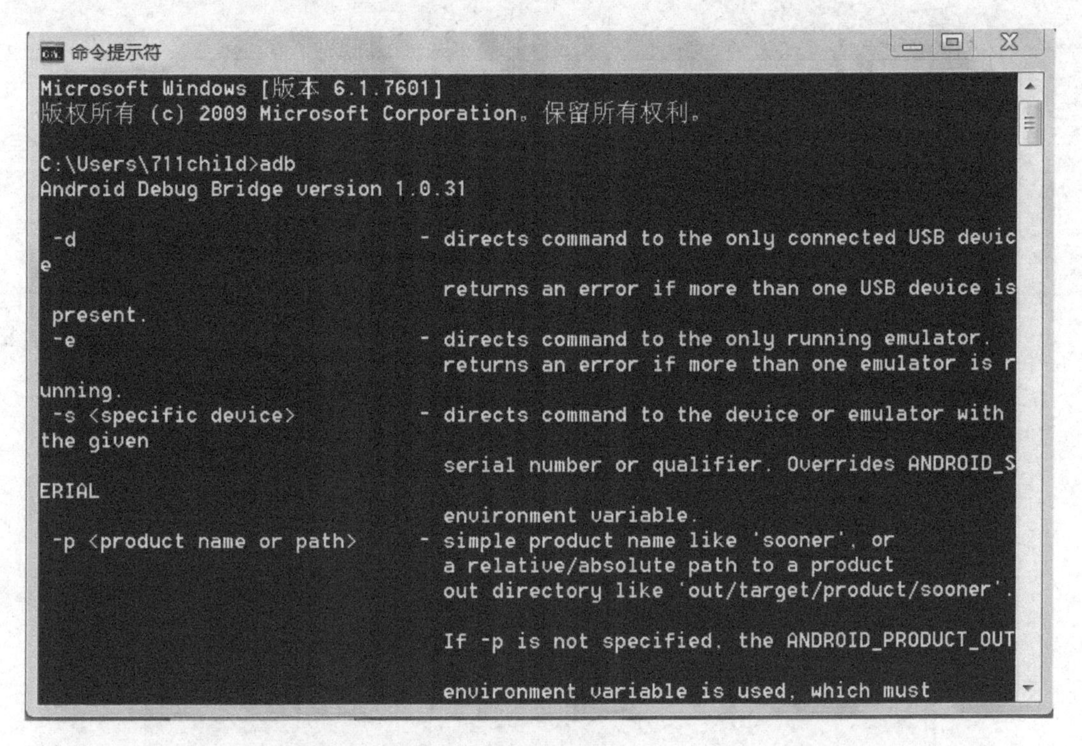

图 13-17　测试 ADB

接下来测试 ADB 的功能。在 S5PV210 硬件平台上启动 Android，然后用 mini USB 线将 S5PV210 开发板与 PC 相连，在 DOS 窗口上输入以下命令验证开发板是否已连接。如图 13-18 所示，则连接成功。

```
C:\Users\711child>adb devices
List of devices attached
0123456789ABCDEF        device


C:\Users\711child>
```

图 13-18　测试 ADB 功能

最后通过 USB ADB 在 S5PV210 硬件平台上运行程序，实现 ARM 平台上开发环境的建立。启动 Eclipse，打开 HelloWorld 工程，右击项目，在弹出的快捷菜单中单击 Properties→Run/Debug Settings 命令，选择中间列表中的“HelloWorld”，然后单击右侧的“Edit…”按钮，将弹出 Edit Configuration 窗口。单击 Target 标签，在 Deployment Target Selection Mode 选项组中选择“Automatically.....”单选按钮，如图 13-19 所示。

单击 OK 按钮保存并退出。接下来选择菜单：Run→Run As→Android Application，弹出 Device Chooser 对话框，如图 13-20 所示。

单击 OK 按钮，稍等片刻就可以在嵌入式硬件平台的屏幕上看到 HelloWorld 的运行结果，如图 13-21 所示。

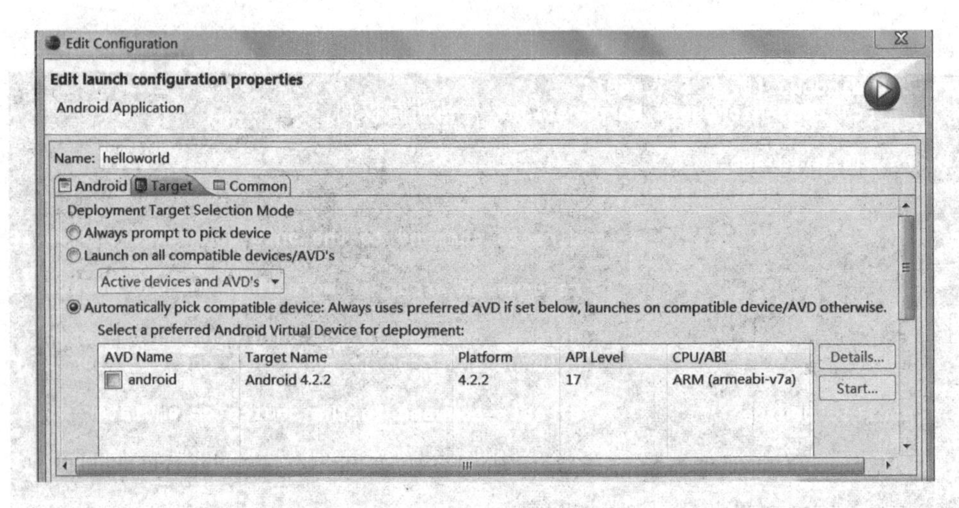

图 13-19　设置调试信息

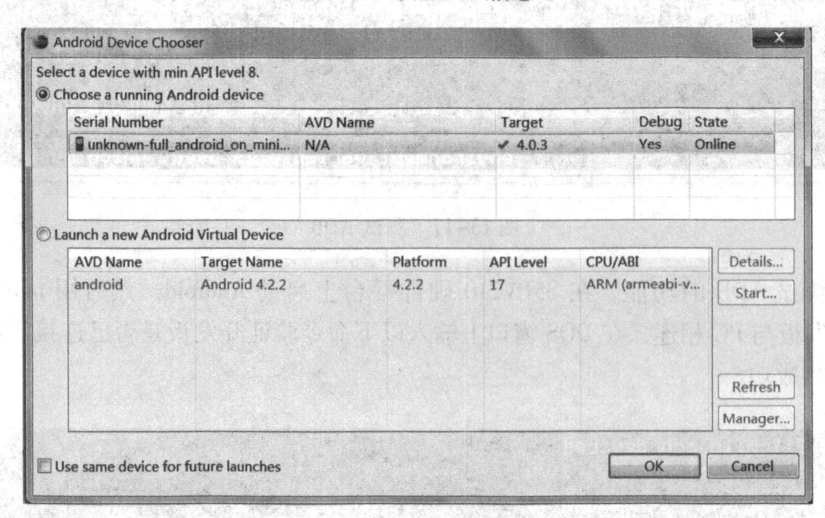

图 13-20　选择设备对话框

图 13-21　硬件平台运行结果

本章小结

Android 是 Google 公司于 2007 年宣布的基于 Linux 平台的开源手机操作系统，目前在手机、平板电脑系统中得到了广泛应用。本章首先介绍了 Android 操作系统的基本架构（应用程序层、应用程序框架层、系统运行库层、Linux 核心层），并介绍了 Android 操作系统的源码结构；接着介绍了 Android 操作系统的移植方法，重点介绍了硬件抽象层和驱动程序的移植；然后介绍了 Android 应用程序的开发环境；最后通过实例介绍了应用程序的开发、源码结构和在模拟器以及真实硬件平台上的调试方法。

思考题

1. 什么是嵌入式实时操作系统？Android 操作系统属于嵌入式实时操作系统吗？
2. Android 基本框架的 4 大部分是什么？它们有什么具体作用？
3. Android 操作系统有哪些版本？目前最新的版本是什么？
4. 简述 Android 操作系统移植的方法和步骤。
5. Android 操作系统下的应用程序开发环境有哪些？分别基于哪种语言编程？
6. 简称 SDK 是什么意思？具体作用是什么？简称 API 是什么意思？具体作用是什么？
7. Activity 有哪些启动方法？什么是 Activity 的生命周期？
8. 请介绍 Android 中常用的几种布局。
9. 什么是 APK？如何生成 APK 文件？如何调试运行 APK 文件？
10. 创建自己的第一个 Android 应用程序，添加文本框、按钮控件，编写代码实现自定义功能，并在模拟器上运行、调试。
11. 如何在 Android 手机上调试所编写的应用程序？将上题中编写好的应用程序在智能手机上进行调试。

参考文献

[1] 符意德，陆阳．嵌入式系统原理及接口技术［M］．北京：清华大学出版社，2007.

[2] 刘洪涛，邹南．ARM处理器开发详解（基于ARM Cortex－A8处理器的开发设计）［M］．北京：电子工业出版社，2012.

[3] 胡文，宁世勇，等．Android嵌入式系统程序开发（基于Cortex－A8）［M］．北京：机械工业出版社，2013.

[4] 倪旭翔，计春雷．ARM Cortex－A8嵌入式系统开发与实践——Win CE与Android平台［M］．北京：中国水利水电出版社，2011.

[5] 李宁．ARM Cortex－A8处理器原理与应用——基于TI AM37x/DM37x处理器［M］．北京：北京航空航天大学出版社，2012.

[6] 广州友善之臂计算机科技有限公司．Linux平台下Mini210s裸机程序开发指南［EB/OL］．http://www.arm9.net，2012.

[7] 北京华清远见研发中心．支持Cortex－A8平台的FS－JTAG仿真器开发环境搭建［EB/OL］．http://www.farsight.com.cn/FarsightBBS/forum.php，2013.

[8] Samsung Electronics Co.，Ltd. S5PV210 RISC Microprocessor. 2012.

[9] 李无言．一步步写嵌入式操作系统——ARM编程的方法与实践［M］．北京：电子工业出版社，2011.

[10] 李尚柏，钟睿．基于ARM的嵌入式Windows CE系统高级开发技术［M］．北京：清华大学出版社，2011.

[11] 周建设．Windows CE设备驱动及BSP开发指南［M］．北京：中国电力出版社，2009.

[12] 杨丰盛．Android应用开发揭秘［M］．北京：机械工业出版社，2010.

[13] 范怀宇．Android开发精要［M］．北京：机械工业出版社，2012.

机工出版社·计算机分社书友会邀请卡

尊敬的读者朋友：

感谢您选择我们出版的图书！我们愿以书为媒与您做朋友！我们诚挚地邀请您加入：

“机工出版社·计算机分社书友会”

以书结缘，以书会友

加入“书友会”，您将：

★ 第一时间获知新书信息、了解作者动态；

★ 与书友们在线品书评书，谈天说地；

★ 受邀参与我社组织的各种沙龙活动，会员联谊；

★ 受邀参与我社作者和合作伙伴组织的各种技术培训和讲座；

★ 获得“书友达人”资格（积极参与互动交流活动的书友），参与每月 5 个名额的“书友试读赠阅”活动，获得最新出版精品图书 1 本。

如何加入“机工出版社·计算机分社书友会”

两步操作轻松加入书友会

Step1

访问以下任一网址：

★ 新浪官方微博：http://weibo.com/cmpjsj

★ 新浪官方博客：http://blog.sina.com.cn/cmpbookjsj

★ 腾讯官方微博：http://t.qq.com/jigongchubanshe

★ 腾讯官方博客：http://2399929378.qzone.qq.com

Step2

找到并点击调查问卷链接地址（通常位于置顶位置或公告栏），完整填写调查问卷即可。

联系方式

通信地址：北京市西城区百万庄大街 22 号
机械工业出版社计算机分社

邮政编码：100037

联系电话：010-88379750

传　　真：010-88379736

电子邮件：cmp_itbook@163.com